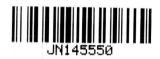

圧電現象

piezoelectric phenomena

森田 剛 著

森北出版株式会社

まえがき

電気エネルギーと機械エネルギーを相互変換する圧電現象は，超音波医療診断デバイスや，非破壊検査装置，強力超音波応用デバイス（超音波援用機械加工，キャビテーション生成振動子），センサ（加速度センサ，ジャイロセンサ），圧電トランスなどとして広く実用化されている．また，直流駆動することによって，微小位置決めステージ，とくにナノメートルオーダが必要とされる走査型プローブ顕微鏡などのステージや精密マニピュレータの駆動源として，欠かすことのできない要素技術となっている．電磁型デバイスと違ってコイルの複雑形状をもたず，誘電体を電極で挟み込むという単純構造をもち，高い比誘電率に伴う高いエネルギー密度が，圧電デバイスの大きな特長である．この特長を生かすことで，小型デバイス応用，具体的には，小型アクチュエータや MEMS センサ，小型発電デバイス（エナジーハーベスティング）への応用研究が現在も活発に行われている．

圧電現象は，電気パラメータと機械パラメータが相互に関連しあう現象で，圧電方程式といわれる二組の関係式で表現される．この圧電方程式を把握することが圧電現象を上手く利用して，新しい圧電デバイスを研究していく第一歩である．さらに，圧電デバイスの多くでは共振現象を利用するので，波動方程式と圧電方程式を組み合わせた解析方法や，等価回路も重要なトピックとなる．

圧電デバイスはさまざまな要因を考慮した構造をもつことになるので，この特性をいちいち解析的に解いていくことは得策ではないし，そもそも不可能である．最近では優れた有限要素法ソフトが容易に入手できるようになったので，研究開発の現場では，これを有効的に活用することが重要になってきている．デバイス形状と材料定数，入力電圧，境界条件などのパラメータを入力すれば，振動振幅の周波数特性や，電気特性が簡単に計算することができるようになった．このような有限要素法ソフトによる研究開発の強力な推進は，非常に喜ばしい．しかし，その一方で，電卓で計算ができたからといって数学が理解できたことにはならないのと同様に，やはりその基礎的な部分はきちんと把握しておかないと，せっかくの出力結果を有効利用することができないし，計算結果を盲目的に信じるだけという危険な状態に陥ってしまう．

本書は，圧電デバイスを卒業論文研究として扱う学生を対象として，つまり，はじめて圧電材料や圧電センサ，アクチュエータに触れる人たちを対象として行った勉強会の資料がもとになっている．この勉強会は研究室内という閉じた対象から，精密工学会の次世代センサ・アクチュエータ委員会での「圧電スタートアップ講習会」へと発展していった．この講習会のなかで，とくに圧電方程式と等価回路に焦点を当てた内容が本書の内容となっている．このような経緯から，圧電方程式の導出といった基本的な内容から，徐々に圧電振動解析へと進む形になっている．

圧電現象を応用するためには，圧電方程式の理解だけではなく，波動現象や複素インピーダンス，弾性力学，集中定数系と分布定数系での振動現象などを関係付けながら考えていく必要がある．これらの関連事項について，ほかの参考書をいちいち参照しながら読み進めるのは効率的ではないので，本書ではできるかぎりこの一冊だけで内容が完結するように，付録を用意した．もしも必要ならば，適宜この付録を使って復習しながら読み進めて欲しい．また，本書では圧電現象をできるだけ単純に計算することで，その本質的な考察をすることを目指しているので，一貫して 1 次元の振動を取りあげている．ただし，最終的に取り扱うことになる圧電横効果と圧電縦効果の振動現象でも，1 次元の縦振動であるにもかかわらず，十分に複雑な計算が必要になってしまう．これらの複雑な計算は単に代数的計算の複雑さであり，必ずしも難解というわけではない．重要なのは，その計算結果が示す意味についてよく考えることである．本書で行っている計算を確認しながら読み進めることで，圧電方程式と波動方程式，等価回路を有機的に結び付けながら，圧電現象のより深い本質的な理解ができるようになることを期待している．

本書を執筆するにあたり，多くの方々に多大な協力をいただいた．精密工学会・次世代センサ・アクチュエータ委員会の会員企業の皆様，とくに富士セラミックス 高橋弘文氏，紀州技研工業 遠藤聡人氏・栗田雅章氏，NTK セラテック 加藤友好氏，メカノトランスフォーマ 徐世傑氏，フコク 高畠大介氏・本田文明氏，リバーエレテック 三枝康孝氏，会員以外ではピーアイ・ジャパン 柴田裕國氏，日立製作所 藤原圭祐氏，オリンパス 伊藤寛氏，ムラタソフトウェア 辻剛士氏には 1 章の図などを提供していただいた．また，東京工業大学 黒澤実先生，岡山大学 神田岳文先生，埼玉大学 髙﨑正也先生には，お忙しいなか，本書出版前の試読を通して多くの有益なアドバイスをいただいた．東京大学新領域創成科学研究科 人間環境学専攻の情報マイクロシステム分野に現在大学院生として所属，もしくは所属していた三枝勝博君，横澤宏紀君，尾﨑亮平君，水上竜一君，三宅奏君，高山陸離君をはじめ，多くの学生諸君との勉強会を通して，本書に関連する内容を深めていくことができた．最後に，多くの助言と丁寧な校正をしていただいた森北出版の二宮惇氏，藤原祐介氏と塚田真弓氏には，大変お世話になった．ここですべてを記述することはできないが，ご協力をいただいたすべての皆様に，ここに感謝を申しあげる．

2017 年 2 月

森田　剛

目次

1章　はじめに　1

1.1　圧電現象について　1
1.2　圧電材料　2
1.3　直流的な駆動を行う圧電アクチュエータの例　2
1.4　共振を利用した圧電アクチュエータの例　5
1.5　センサとしての圧電デバイスの例　6
1.6　その他　8
1.7　圧電現象の一般的な解析方法　8
1.8　圧電振動子の等価回路を用いた解析事例　10
　1.8.1　電気特性の測定　10
　1.8.2　等価回路への等価変換　13
　1.8.3　測定結果と等価回路の比較　14
　1.8.4　力係数の導出　16
　1.8.5　分布定数系の等価回路　18
　1.8.6　まとめ　20
1.9　本書の構成　21

2章　圧電効果　23

2.1　機械パラメータと電気パラメータ　23
　2.1.1　ひずみと応力　23
　2.1.2　電束密度と電界　25
2.2　電歪効果と圧電効果　27
2.3　圧電方程式　28
2.4　逆圧電効果　32
2.5　正圧電効果　34
2.6　電気機械結合係数　36
2.7　準静的（直流的）圧電等価回路　39
　2.7.1　等価回路の導出　40
　2.7.2　自由状態の逆圧電効果　43
　2.7.3　拘束状態の逆圧電効果　45

2.7.4 電気的短絡状態の正圧電効果 *46*
2.7.5 電気的開放状態の正圧電効果 *47*
2.7.6 逆圧電効果における発生力と変位の関係 *49*

3章 バネマスダンパ系の等価回路 *51*

3.1 バネマスダンパ系と LCR 直列回路の等価性 *51*
3.2 共振・反共振特性 *53*
3.2.1 LC 直列回路のインピーダンス *54*
3.2.2 LC 直列回路のアドミッタンス *56*
3.2.3 LCR 直列回路の共振特性 *58*
3.2.4 LC 並列回路のアドミッタンス *59*
3.2.5 LC 直列回路と並列に C_{d} が接続された回路 *61*
3.2.6 LCR 直列回路と並列に C_{d} が接続された回路のアドミッタンスループ *64*

4章 非圧電体の振動伝播と伝達マトリックス *70*

4.1 波動方程式の一般解 *70*
4.2 細棒を伝播する縦振動について *73*
4.3 一様断面縦振動の基本振動モードの等価回路パラメータ *75*
4.3.1 等価回路パラメータの導出 *76*
4.3.2 集中定数系（バネマス系）のエネルギー保存の関係 *77*
4.3.3 分布定数系（細棒縦振動）のエネルギー保存の関係 *77*
4.3.4 等価回路パラメータの計算 *79*
4.4 高次モードの等価回路パラメータ *81*
4.5 LCR 等価回路への拡張 *83*
4.6 準静的（直流的）現象を表す等価回路 *84*
4.7 伝達マトリックス *87*
4.7.1 速度ポテンシャルによる振動速度と応力の伝播表現 *87*
4.7.2 伝達マトリックス *90*
4.7.3 伝達マトリックスの例 *92*
4.7.4 異種材料間の振動伝播 *93*
4.7.5 振動部材内の振動分布 *94*
4.8 Mason の等価回路 *95*

4.8.1　Mason の等価回路の求め方　95
4.8.2　Mason の等価回路における境界条件　98
4.8.3　細棒に集中定数系の負荷を与えた場合　99
4.8.4　Mason の等価回路での振動モード表現　104

5章　圧電横効果の振動　107

5.1　圧電横効果の圧電方程式　107
5.2　圧電 d 形式からの導出　109
5.3　波動方程式の導出　112
5.4　電気的条件　113
5.5　振動モードの導出　114
5.6　アドミッタンスの導出　116
5.7　共振角周波数および反共振角周波数　117
5.8　電気機械結合係数　119
5.9　機械的に励振したときの振動モード　121

6章　等価回路による圧電効果の理解　126

6.1　LCR 直列回路による等価回路表現　126
6.2　直流入力による圧電効果　132
6.2.1　アドミッタンスの式からの準静的（直流的）圧電等価回路　132
6.2.2　LC 等価回路を変形した準静的（直流的）圧電等価回路　135
6.2.3　電気機械結合係数　136
6.3　Mason の等価回路表現　138
6.3.1　伝達マトリックス　139
6.3.2　Mason の等価回路と LC 等価回路の関係　143

7章　圧電縦効果の振動　147

7.1　波動方程式の導出と電気端子側を開放した境界条件の振動モード　147
7.2　電気端子側を短絡した境界条件での角周波数　153
7.3　電気端子側を短絡した境界条件での振動モード　156
7.4　電気端子側を短絡した境界条件での電界分布　160
7.5　反電界を補正するための電束密度　162

7.6 アドミッタンスの導出 *162*
7.7 共振角周波数および反共振角周波数 *165*
7.8 LCR 直列回路による等価回路表現 *167*
7.9 等価回路における $-C_{\mathrm{d}}$ の意味と共振・反共振角周波数 *169*
7.10 準静的（直流的）な入力電圧に対する応答 *176*
7.11 Mason の等価回路表現 *183*
7.12 伝達マトリックス *188*

付録 *191*

A 3次元での圧電方程式 *191*
A.1 機械特性の表現（ひずみと応力） *191*
A.2 電気特性の表現 *201*
A.3 圧電方程式の表現 *202*
A.4 座標軸を回転させた場合の圧電方程式 *204*
B トランスを介したインピーダンスの変換表現 *208*
C バネマスダンパ系強制振動の一般解 *211*
C.1 自由振動 *212*
C.2 定常振動 *213*
C.3 一般解 *214*
D 共振と Q 値について *214*
D.1 変位共振 *214*
D.2 速度共振 *216*
D.3 Q 値 *217*
D.4 半値幅からの Q 値の求め方 *220*
E 分布定数系における振動損失の表現 *222*
F $\cot$ と $\tan$ の Laurent 展開 *225*
G 積層圧電素子の伝達マトリックス *231*

参考文献 *237*

索引 *238*

1章 はじめに

圧電材料を用いたアプリケーションは非常に多いので，すべてを説明することはできないが，本章ではいくつかの代表的な圧電材料を紹介した後に，アクチュエータ，センサ，エコー診断装置の原理，特徴について言及する．また，圧電現象の解析方法の具体例としてランジュバン振動子の電気特性，機械特性を計測した場合に，その計測結果をもとにしてどのように解析していけばよいのかを示す．その詳細な説明については，2章以降で順を追って行う．

1.1 圧電現象について

誘電体に電極を設けて電界を加えると，誘電体内の対称性が崩れて分極が生じることにより，真空状態のときと比較して多くの電荷を電極に蓄えることができる．分極の大きさと電界が比例する常誘電体では，電界の2乗や4乗の偶数次数に比例する機械的な微小変位が発生する．これを電歪効果という．一般に，電歪効果の変位は非常に小さく，工業的に応用されることはほとんどない．

一方，誘電体の結晶構造の非対称性から，電界を加えていない状態でも一方向に自発分極を有する強誘電体では，電界にほぼ比例した変位を得ることができる．このように，外部電界とほぼ比例する変位が得られる現象を（逆）圧電効果という．つまり，電気エネルギーを機械エネルギーに変換することができる誘電体である．一方，このような材料では，外部からの機械的な変位もしくは力を加えると，電荷や電界が発生し，この現象を（正）圧電効果という．これは，機械エネルギーを電気エネルギーに変換する現象である．この両者をあわせて圧電効果とよぶ．強誘電体は，外部電界で反転可能な自発分極を有する誘電体と定義され，必ず圧電性をもつ．また，強誘電体ではなくとも，結晶の非対称性から圧電効果を示す物質がある．

電気エネルギーと機械エネルギーを相互変換するには，圧電効果以外にも電磁力や静電気力，磁歪効果を利用する方法がある．これらの方法に比べて，圧電効果は，誘電体に電極を設けて電界を加えればよいので，非常に単純な構造であり，小型化に有利である．また，圧電変換は変換効率（電気機械結合係数 k_{33}）が一般的な圧電セラミックで70%以上（ただし，エネルギー変換ではこの2乗の $k_{33}{}^2$ となるから50%程度となる)，単結晶圧電体のものでは 90% 以上の材料もあるうえ，比誘電率も数千と大きいことから単位体積あたりのエネルギー密度が高い．ただし，準静的（直流的）な圧電効果による電気機械変換では，大きな電界が必要で，発生力が大きいわりには変位が非常に小さいという問題がある．

1.2　圧電材料

圧電材料として，強誘電体に分類されるチタン酸バリウム（$BaTiO_3$）やチタン酸ジルコン酸鉛（PZT, $Pb(Zr,Ti)O_3$），最近では，非鉛圧電材料の $KNbO_3$ 系材料が挙げられる．これらの材料は，ペロブスカイト結晶構造をもち，一般にセラミック構造体であるので，セラミック焼結後に十分高い電界を与えることによって自発分極の方向を揃える分極処理が必要となる．現在，共振現象を利用したハイパワー駆動応用や，直流駆動による位置決め用アクチュエータ応用に一般に用いられるのは PZT セラミックである．PZT はドーピングを行うことによって，圧電定数を向上させたソフト系 PZT にしたり，機械的品質係数 Q 値の高いハード系 PZT にしたりして利用される．最近では，PMN-PT（$Pb(Mg_{1/3},Nb_{2/3})O_3$-$PbTiO_3$）や PZN-PT（$Pb(Zn_{1/3},Nb_{2/3})O_3$-$PbTiO_3$）などの非常に大きな圧電性を有するカット角制御された単結晶圧電体も医療用超音波デバイスなどに応用されている．

また，センサや弾性表面波基盤などの高周波トランスデューサとして，単結晶の高い Q 値を利用するために，ニオブ酸リチウム（$LiNbO_3$）やタンタル酸リチウム（$LiTaO_3$）が用いられることが多い．これらの材料は，イルメナイト構造を有する強誘電体である．そのほかにも，自発分極をもたない圧電単結晶材料として，水晶（SiO_2），窒化アルミニウム（AlN）や酸化亜鉛（ZnO）があり，水晶は基準クロックやセンサ応用に，窒化アルミニウムや酸化亜鉛は超音波顕微鏡の高周波トランスデューサなどに利用されている．

このように，圧電現象はさまざまな材料で生じ，単結晶，セラミックなどの結晶構造の違い，またバルク体，薄膜体などの形状にも多種多様性がある．しかし，本書で扱うのは，材料に依存しない一般化された圧電現象についてである．もちろん，上記の弾性表面波やたわみ振動を扱うには，応用的な解析が必要となるが，それは本書で扱う圧電横効果や圧電縦効果を基礎として展開される．

1.3　直流的な駆動を行う圧電アクチュエータの例

圧電変位は発生力が大きく，変位が小さいという特徴から，微小位置決め用ステージなどに応用されることが多く，微細加工技術や測定技術分野に貢献している．たとえば，走査型プローブ顕微鏡の3軸スキャナに用いられる円筒型の圧電アクチュエータ（図1.1）や，光学ステージに使われることが多い．また，身近な応用例として，図1.2のような圧電型インクジェットプリンタでは，微小なインクタンクを外部から圧

（a）円筒型のアクチュエータ　　（b）外　観

図 1.1　走査型プローブ顕微鏡に用いられる円筒型3軸スキャナ［ピーアイ・ジャパン］

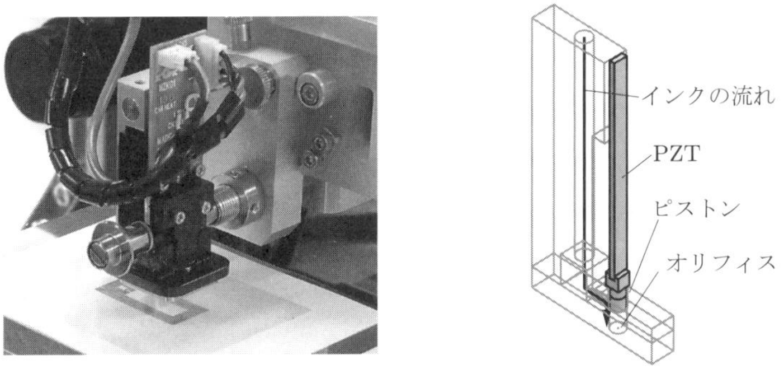

（a）インクジェットプリンタヘッド外観　（b）インクジェットプリンタヘッド内部構造

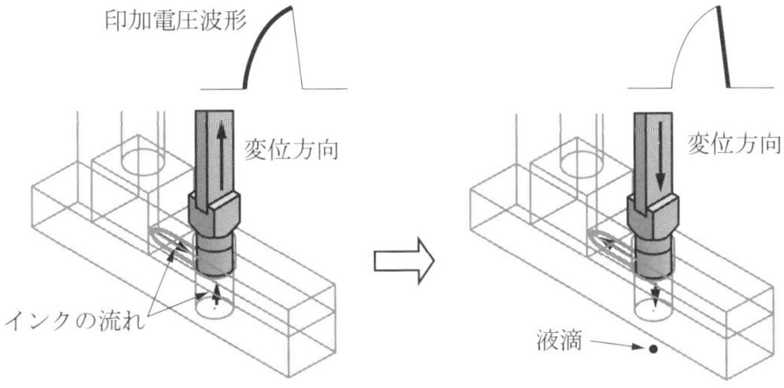

（c）PZTの変位方向とインクの流れ

図 1.2　インクジェットプリンタヘッド［紀州技研工業］

電素子で押して微小液滴を吐出する原理を用いている．一般的なカラープリンタだけでなく，導電性インクや機能性材料のパターニングなどに関する研究開発も行われている．

汎用的な圧電デバイスとして，図 1.3 に示すような積層型アクチュエータとバイモルフ型アクチュエータが挙げられる．積層型アクチュエータでは，薄い圧電シートを重ね合わせることにより，一層あたりに加える電圧を低く抑えつつ高い電界が加えられるため，低電圧で大きな圧電変位が得られる（図 1.3(a)，図 1.4）．10 mm 程度の長さの積層型アクチュエータでは，100 V の入力電圧で 10 μm 程度の変位と $10 \times 10\,\mathrm{mm}^2$ あたり数 kN 程度の最大発生力を得ることができる．また，バイモルフ型アクチュエータは，細長い薄型金属の両面に圧電薄板を貼り付け，一方を伸ばす場合には他方を縮めることで屈曲変位を得る（図 1.3(b)，図 1.5）．バイモルフ型アクチュエータは構造的に拡大変位機構を内包しているので，発生力が小さくなる分，

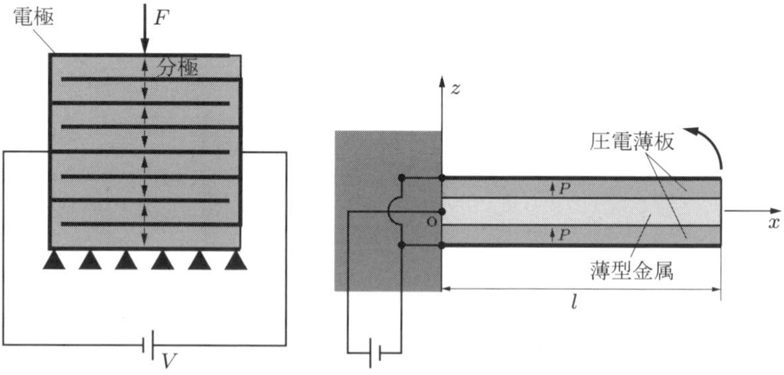

（a）積層型アクチュエータ　　（b）バイモルフ型アクチュエータ

図 1.3　汎用的な圧電デバイスの構造

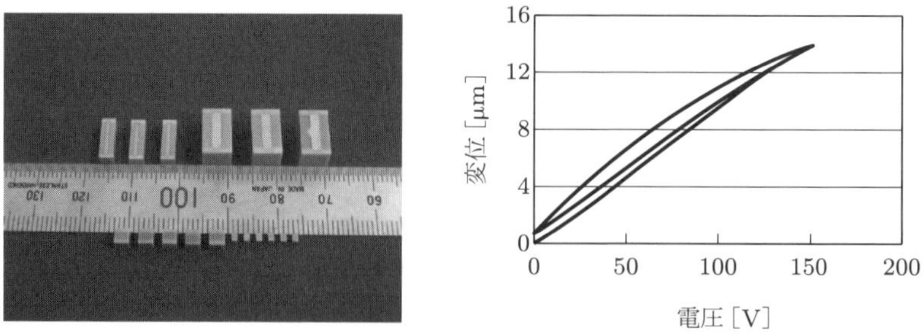

（a）外　観　　（b）特性例(6×6×10 mm)

図 1.4　積層型アクチュエータ［NTK セラテック］

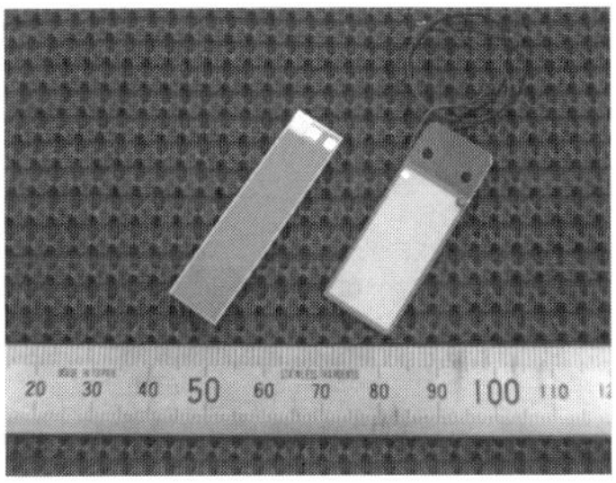

	PAB4010	LPD3713X
変位量	100 V で 500 μm	70 V で 150 μm
静電容量	450 nF ± 20 %	110 nF ± 20 %
誘電損失 (tan δ)	≦ 3.0 %	
絶縁抵抗	≧ 100 MΩ	
形状	40 × 10 × 0.55 mm	37 × 13.4 × 0.6 mm

（a）外　観　　　（b）特性例

図 1.5　バイモルフ型アクチュエータ［NTK セラテック］

数 100 μm の変位をもつ．金属の片側にだけ圧電薄板を貼り付けたユニモルフ型アクチュエータや，内部に積層電極構造をもたせることで駆動電圧を低くするものもある．

積層型アクチュエータの発生力は大きく，変位は小さいので，弾性ヒンジを用いた拡大変位機構を用いることで特性改善を行うことができる．しかし，一般には拡大変位機構によって共振周波数が低くなるので，応答性が悪くなったり，構造が複雑になったりすることが問題となる．図 1.6 に示した例では，機械的出力部分を小型化し，扁平・薄型形状にすることでこれらの問題を解決し，変位を 10 倍の 180 μm に拡大しつつも，共振周波数は 3.0 kHz となっている．

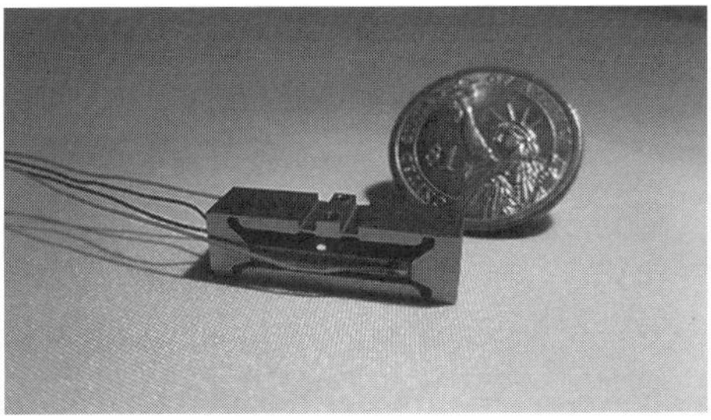

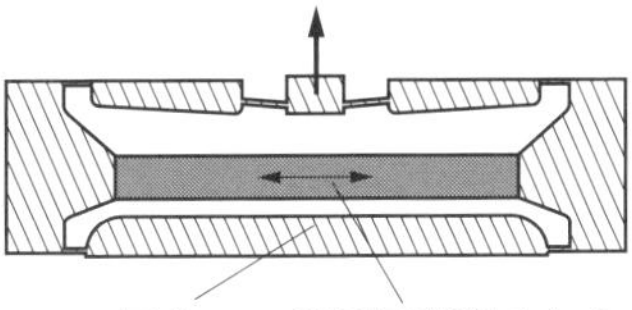

（a）外　観　　　（b）拡大変位機構

図 1.6　拡大変位機構を用いた積層型アクチュエータ［メカノトランスフォーマ］

1.4　共振を利用した圧電アクチュエータの例

超音波洗浄機や超音波ワイヤボンダ，超音波モータ，圧電トランスなどの強力超音波応用デバイスでは，圧電現象による電気機械変換を振動発生源とする．このとき，効率的な励振のために，共振現象を用いるのが一般的で，できるだけ機械的な減衰係数が小さい（Q 値の高い）振動系を設計する．汎用的な強力超音波応用デバイスとして，図 1.7 に示すランジュバン振動子や，図 1.8 に示す超音波モータがある．

図 1.7　ランジュバン振動子［富士セラミックス］

図 1.8　超音波モータ［フコク］

1.5　センサとしての圧電デバイスの例

圧電現象は，機械的な振動や力を電気に変換するので，センサとしてのデバイス応用が広く行われる．たとえば，図 1.9 に示す加速度センサや図 1.10 のフォースセンサ，振動ジャイロセンサ，超音波流速計などが挙げられる．また，圧電デバイスから

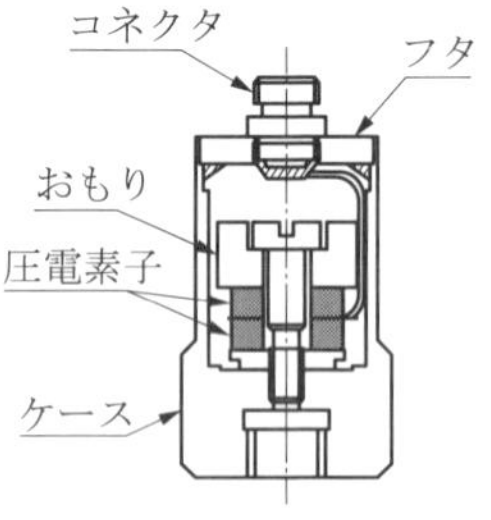

（a）内部構造

（b）外　観

図 1.9　圧電現象を利用した加速度センサ［富士セラミックス］

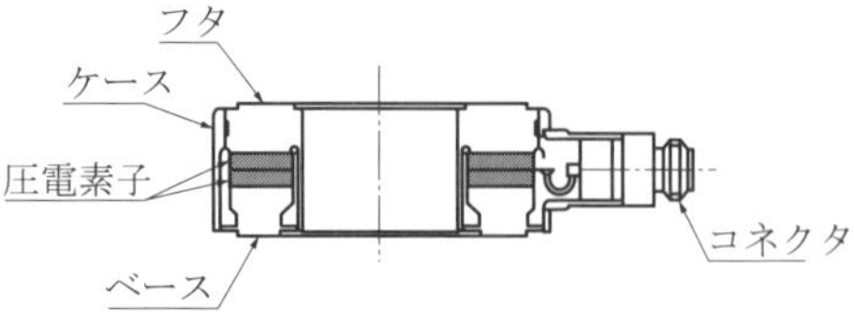

（a）内部構造

（b）外　観

図 1.10　圧電現象を利用したフォースセンサ［富士セラミックス］

対象物体に超音波を照射し，その反射超音波を再び圧電デバイスで電気信号として検出すれば，その時間差と媒体音速から距離測定を行うことができる．車両にこの超音波距離計測デバイスを設置することは，すでに一般的になっている．また，この原理をもとにして，超音波照射方向を 2 次元画像化することにより，固体構造体の内部亀裂を検出するための超音波非破壊検査装置や，生体を傷つけずに内部を観測することのできる超音波診断装置がある．これは，図 1.11(a) に示す超音波プローブで送受信した超音波エコー信号を図 (b) のような装置で映像化するものである．近年では，振動子を機械的に振りながら超音波を走査する，あるいは振動子を 2 次元上に配列した 3 次元プローブが開発されている（図 (c)）．3 次元超音波プローブは 3 次元画像再構

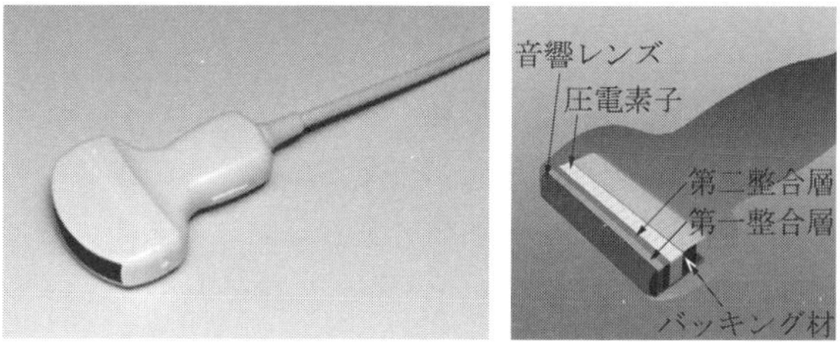

（a）超音波プローブとその内部構造

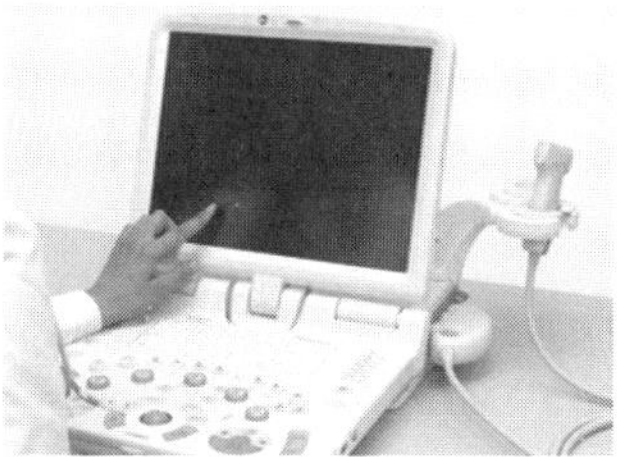

（b）超音波診断装置

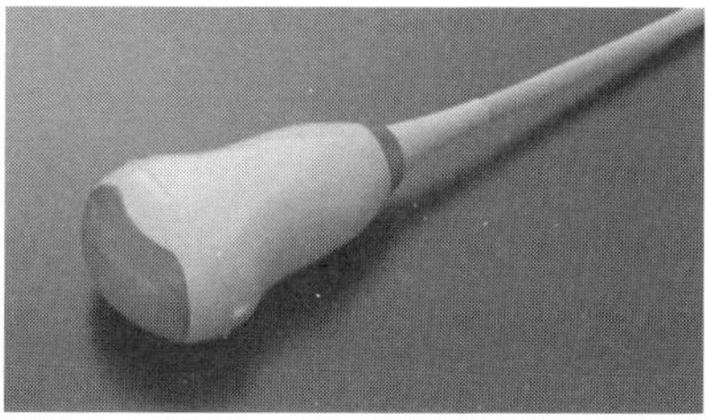

（c）3 次元超音波プローブ

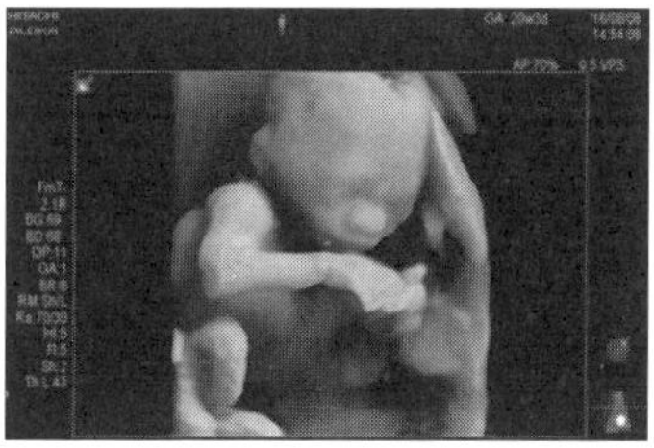

（d）胎児の 3 次元超音波画像例

図 1.11　超音波診断装置［日立製作所］

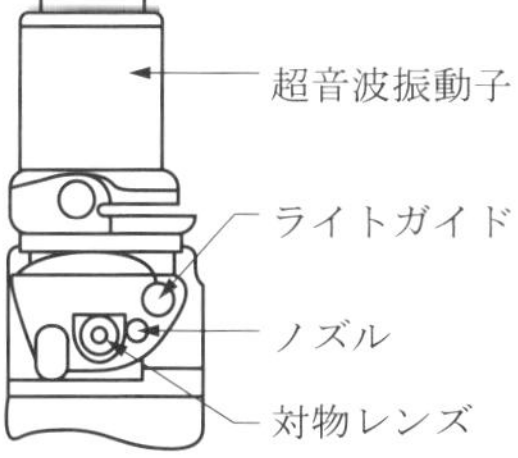

（a）先端部構造

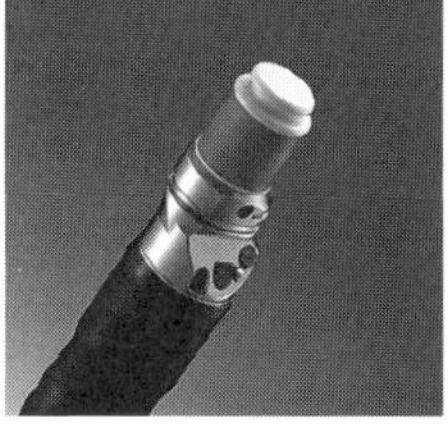

（b）外　観

（c）超音波照射方向

図 1.12　内視鏡先端に配置した医療用超音波エコー診断装置のプローブ［オリンパス］

築を用いることで，図 (d) のように母胎のなかの胎児をリアルに描出することができる．また，超音波送受信部を小型化し，内視鏡の径方向の断面画像を観察できるデバイスを図 1.12 に示す．

1.6　その他

センサや無線通信に必要となる電力が小さくなってきているため，トンネル内部や橋などの各種構造体のヘルスモニタリングシステムを行う小型センサネットワーキングシステムが実現しつつあり，注目を集めている．このような応用の場合，蓄電池の交換コストや長期安定性が懸念されるので，設置される環境での機械振動から電力を得る小型発電デバイス（エナジーハーベスティング）の研究が盛んに行われている．圧電現象を利用した発電デバイスの場合には，非常に単純な構造であることと，高いエネルギー変換効率をもつことから，その有力な候補として注目を集めている．

また，一般社会での情報機器端末の普及に伴い，バーチャルな接触感覚を使用者に実感させるようなハプティックデバイスを小型情報端末に用いる研究が行われている．たとえば，インターネットショッピングにおける商品の手触りや，画像上のボタンをクリックしたときの感触などの実現である．圧電振動を効果的に応用することによって，人間の指先に実在の商品やボタンがあるがごとく応答するようになれば，広く応用されていくものと期待されている．

このように，圧電現象を利用して非常に広範な実用デバイスがすでに世の中に用いられており，新しいアイデアに基づいてさまざまな研究開発が行われている状況にある．このような研究開発において，圧電現象の基本的なところから理解を深めていくことが大切である．

1.7　圧電現象の一般的な解析方法

圧電変換は電気機械変換であり，電気パラメータの電界，電束密度と機械パラメータの応力，ひずみの計 4 種類のパラメータが重要になる．これらの相互関係を取り扱うための基盤となる方程式が圧電方程式である．圧電方程式は 2 式の線形化された方程式で構成され，これを理解することが，圧電現象を理解する第一歩となる．

圧電性をもたない一般的な常誘電材料の場合には，電界と電束密度は比例関係にあり，その比例定数が誘電率として与えられる．この場合には，誘電体に対する機械的な境界条件，つまりひずみを一定にしたときも，応力を一定にしたときも誘電率は同じ定数である．しかし，圧電材料の場合には，たとえば応力が加わることにより，電界が生じるなどの電気機械変換が行われる結果として，ひずみを一定にした場合と応力を一定にした場合で，測定される誘電率が異なる．同じように，応力とひずみの比例定数を表す材料の硬さ（スティフネス）は，圧電材料では，電界一定と電束密度一定の場合で，それぞれ異なる値となる．

境界条件を変えることにより，材料パラメータが異なる値を示すことが，圧電材料の重要な特性の一つである．また，この違いが大きければ大きいほど，電気機械変換の割合が大きく，優れた圧電性を示すことになる．

圧電デバイスは，数式で解析的に取り扱えるような単純な構造をしてはおらず，研究・開発段階では図 1.13 のような有限要素法を用いることが一般的である．最近では，このような数値解析が簡便にできるようになり，圧電デバイスの機械特性や電気特性を試作前に推定できるようになった．

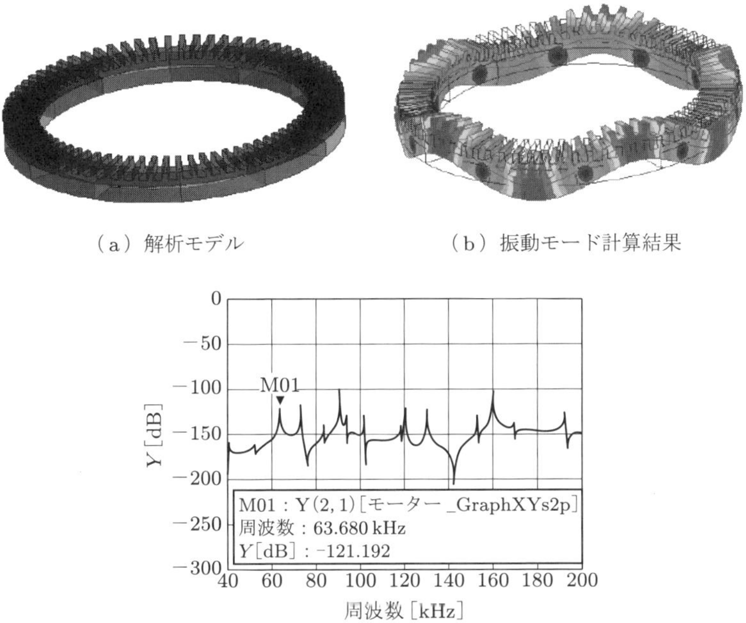

（a）解析モデル　（b）振動モード計算結果

（c）アドミッタンス解析結果

図 1.13 有限要素法による圧電デバイスの解析例［ムラタソフトウェア］

有限要素法ソフトのような有力なツールは積極的に利用していくべきであるが，その際には，圧電現象の基本的な事柄，たとえば上述の境界条件に伴う材料パラメータの変化や，電気機械結合係数の意味，共振や反共振現象などを把握しておくことが極めて重要である．圧電現象の直感的理解には，等価回路を用いるのが有効で，一度理解できてしまえば，電気と機械のエネルギーのやり取りなどの相互関係を見通しよく把握できる．

1.8　圧電振動子の等価回路を用いた解析事例

ここでは，本書でこれから行っていく圧電現象の捉え方に関連して，具体的な測定例と簡単な計算方法を交えながら等価回路について述べる．実際のデバイス開発は，試作前の有限要素法解析や，試作したデバイスの電気特性と振動速度の測定などを通して行われる．これらの過程で得られる圧電（振動）特性結果は統一性があるもので，その基本的な考え方を身に付けることが本書の大きな目的である．つまり，いかに複雑なデバイスであっても，また有限要素法で計算した結果であっても，その電気特性や共振振動特性は，非常に単純な構造をもつ振動子と何ら変わることはなく同じように扱うことができる．全体的な流れを理解し，どのような視点をもつべきかを考えるため，解析事例を天下り的に説明する．詳細は2章以降で改めて説明する．

圧電デバイスの解析例として，図1.14のランジュバン振動子を紹介する．これは，超音波洗浄機やワイヤボンダ，機械加工援用デバイスなどで用いられる基本的な強力超音波振動源である．通常，直径数cm，厚さ数mm程度のリング状の圧電素子を厚さ方向に分極処理した圧電セラミックを用いる．偶数枚の圧電リングを分極の向きが反対になるように重ね合わせ，上下から金属ブロックでボルト締めした構造である．ボルト締めは，振動子の全長を長くして共振周波数を下げて振動変位を大きくすることができることと，引張り応力が生じないようにする効果がある．

図1.14　測定に用いたランジュバン振動子［富士セラミックス］

1.8.1　電気特性の測定

圧電デバイスの評価には，インピーダンスの逆数であるアドミッタンス，つまり単位振幅電圧を加えたときに流れる電流振幅と位相を計測するのが一般的である．これは，電気現象と機械現象を統一的に表現する等価回路において，機械的な共振回路と電気的な容量成分が並列に並ぶ構造をもっていることが関連している．ランジュバン振動子のアドミッタンス特性を広い周波数範囲で測定すると図 1.15 となり，いくつかの測定周波数でアドミッタンスの極大値がみられ，その後には必ず極小値を迎えることがわかる．これが，圧電素子をアクチュエータとみて駆動する場合に，機械的振動モードに対応する共振と，機械的振動モードと電気特性との関係から決まる反共振の組み合わせである．実際に強力超音波デバイスとして用いる基本周波数の縦振動モードに対応する周波数範囲を拡大した基本モードのアドミッタンス特性を図 1.16 に示す．

図 1.16 ではアドミッタンスを対数表示しているのでわかりづらいが，共振を示す

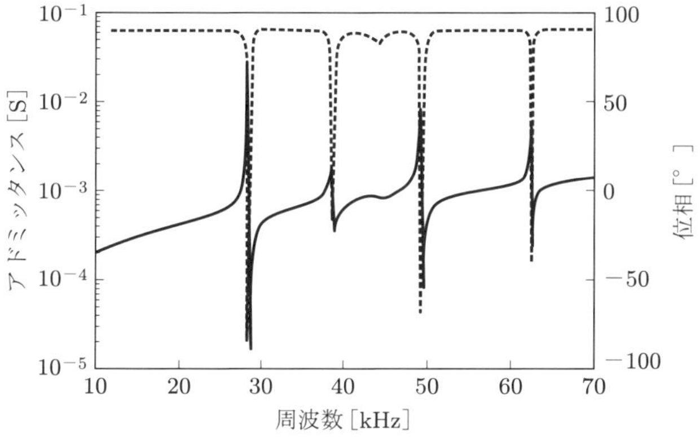

図 1.15 ランジュバン振動子のアドミッタンス特性

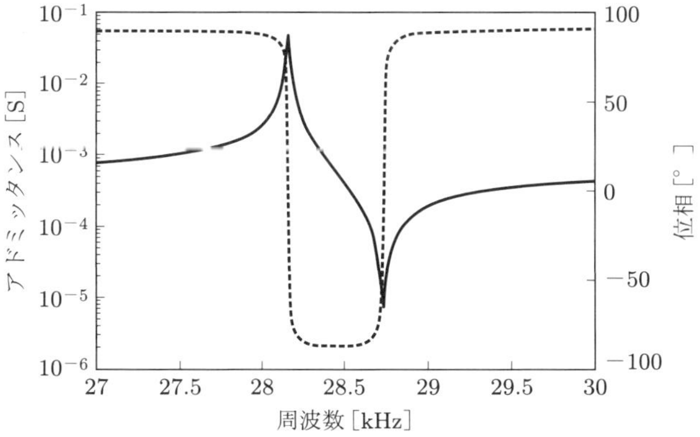

図 1.16 基本モードのアドミッタンス特性

極大位置に比べて十分低い周波数範囲ではアドミッタンスが周波数に比例して大きくなっていく．このときに位相が 90° であることから，低周波領域では容量性をもっていることがわかる．これは，圧電体がもつ電気的な誘電特性（制動容量）とランジュバン振動子の機械的な柔らかさを容量成分とみなして，二つの容量成分が並列加算されていることに対応する．

周波数を大きくしていくと，アドミッタンスが 28.2 kHz で極大を迎える．これは，ランジュバン振動子が機械的に共振して，電気エネルギーが効率的に機械エネルギーに変換されている状況である．ランジュバン振動子の先端にドップラー速度計のレーザーを照射して測定した図 1.17 の振動速度測定結果からも，アドミッタンスと同じ周波数において速度特性が共振していることが確認できる．このように，機械的な運動状態が電気的に観測できるところが圧電現象の面白いところである．

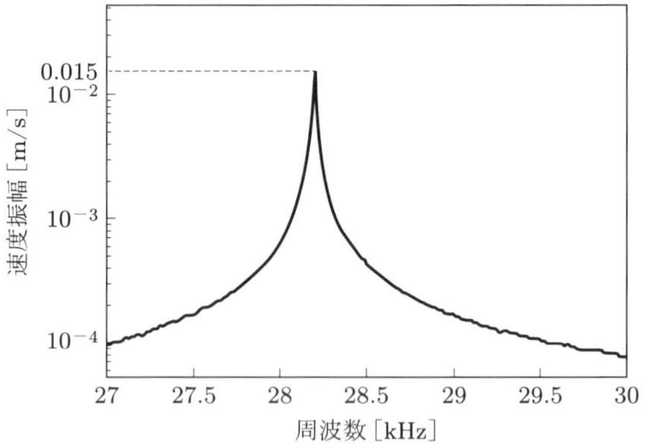

図 1.17　ランジュバン振動子先端の振動振幅の周波数依存性

アドミッタンス特性の位相をみると，共振周波数において 90° から −90° になっており，容量性から誘導性に変化していることがわかる．これは，通常のバネマスダンパ系の強制振動において，共振周波数以下の低周波では振動速度が外力に対して 90° の位相であるのに対して，共振周波数を境にして −90° となることに対応している．さらに周波数を大きくしていくと，今度はアドミッタンスが極小値を迎える反共振となり，位相が −90° から 90° へと容量性に戻る．このような電気特性は，反共振周波数において，機械的に何か特別な現象が起こっていることを示すわけではない．この反共振状態は，機械的な振動を表す共振回路と電気的な容量成分（制動容量）の並列共振により，インピーダンスが極大（アドミッタンスが極小）となっているにすぎない．ただし，電気端子を開放して，外部から機械的に外力を加えて共振させる場合には，反共振周波数において機械的に共振することになる．共振現象と反共振現象については，3 章以降で詳しく解説する．

このように，圧電デバイスでは，低周波数から高周波数に向かって電気特性を測定すると，機械的な共振に対応する周波数において，アドミッタンス特性は極大値をもち，その後，反共振周波数において極小値を迎える．いまの場合には，ランジュバン振動子の長手方向に振動する圧電縦効果であるが，たわみ振動やねじり振動，その他，さまざまな振動モードにおいても，低い周波数から共振，反共振の順番で電気特性は極値をもつ．

1.8.2 等価回路への等価変換

共振，反共振を示す電気特性は，図 1.18 に示すような，集中定数系の等価回路で表現されることが一般的で，アドミッタンス測定結果をあてはめることで等価回路の各パラメータを数値的に求めることができる．このランジュバン振動子の場合には，$L = 245.7\,\mathrm{mH}$, $C = 130\,\mathrm{pF}$, $R = 20.6\,\Omega$, $C_\mathrm{d} = 3.15\,\mathrm{nF}$ とすることにより，測定結果と同じグラフを描画できる．

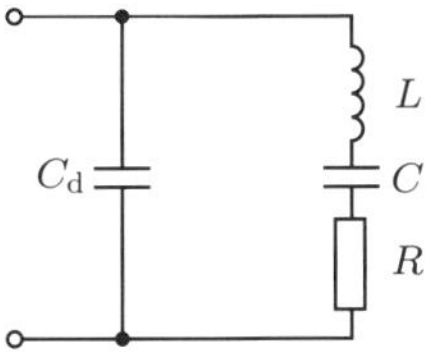

図 1.18 一般に用いられる最も単純な集中定数系の等価回路

確かに，このような測定を行うことで，等価回路やその定数を求めることができて，そのパラメータによってグラフを再現できる．しかし，それらのパラメータの意味については圧電現象の理解が必要で，実際にどのように使っていくのかが大切になる．たとえば，超音波洗浄機として水中に超音波を放射させたり，超音波モータの駆動源の一部として用いたりするようなランジュバン振動子の先端に何らかの負荷を与える場合，この単純化された等価回路をどのように変化させていけばよいか，また，この等価回路の適用限界はどこにあるかということを把握しなくてはならない．つまり，この集中定数系の等価回路がどのように導出されて，どこが単純化されているのか，また，どのような条件で成り立つものなのかが重要になってくる．

そのような観点から，たとえばランジュバン振動子について考える手立てとして，本書では単純な構造をもつ圧電横振動子を例にして取りあげている．このような圧電横効果振動子については，5, 6 章で詳細に述べる．ここでは，まず電気特性と振動特性の具体的な測定例とそこから得られる見通しを示す．

ここで取りあげる圧電振動子は，図 1.19 のような構造をしており，サイズとともに特性計算に必要となる材料定数などを表 1.1 に示す．分極方向はあらかじめ高電界で厚さ方向に揃えてあり，z 面に設けた電極間に厚さ方向（z 軸方向）の電界を加えることにより，両端自由の境界条件のもとで長手方向（x 軸方向）に振動させる．ランジュバン振動子とは違い，単一材料で構成され，対称性もあるために，振動状態を解析的に解くことができる．

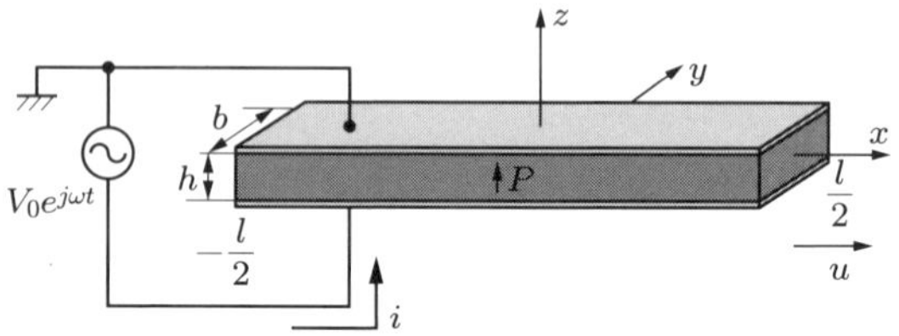

図 1.19　圧電横振動子（31 モード）

表 1.1　圧電材料特性［富士セラミックス C201］

特性	記号	値
密度	ρ	$7800\,\mathrm{kg/m^3}$
ヤング率	$\dfrac{1}{s_{11}^E}$	$7.90\times10^{10}\,\mathrm{N/m^2}$
圧電定数	d_{31}	$-145\times10^{-12}\,\mathrm{C/N}$
幅	b	7.0 mm
長さ	l	44 mm
厚さ	h	2 mm

1.8.3　測定結果と等価回路の比較

圧電横振動子を実際に測定した図 1.20 に示すアドミッタンス特性は，低周波側から共振を経た後に反共振を示しており，この測定周波数範囲では三つの振動モードに対応する共振，反共振が測定されている．この振動子は構造的に奇数次モードのみが励振され，高次モードに対応する共振周波数が基本モードの 3 倍と 5 倍になっている．

最低次である基本モードのアドミッタンスを拡大したものが，図 1.21 である．ランジュバン振動子と同様に，共振を経た後に反共振を示す圧電デバイス特有のアドミッタンスをもつ．また，駆動周波数を変化させながら振動子の右先端の速度振幅を測定した結果を図 1.22 に示す．共振周波数の 35.6 kHz において，振動子が機械的な共振をしていることが確認できる．このアドミッタンスは，ランジュバン振動子と同様に，図 1.18 の集中定数系等価回路で表すことができ，図 1.21 のグラフにあてはめ

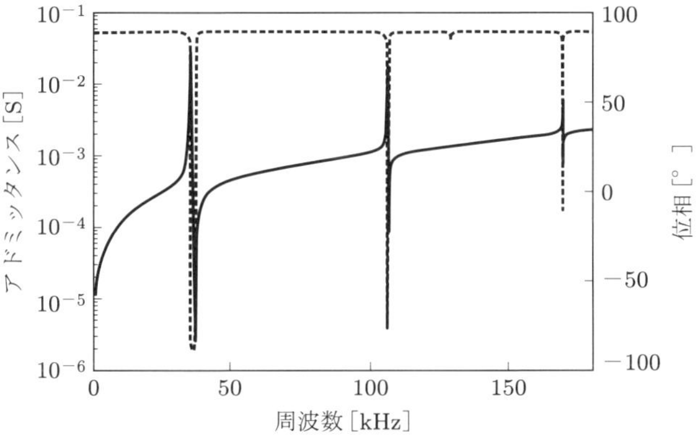

図 1.20 圧電横振動子のアドミッタンス特性

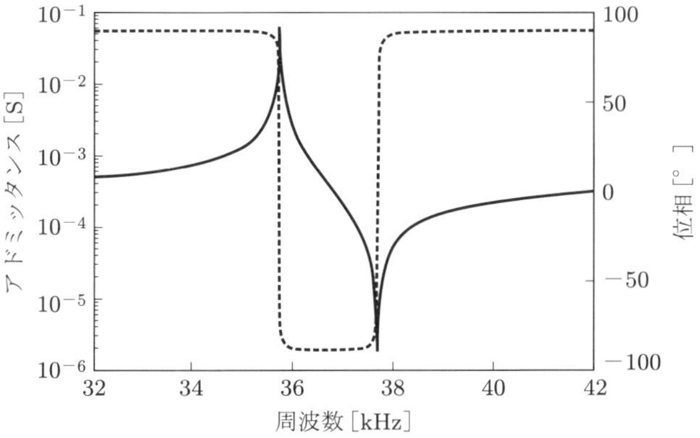

図 1.21 基本モードを拡大したアドミッタンス特性とアドミッタンスループ

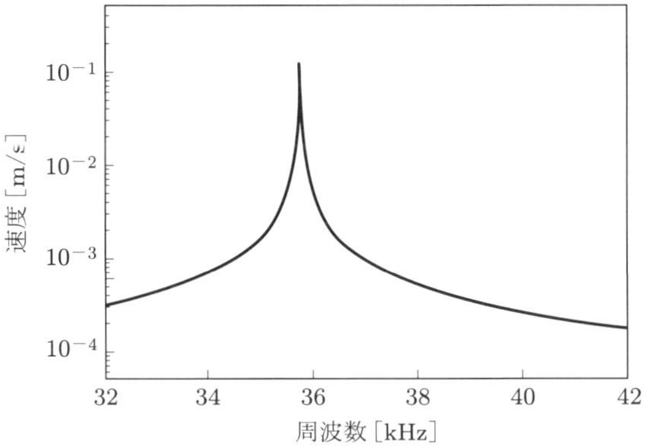

図 1.22 振動子先端の振動速度の周波数依存性

ると $L=107\,\mathrm{mH}$, $C=185\,\mathrm{pF}$, $R=20.9\,\Omega$, $C_{\mathrm{d}}=1.87\,\mathrm{nF}$ と求めることができる．

等価回路に慣れるまでの間，不自然に感じる一番の点は，圧電現象が電気機械変換であるにもかかわらず，すべてが電気素子で構成されていることであろう．入力電圧は，理想トランスに対応する力係数によって力に変換されて，それが機械的な振動に用いられることになる．等価回路の機械端子側の LCR 直列回路は，バネマスダンパ系のインピーダンスに対応する．すなわち，力係数 A によって，入力電圧 V が圧電発生力 $F=AV$ に変換され，電流 i は振動子の速度 $v=\dfrac{i}{A}$ に変換されて機械振動が生じる．このときの振動速度は，圧電振動子の先端のものとするのが一般的である．この圧電効果を示す力係数によって，電気から機械，もしくは逆に機械から電気への変換が単位を含めて行われ，電気機械結合係数が大きい場合には大きな力係数をもつことになる．

この力係数に対応する理想トランスによって，集中定数系等価回路は，図 1.18 から図 1.23 のように等価変換される．L, C, R の値は，アドミッタンスの計測から求めたものである．トランスの導入による各パラメータの変化については，付録 B で説明する．

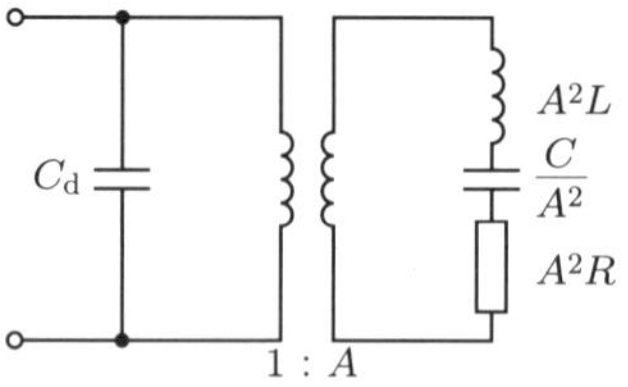

図 1.23　力係数を含む集中定数系の等価回路

1.8.4　力係数の導出

アドミッタンス測定から求めた等価回路図において，力係数を表すトランスの左側が電気特性を示す制動容量，右側が機械特性を表す．ここで，力係数を実験的に求める方法についていくつか示してみる．

一つ目の方法は，共振周波数における振動子の先端速度とそのときの駆動電圧から求める方法である．共振周波数においては，等価回路上の L と C は相殺されて抵抗成分の R のみで構成されるので，図 1.24(a) のような状況になる．共振周波数において入力電圧振幅が $0.25\,\mathrm{V}$ のとき，駆動電源から流れ出る電流 i は，アドミッタンスの共振周波数での値である $72.0\,\mathrm{mS}$ から計算されて，$18.0\,\mathrm{mA}$ の振幅となる．この電流は，制動容量と機械端子側に流れ込むことになるが，制動容量側に流れる電流 i_{d} と入力電圧の位相差は $90°$ であるのに対して，機械端子側にある抵抗成分に流れる電流

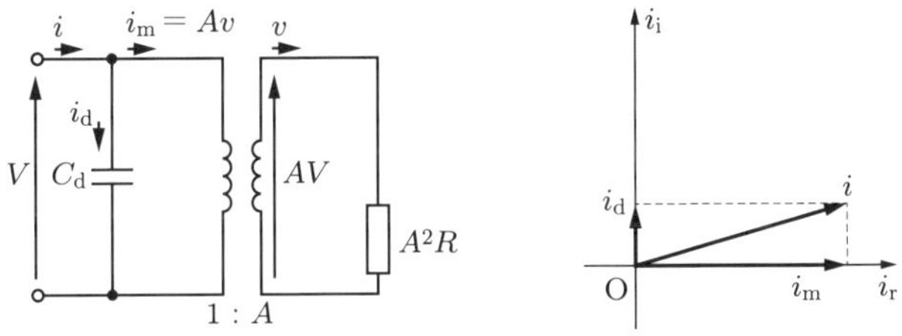

（a）等価回路　　（b）各電流の位相を含めた関係

図 1.24　共振状態における集中定数系の等価回路

i_m は入力電圧と同位相となる．共振以外ではこの位相関係は成り立っていない．また，振動子先端の振動速度振幅を v とすると，$i_\mathrm{d} = j\omega C_\mathrm{d} V$, $i_\mathrm{m} = Av$ だから，

$$|i|^2 = |i_\mathrm{d}|^2 + |i_\mathrm{m}|^2 = |\omega C_\mathrm{d} V|^2 + |Av|^2 \tag{1.1}$$

の関係と，Y_r を共振周波数でのアドミッタンス値とすると，$i = Y_\mathrm{r} V$ であることより，

$$A = \frac{V\sqrt{{Y_\mathrm{r}}^2 - (\omega C_\mathrm{d})^2}}{v} \tag{1.2}$$

となる．アドミッタンス測定結果とそのカーブフィッティングから得られた C_d $(= 1.87\,\mathrm{nF})$，共振での速度振幅 v $(= 117\,\mathrm{mm/s})$ などから，力係数は $0.154\,\mathrm{N/V}$ と求められる．この例では，Q 値が大きいので，式 (1.2) における制動容量 C_d の影響は小さい．

別の計算方法として，励振されている振動モードから等価質量を計算で求めて，これと電気測定から得られた等価回路定数を比較することで力係数を求める方法がある．これは一般に成り立つわけではないが，この圧電横効果のように，振動体に半波長の整数倍の縦振動が励振される場合には等価質量は実質量の半分になる（詳しくは 4.3 節や 6 章などで説明する）．測定に用いた振動子の質量は $4.76\,\mathrm{g}$ であるので，等価質量は $\dfrac{4.76}{2} = 2.38\,\mathrm{mH}$ となる．この値は，電気特性を等価回路にカーブフィッティングして得られた等価質量 L の $107\,\mathrm{mH}$ に対して，A^2L である．この関係から力係数を求めると，$0.149\,\mathrm{N/V}$ となり，前者の方法とほぼ同じ値となることが確認できる．

さらに，この振動子のように極めて単純な構造を有する場合には，解析的に等価回路を求めることができて，

$$A = 2\overline{e_{31}}b = 2\frac{d_{31}}{s_{11}^E}b \tag{1.3}$$

である．ただし，b は振動子の幅，d_{31} は圧電定数，s_{11}^E はコンプライアンス，$\overline{e_{31}}$ は

5 章で定義するパラメータで $\dfrac{d_{31}}{s_{11}^E}$ に等しい．$\overline{e_{31}} \neq e_{31}$ であることに注意が必要である．詳細についてはここでは述べないが，製造メーカから与えられるパラメータを単純に代入すると，力係数は 0.160 N/V となるが，$\dfrac{1}{s_{11}^E}$ について共振周波数から測定して $7.68 \times 10^{10}\,\mathrm{N/m^2}$ とすると，0.156 N/V になる．

以上の 3 通りのいずれかの力係数の測定方法で，等価回路を力係数が含まれるものに変換し，機械端子側の電流値を振動子先端の速度に対応できることがわかる．ただ，振動子は図 1.20 のアドミッタンスに示したように，縦振動に限定しても高次モードに対応する複数の振動モードが存在しており，これらをすべて含む形での等価回路は図 1.25 のようになる．これは，各モードの LCR 共振回路が並列接続された形であり，一般に用いられる図 1.23 の等価回路は，ある振動モードのみに着目して，そのモードに対応する共振周波数付近でのインピーダンスが高い，ほかの振動モードを無視するという近似が行われている．

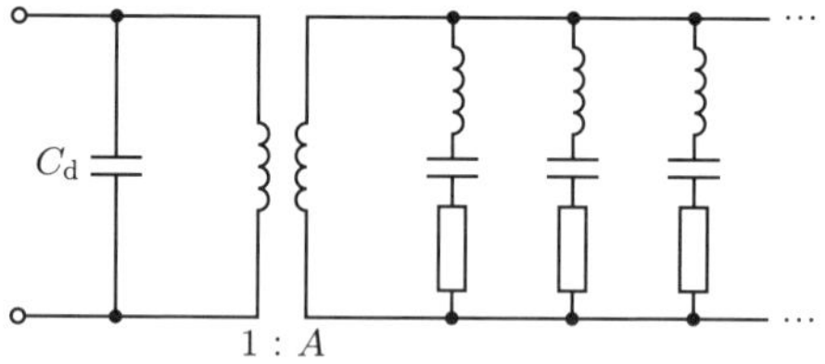

図 1.25　複数の振動モードを含む集中定数系の等価回路

1.8.5　分布定数系の等価回路

複数振動モードを含む等価回路をみると，機械端子が短絡されており，たとえば振動子先端に負荷がかかった場合などの対処ができない状況になっている．両端自由の境界条件のもとでは，振動子の対称性から，等価回路において機械端子に流れる電流を解析すれば両端の振動速度が求められるが，ランジュバン振動子のような実際の圧電デバイスでは，必ずしもそのような状況にはない．これは，図 1.18 や図 1.23 で表される等価回路が，図 1.26 の分布定数系での Mason の等価回路の一形態であることに関係している．Mason の等価回路は二つの機械端子をもっており，左右の端子に流れる電流，発生電圧が振動子の左右の速度と力に対応する．したがって，両端自由の境界条件では左右の力は 0 で，図 1.27 に示すように，Mason の等価回路の両端を短絡した状態が集中定数系の等価回路と等価な関係になる．

つまり，振動子の解析として両端自由境界条件のような単純なものではなく，より一般的な状況を解析するには，分布定数系での等価回路から検討をはじめていく必要

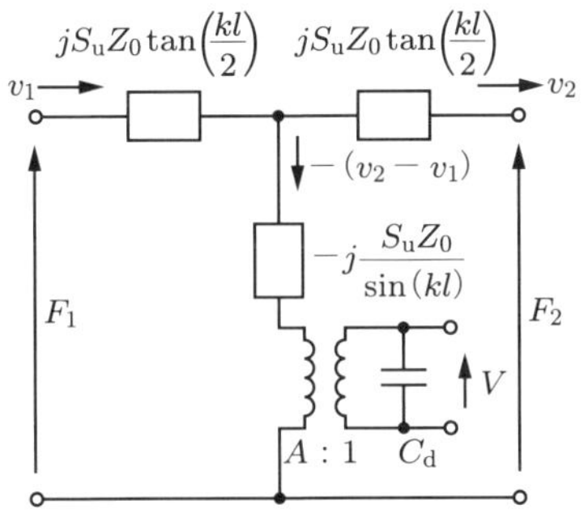

図 1.26　分布定数系の等価回路（Mason の等価回路）

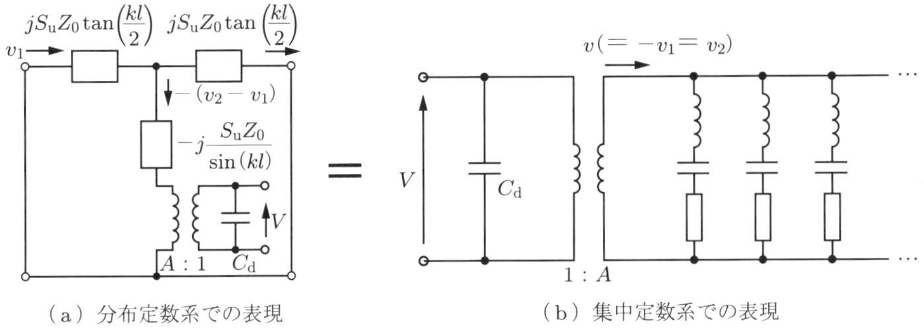

（a）分布定数系での表現

（b）集中定数系での表現

図 1.27　分布定数系と集中定数系の等価回路の関係

がある．また，圧電振動子の左右に金属の弾性体などを設置する場合には，その金属の振動状態を表す分布定数系の等価回路を接続していけばよい．たとえば，金属の弾性体に挟まれた圧電体の振動については，図 1.28 のように振動子の左右境界における力と速度の関係を結び付ける Mason の等価回路によって表現できる．この場合，

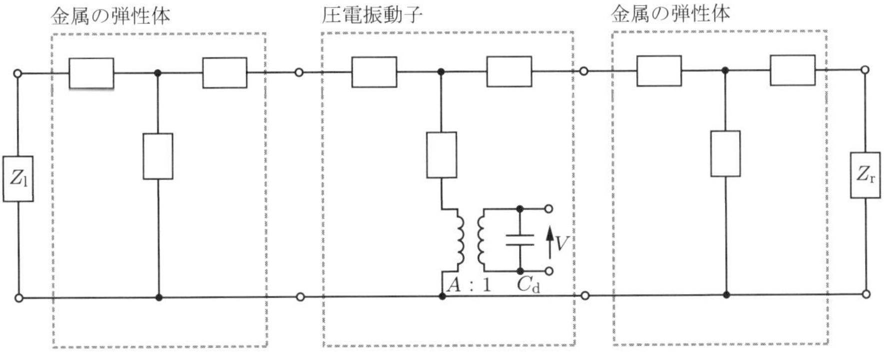

図 1.28　分布定数系の等価回路

左右両端面の境界条件として，Z_{l}，Z_{r} を与えている．もし，バネによって押し付けるのであれば，これに対応するキャパシタ C を用いて $Z = \dfrac{1}{j\omega C}$，質量を付加するのであれば，$Z = j\omega L$，あるいは液体に超音波放射するのであれば，液体の音響インピーダンスを与えればよい．応力を与えない自由境界面とするときには，$Z = 0$ であるから電気的に短絡し，固定端とするときには，速度を与えないのであるから $Z = \infty$ と対応させるために，開放すればよい．

1.8.6　まとめ

圧電横振動子の等価回路について概観したことをもとにして，ランジュバン振動子の説明をする．圧電駆動部分の圧電材料については，圧電横効果とは異なり，分極方向と同じ方向に電界を加えて，その方向の圧電ひずみを利用する圧電縦効果であるので，先の横効果とは異なる等価回路になっている．この図 1.29 に示す等価回路は，負の制動容量成分をもつだけでなく，各インピーダンス成分も圧電横効果の等価回路とは異なっている．この等価回路に加えて，ランジュバン振動子は，金属の弾性体で圧電体を挟み込んだ構造をしているので，分布定数系の等価回路としては，図 1.30 のような形になる．ただし，ここでは単純化してボルトなどの複雑形状は考えていない．

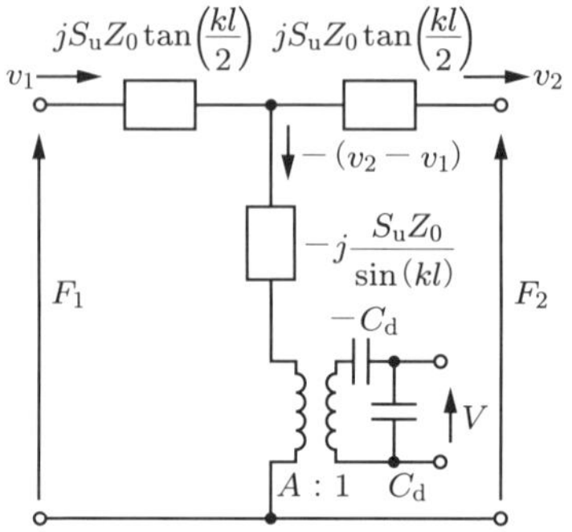

図 1.29　圧電縦効果の分布定数系の等価回路

このような圧電駆動部分に対応する分布定数系の等価回路があり，この両端面を自由境界面，つまり $Z_{\mathrm{l}} = Z_{\mathrm{r}} = 0$ とすることで，集中定数系の図 1.25 のような複数モードを有する等価回路となる．その一つのモードに着目して高次モードを無視したものが，一般的に用いられる図 1.18 の等価回路となっていることが理解できる．このとき，負の制動容量部分は，機械端子側のキャパシタ成分に含めている．

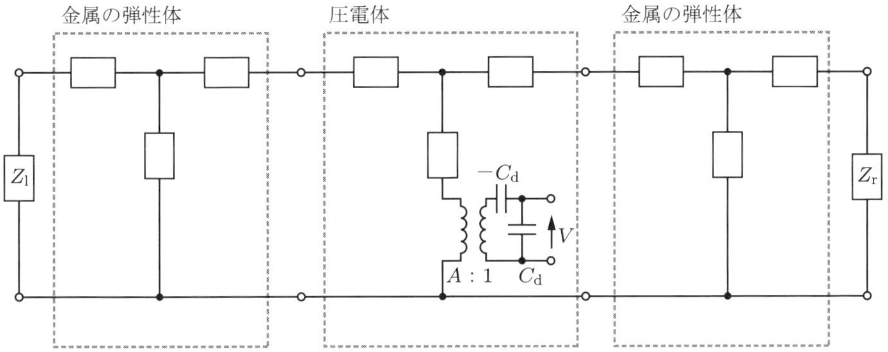

図 1.30 ランジュバン振動子の分布定数系の等価回路

1.9 本書の構成

電気エネルギーと機械エネルギーを相互変換する圧電現象を直感的に理解するには，等価回路が有力な手段となる．また，電気的なアドミッタンス測定や振動速度などの測定から得られる情報の理解とその応用にも，等価回路は重要な役割を果たす．

本章に続く 2 章では，圧電現象の基礎的な部分について，圧電方程式の導出と，非共振的な駆動を行った場合の等価回路の導出を行う．これにより，圧電現象の本質的な部分を捉えることができる．ここで対象とするのは，共振周波数よりも十分低い周波数での準静的な圧電現象である．

次に，共振を含んだ圧電現象の説明に入る準備段階として，3 章では非圧電体を対象として，波動方程式に基づく振動現象論とその等価回路の導出について説明する．本章での測定例でも出てきた，集中定数系の等価回路の各パラメータと，分布定数系の振動状態の関連を説明するのが主な目的である．4 章では，得られた等価回路によってアドミッタンスがどのように変化するのかを，アドミッタンスループも含めて説明を行う．とくに，機械系の共振を表す LCR 直列回路と，圧電体が本質的に誘電体であることを示す制動容量が並列になった最も単純な集中定数系の圧電等価回路を対象としている．これにより，圧電デバイスのアドミッタンス特性において，共振と反共振が測定されることが明らかになる．

5 章において，それまでの基礎的な事柄を適宜用いることにより，1 次元振動の圧電振動である圧電横振動子に関して説明する．本書の目的は，複雑な構造を有する圧電デバイスを解析する手段を得ることではなく，圧電現象の基本事項を理解することにある．この場合，1 次元化して，設定問題を単純にすることが重要と考えた．この単純化でも，計算はかなり煩雑になってしまう傾向にあるが，この計算はなるべく省略しないようにした．計算過程を追うことだけに注意を向けるのではなく，その計算から得られる結果の意味についてよく考えることが大切である．等価回路と合わせて考えると，とてもよくつじつまの合った計算が展開されていくことが感じ取れるはずである．6章では，得られた等価回路の意味について，例を示しながら説明する．

最後に，7章でやはり1次元化した圧電振動として圧電縦効果について述べる．これは，5章の圧電横効果とは異なり，分極方向と電界方向，振動方向がすべて平行になっており，一般的な圧電デバイスによく用いられる構成である．この際に生じる反電界によって等価回路上に負のキャパシタが生じることについても，詳細に説明してある．ここで説明する共振現象を含む一般的な等価回路からも，2章で説明した準静的な圧電現象とまったく同じ等価回路を導出することができる．

2章 圧電効果

電気入力を機械変位や機械振動に変換したり（逆圧電効果），またはその逆の変換をしたり（正圧電効果）する圧電現象を理解するには，等価回路を用いて電気と機械のふるまいを表現することが有効である．ここでは，圧電方程式に含まれるパラメータである「ひずみ」，「応力」，「電界」，「電束密度」について確認した後，これらのパラメータが相互に関連しあう圧電方程式，および電気機械結合係数について説明する．最後に，準静的（直流的）な場合に利用できる等価回路を用いることで，圧電現象の考え方を具体的に示す．

2.1 機械パラメータと電気パラメータ

2.1.1 ひずみと応力

圧電方程式は，機械パラメータである「ひずみ」と「応力」，電気パラメータである「電界」，「電束密度（平板キャパシタの場合には電荷密度と一致する）」を結び付ける基礎方程式である．ここでは，機械パラメータのひずみと応力について説明する．

図 2.1 に示すように，一様断面 S_{u} をもつ全長 l の細棒の左端を固定して右端を力 F で引っ張り，全長を $l+\Delta l$ に変化させた場合を考える．座標は，細棒の長手方向に x 軸をとり，それぞれの位置 x での変位を $u(x)$ とおく．力を加えた後には，$u(0)=0$,

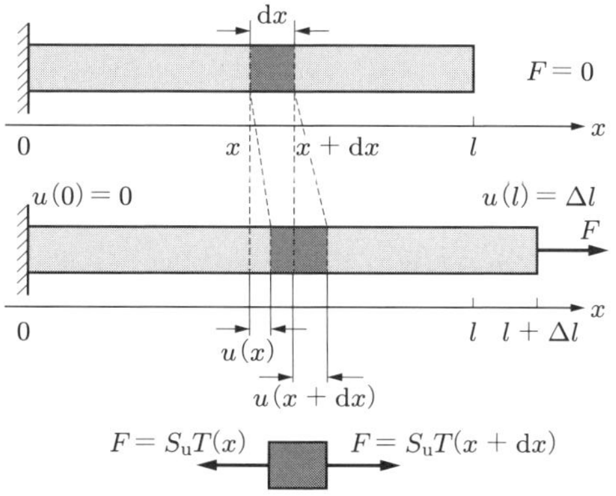

図 2.1　細棒内の変位と応力

$u(l) = \Delta l$ となる．

ひずみは，各位置での単位長さあたりの相対的な伸縮量であり，いまの場合には，どの点においてもひずみは一定で $\dfrac{\Delta l}{l}$ となる．一般に，ひずみは位置の関数で，微小部分 $\mathrm{d}x$ がどれだけ伸びたのかを考えて，その伸びた量をもとの長さ $\mathrm{d}x$ で割ることで定義される．

初期状態で位置 x にあった長さ $\mathrm{d}x$ の微小部分は，引っ張られることで左端の位置が $x + u(x)$，右端は $x + \mathrm{d}x + u(x + \mathrm{d}x)$ へと移動する．したがって，もとの長さが $\mathrm{d}x$ であった微小部分は $\{x+\mathrm{d}x+u(x+\mathrm{d}x)\} - \{x+u(x)\} = \mathrm{d}x+u(x+\mathrm{d}x)-u(x)$ の長さに変化したことになる．これともとの長さ $\mathrm{d}x$ の差をとると伸びた量となり，さらにこれを $\mathrm{d}x$ で割ることで，

$$\frac{\{(\mathrm{d}x + u\,(x + \mathrm{d}x)) - u(x)\} - \mathrm{d}x}{\mathrm{d}x} = \frac{\mathrm{d}u}{\mathrm{d}x} \tag{2.1}$$

というひずみの定義式を得る．つまり，ひずみは x における変位 $u(x)$ を位置 x で微分すればよい．変位の単位は [m] であるのに対して，ひずみは割合を示すことになり，単位はない．変位とひずみを混同してはいけない．

細棒の一軸変位を考える場合，単位面積あたりの力が応力 T であり，向きは，引っ張られる方向を正にとる．いまの場合，一様断面で準静的に引っ張ったので，どの位置でも $T = \dfrac{F}{S_\mathrm{u}}$ と等しい応力となる（後述の Mason の等価回路では，応力 T は引張りを正，外力は圧縮されたときを正にとって $F = -S_\mathrm{u}T$ と負の符号を付けるが，いまの場合にはわかりやすいように外力も引張りを正にとって定義している）．応力は，

$$T(x) = E\frac{\mathrm{d}u}{\mathrm{d}x} \tag{2.2}$$

のように，比例定数（ヤング率）E によりひずみに比例するものとして考える．ひずみに単位はないので，ヤング率の単位は応力と同一の単位である．

細棒をバネ要素とみなすと，右端を外力 F で引っ張って変位として Δl が得られたので，$F = K\Delta l$ として，バネ定数 K が定義できる．式 (2.2) でひずみ $\dfrac{\mathrm{d}u}{\mathrm{d}x}$ が $\dfrac{\Delta l}{l}$ であることを考慮して F と Δl の関係を求めると，

$$F = S_\mathrm{u}T(x) = S_\mathrm{u}E\frac{\mathrm{d}u}{\mathrm{d}x} = \frac{S_\mathrm{u}E}{l}\Delta l \tag{2.3}$$

となり，$K = \dfrac{S_\mathrm{u}E}{l}$ となる．なお，ここでは対象を細棒として 1 次元での考察を行っているが，実際には 3 次元のひずみや応力による弾性変形として扱わなくてはならない（付録 A 参照）．

2.1.2 電束密度と電界

圧電材料は誘電体であり，圧電方程式内の電気パラメータには「電界」と「電束密度」が用いられる．電束密度 D は圧電体内におけるベクトルであるが，圧電応用で一般的に用いられる平板キャパシタ形状の場合には，そのベクトルの長さが電極に蓄えられる単位面積あたりの電荷と等しい．

誘電体を挟まずに，真空環境で近接対向させる電極間に外部電界 E を与えたときの電束密度 D は真空の誘電率 ε_0 を用いて，$D = \varepsilon_0 E$ で求められる．誘電体キャパシタの場合には，外部電界 E によって誘電体内の分極 P が電界方向に生じるから，電極には真空の場合よりも大きな電荷が生じる．また，強誘電体の代表的な材料であるチタン酸バリウム（$BaTiO_3$）の場合などでは，結晶内のチタンイオンが中心から変位した状態で安定化し，自発分極をもつ．たとえば，平均的に正イオンが右側に偏りがあるような場合の分極 P は，図 2.2 のように左から右に向かう矢印で表し，矢じりのほうを正にとる．

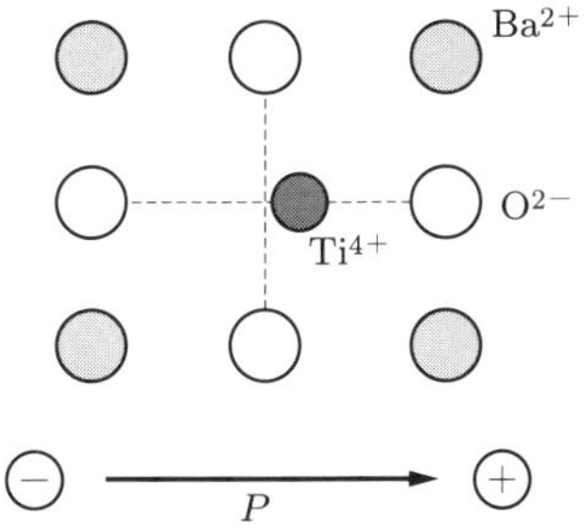

図 2.2 分極の向きの定義

電束密度 D は外部電界 E，分極 P との関係が，

$$\begin{aligned} D &= \varepsilon_0 E + P \\ &= \varepsilon_0 \varepsilon_r E \end{aligned} \tag{2.4}$$

となり，ε_r を比誘電率と定義する．分極 P が電界 E に比例して，電束密度と電界に線形性が成り立つものを常誘電体という．一方，強誘電体は圧電性をもつが，圧電方程式においては，誘電率の $\varepsilon_0 \varepsilon_r$ を ε と表して，真空の誘電率を含む形で記述する．虚数成分を含む誘電率を考えて $\varepsilon = \varepsilon' - j\varepsilon''$ などとおくことで，キャパシタと並列に接続する抵抗成分をもたせて損失を表現することができる．一般に，$\tan\delta = \dfrac{\varepsilon''}{\varepsilon'}$ として評価指数とし，このパラメータが小さいほうがリーク電流の小さい優れたキャパシタとなる．本書では，このような誘電損失は以後扱わないが，必要に応じて，誘電体に

並列な抵抗成分を接続することで，誘電損失をモデル化すればよい．

電束密度 D は単位面積あたりの全電荷に等しく，これを真電荷という．この真電荷は 2 種類の電荷，すなわち束縛電荷と自由電荷に分けて考えることができる．外部電界 E によって誘電体内に生じる分極 P は，外部電界の方向に揃うので，電極に接する誘電体表面に電荷を供給する．図 2.3 の例で示すと，左から右に向かう外部電界によって，誘電体内の分極も同じ方向に向かうため，誘電体の右表面には真空状態での場合に加えて，新たな正の電荷が生じる．これを補償するために，電源から右電極に対して負の電荷が供給される．このように，誘電体表面に生じる分極を補償するための電荷が束縛電荷である．束縛電荷から誘電体内部には電気力線は生じない．一方，電極間の外部電界 E を保持するためには，電極から出て，誘電体内を結ぶ電気力線の起源となる電荷 $\varepsilon_0 E$ が必要となり，これを担うのが自由電荷である．

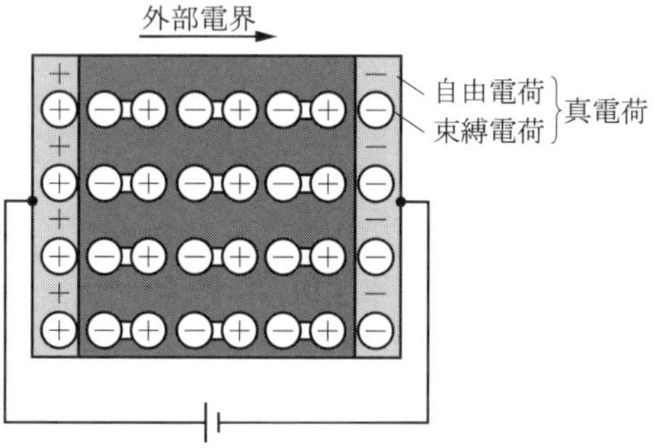

図 2.3　誘電体内の電荷

これらの関係は，式 (2.4) を変形して

$$E = \frac{D - P}{\varepsilon_0} \tag{2.5}$$

とすると，現象の意味がわかりやすくなる．すなわち，外部電界を与えることによって生じた全電荷（真電荷）D のうち，誘電体内に生じた分極 P を補償するための束縛電荷を差し引いたもの（自由電荷）が，電界生成に寄与する．

水晶（SiO_2）や酸化亜鉛（ZnO），窒化アルミニウム（AlN）などの分極反転をしない材料や，単結晶圧電材料などもあるが，医療用超音波や強力超音波などは高い圧電効果を示す圧電セラミック材料が用いられる．これは，外部電界によって反転可能な自発分極 P_s を有するチタン酸ジルコン酸鉛（PZT, $Pb(Zr,Ti)O_3$）などの強誘電体である．自発分極とは，結晶構造の非対称性から生じた材料固有の分極で，外部電界が与えられなくても存在する．自発分極を起源として，分極処理を行った後に強誘電体セラミックに残留分極 P_r がもたらされる．この分極値を反転させるための電界を抗電界 E_c とよぶ．強誘電体の場合には，図 2.4(a) のように電束密度と電界はヒステリシスの関係をもち，常誘電体のような電束密度と電界の線形関係は成立しない．

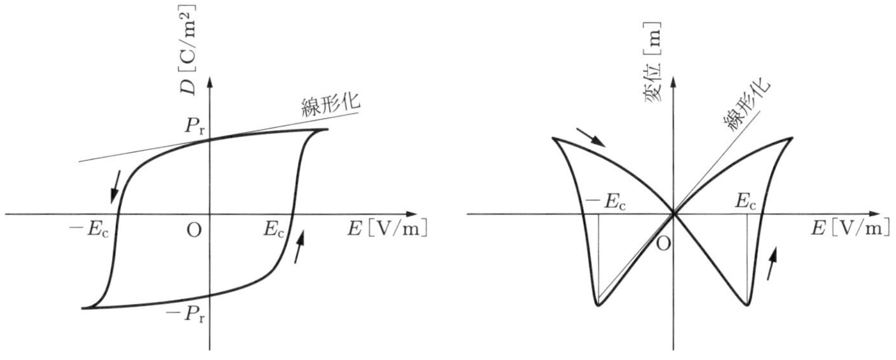

（a） D－E ヒステリシス曲線　　（b） 圧電バタフライ曲線

図 2.4　圧電セラミックの電気・圧電変位特性

強誘電体の電束密度 D は電界に対してヒステリシスをもつので，常誘電体のように誘電率が一定値を示すのではなく，電束密度を電界で微分した $\dfrac{\partial D}{\partial E}$ として定義される．また，外部電界によって生じる変位については，分極反転も含めると図 2.4(b) のような複雑な圧電バタフライ曲線を描くので，分極反転をしない範囲での圧電性を考える．一般に，圧電現象は，分極処理をした状態から分極反転させない範囲で外部電界を加えたときの状態を想定しており，電界と電束密度や，電界と圧電ひずみ，圧電変位などは線形化する．

2.2 電歪効果と圧電効果

電界と電束密度の関係が線形となる常誘電体では，強誘電体のような異方性をもたず，電束密度の向き（符号）を反転させた場合でも対称性から同じひずみとなるため，電界による機械的なひずみ $\dfrac{\partial u}{\partial x}$ は次式のような電束密度 D の偶関数となる．

$$\frac{\partial u}{\partial x} = a_2 D^2 + a_4 D^4 + a_6 D^6 + \cdots \tag{2.6}$$

ただし，$a_2, a_4, a_6, \cdots$ は定数である．

常誘電体では電束密度と電界は比例するので，ひずみと電界も偶関数の関係になる．これを電歪効果という．電歪効果によって得られる変位は極めて小さいので，工学的に用いられることは少ない．

これに対して，分極処理した強誘電体セラミックに外部電界を加えた場合には，外部電界に対してほぼ1次の関係でひずみが生じる．これは，電歪効果の特殊な例として以下のように説明ができ，圧電効果とよばれる．

分極処理によって生じた残留分極 P_{r} を安定にもつ状態を出発点として，外部電界によって P_{r} から変化した分極量を ΔP とすると，全分極は $P = P_{\mathrm{r}} + \Delta P$ と表現できる．強誘電体の場合には，比誘電率が非常に大きく，$D = \varepsilon_0 E + P \cong P$ とみなすことができるので，式 (2.6) を次式のように変形できる．

$$\begin{aligned}\frac{\partial u}{\partial x} &= a_2(P_{\mathrm{r}} + \Delta P)^2 + a_4(P_{\mathrm{r}} + \Delta P)^4 + a_6(P_{\mathrm{r}} + \Delta P)^6 + \cdots \\ &\cong a_2{P_{\mathrm{r}}}^2 + 2a_2P_{\mathrm{r}}\Delta P \qquad (2.7)\end{aligned}$$

ただし，a_2 以外の定数は極めて小さい．また，この式 (2.7) で，P_{r} を定数，$(\Delta P)^2$ 以上の高次項を微小量として無視すると，$a_2{P_{\mathrm{r}}}^2$ は初期ひずみ（分極処理によって生じたひずみ），$2a_2P_{\mathrm{r}}\Delta P$ は外部電界によって生じた分極 ΔP に比例するひずみとして表されている．したがって，$2a_2P_{\mathrm{r}}\Delta P$ の項が，電界と機械ひずみが比例する圧電効果を表すことになる．つまり，強誘電体における圧電効果は，電歪効果を起源としており，残留分極 P_{r} によって実用的な機械ひずみがもたらされることがわかる．ただし，式 (2.7) の関係式は，線形化しているので，実際の圧電現象で分極反転を含むような大きな非線形性を有する変位を表現することはできないし，結晶内部の動きに関連するヒステリシスは無視されていることに注意が必要である．

2.3　圧電方程式

圧電現象は，電気エネルギーと機械エネルギーを相互変換する現象で，電束密度 D，外部電界 E，機械的応力 T，ひずみ S の4種類のパラメータを関係付ける二つの圧電方程式で記述される．

まず，圧電効果がない構造体において，応力 T とひずみ S は線形関係にある（1次元でも3次元でもよい）．これらのパラメータの初期値からの変化（ここでは δ を用いる）は，材料の柔らかさを表すコンプライアンス s によって，

$$\delta S = \frac{\partial S}{\partial T}\delta T = s\,\delta T \qquad (2.8)$$

と関係付けられる（3次元の場合には，$[S]$（6行），$[T]$（6行），$[s]$（6行6列）と表

す．詳しくは，付録 A で説明する）．

一方，非圧電材料の誘電体としての電束密度 D と電界 E の関係は，

$$\delta D = \frac{\partial D}{\partial E}\delta E = \varepsilon\,\delta E \tag{2.9}$$

である（3 次元の場合には，$[D]$（3 行），$[E]$（3 行），$[\varepsilon]$（3 行 3 列）と表す．詳しくは，付録 A で説明する）．ただし，誘電率 ε は真空の誘電率 ε_0 と比誘電率 ε_{r} をかけたものである．

一方，誘電体が圧電性をもつ場合，

$$\delta S = \frac{\partial S}{\partial T}\delta T + \frac{\partial S}{\partial E}\delta E = s^E\ \delta T + d\ \delta E \tag{2.10}$$

のように，応力 T だけでなく，電界 E によってもひずみ S が生じる．また，

$$\delta D = \frac{\partial D}{\partial T}\delta T + \frac{\partial D}{\partial E}\delta E = d\ \delta T + \varepsilon^T\ \delta E \tag{2.11}$$

のように，電界 E に加えて，応力 T も電束密度 D を生じさせる原因となる．このような一組の関係式を圧電方程式とよぶ．電気パラメータと機械パラメータを結び付ける項，すなわち，式 (2.10) での電界によるひずみを表す $d\,\delta E$ や，式 (2.11) での応力による電束密度を表す $d\,\delta T$ に用いられる比例係数を圧電定数といい，$d = \dfrac{\partial S}{\partial E} = \dfrac{\partial D}{\partial T}$ である．この圧電方程式では圧電定数 d が用いられているので，圧電 d 形式とよぶ．

これら式 (2.10), (2.11) の圧電方程式のなかで，右上に付けられている定数，たとえば誘電率 ε^T の T は，応力を一定にして測定したことを意味する．これは，電束密度 D を応力 T と電界 E の関数として全微分表記するとき，その偏微分係数 $\dfrac{\partial D}{\partial E}$ を ε^T としていることから理解できる．ここで，圧電体内部の応力を一定に制御しながら誘電率を測定することは通常の実験では困難なので，一般に「応力 T を一定」とは，ある一定の大きさをもつ応力ではなく，圧電体を機械的に自由状態（$T = 0$）とした状態を示す．この状態で測定した誘電率が ε^T である．線形関係としているので，このときの応力が $T = 0$ でも $T \neq 0$ でも同じ誘電率 ε^T となる．

一方，「ひずみ S を一定」にする境界条件での誘電率もあり，これは圧電体内部に機械ひずみを生じさせない状態（$S = 0$）で測定した ε^S を示す．圧電現象によって得られる応力は大きいので，ひずみを 0 にすることは実験的に困難である．したがって，共振周波数に比べて十分に高い周波数をもつ駆動電圧を入力し，機械的に応答しない周波数範囲での誘電率の測定値を $S = 0$ での値とするなどの工夫をする．また，ある一方向のひずみを拘束した状態での誘電率を定義することが多くある．たとえ

ば，3 軸方向のひずみ S_3 を生じさせない状態で計測した誘電率を，本書では ε^{S_3} のように表記する．この場合には，ほかの 1 軸方向や 2 軸方向などには機械的な拘束を行わないで計測した誘電率という意味である．

このように，圧電現象では，誘電率と一言でいっても，応力を一定にして測定した誘電率 ε^T と，ひずみを一定にして測定した誘電率 ε^S の値は異なり，$\varepsilon^T > \varepsilon^S$ の関係がある（詳しくは，式 (2.24)，(2.50) で示す）．この二つの誘電率の差 $\varepsilon^T - \varepsilon^S$ が大きいと，圧電性が優れている（電気機械結合係数が大きい）こととなる．コンプライアンス s についても境界条件によって異なる値をもち，式 (2.10) に含まれる電界一定にして測定した（通常，$E = 0$ として電極間を短絡した）コンプライアンス s^E と，電束密度一定にして測定したコンプライアンス（通常，$D = 0$ として電極間を開放した）s^D には，$s^E > s^D$ の関係がある（詳しくは，2.5 節で説明する）．

圧電効果は分極反転しない限られた範囲内での線形関係を対象とするので，式 (2.10), (2.11) において，各パラメータ，たとえば δD としているものを D のように書き直して，

$$\begin{cases} S = s^E T + dE \\ D = dT + \varepsilon^T E \end{cases} \tag{2.12}$$

とする．一般に，z 軸方向に分極処理された圧電セラミックの圧電 d 形式は，

$$\begin{cases} \begin{pmatrix} S_1 \\ S_2 \\ S_3 \\ S_4 \\ S_5 \\ S_6 \end{pmatrix} = \begin{pmatrix} s_{11}^E & s_{12}^E & s_{13}^E & 0 & 0 & 0 \\ s_{12}^E & s_{11}^E & s_{13}^E & 0 & 0 & 0 \\ s_{13}^E & s_{13}^E & s_{33}^E & 0 & 0 & 0 \\ 0 & 0 & 0 & s_{44}^E & 0 & 0 \\ 0 & 0 & 0 & 0 & s_{44}^E & 0 \\ 0 & 0 & 0 & 0 & 0 & s_{66}^E \end{pmatrix} \begin{pmatrix} T_1 \\ T_2 \\ T_3 \\ T_4 \\ T_5 \\ T_6 \end{pmatrix} + \begin{pmatrix} 0 & 0 & d_{31} \\ 0 & 0 & d_{31} \\ 0 & 0 & d_{33} \\ 0 & d_{15} & 0 \\ d_{15} & 0 & 0 \\ 0 & 0 & 0 \end{pmatrix} \begin{pmatrix} E_1 \\ E_2 \\ E_3 \end{pmatrix} \\ \begin{pmatrix} D_1 \\ D_2 \\ D_3 \end{pmatrix} = \begin{pmatrix} 0 & 0 & 0 & 0 & d_{15} & 0 \\ 0 & 0 & 0 & d_{15} & 0 & 0 \\ d_{31} & d_{31} & d_{33} & 0 & 0 & 0 \end{pmatrix} \begin{pmatrix} T_1 \\ T_2 \\ T_3 \\ T_4 \\ T_5 \\ T_6 \end{pmatrix} + \begin{pmatrix} \varepsilon_{11}^T & 0 & 0 \\ 0 & \varepsilon_{11}^T & 0 \\ 0 & 0 & \varepsilon_{33}^T \end{pmatrix} \begin{pmatrix} E_1 \\ E_2 \\ E_3 \end{pmatrix} \end{cases} \tag{2.13}$$

となり，合計で九つの式で構成される（詳しくは，付録 A で説明する）．ただし，

$s_{66}^E = 2(s_{11}^E - s_{12}^E)$ である．式 (2.13) を，[ ] の行列表記で表すと，

$$\begin{cases} [S] = \left[s^E\right][T] + [d_t][E] \\ [D] = [d][T] + \left[\varepsilon^T\right][E] \end{cases} \tag{2.14}$$

となる．ただし，下付きの t，たとえば $[d_t]$ は $[d]$ の転置であることを示す．ここで，$\left[s^E\right]$ は対称行列であるから，$\left[s_t^E\right] = \left[s^E\right]$ である．

ここで，式 (2.14) の左辺をひずみ $[S]$ と電束密度 $[D]$ から，応力 $[T]$ と電束密度 $[D]$ に書き換えてみる．第 1 式にコンプライアンスの逆行列となるスティフネス $\left[c^E\right]$ $(= \left[s^E\right]^{-1})$ を左からかけると，

$$\left[s^E\right]^{-1}[S] = [T] + \left[s^E\right]^{-1}[d_t][E]$$

より

$$[T] = \left[c^E\right][S] - [e_t][E] \tag{2.15}$$

となる．ただし，$[e_t] = \left[c^E\right][d_t]$ である．さらに，式 (2.14) の第 2 式に式 (2.15) を代入すると，$\left[c^E\right]$ も対称行列で $\left[c_t^E\right] = \left[c^E\right]$，$[e] = [d]\left[c_t^E\right] = [d]\left[c^E\right]$ の関係などから，

$$\begin{aligned} [D] &= [d][T] + \left[\varepsilon^T\right][E] = [d]\left(\left[c^E\right][S] - [e_t][E]\right) + \left[\varepsilon^T\right][E] \\ &= [d]\left[c^E\right][S] + \left(\left[\varepsilon^T\right] - [d][e_t]\right)[E] \\ &= [e][S] + \left(\left[\varepsilon^T\right] - [e]\left[s^E\right][e_t]\right)[E] = [e][S] + \left[\varepsilon^S\right][E] \end{aligned} \tag{2.16}$$

とできる．ただし，$\left[\varepsilon^S\right] = \left[\varepsilon^T\right] - [e]\left[s^E\right][e_t]$ である．すなわち，

$$\begin{cases} [T] = \left[c^E\right][S] - [e_t][E] \\ [D] = [e][S] + \left[\varepsilon^S\right][E] \end{cases} \tag{2.17}$$

と変形できた．同様の式変形を行うことにより，

$$\begin{cases} [S] = \left[s^D\right][T] - [g_t][D] \\ [E] = -[g][T] + \left[\beta^T\right][D] \end{cases} \tag{2.18}$$

$$\begin{cases} [T] = \left[c^D\right][S] - [h_t][D] \\ [E] = -[h][S] + \left[\beta^S\right][D] \end{cases} \tag{2.19}$$

のように左側のパラメータを変えることができる．式 (2.17)～(2.19) を，圧電定数としているパラメータをとって，それぞれ圧電 e 形式，圧電 g 形式，圧電 h 形式という．いずれの形式においても，右辺の圧電定数以外のパラメータには，計測条件に対応する添え字を右上に示す．

2.4　逆圧電効果

分極処理した圧電材料は，分極方向と同方向に外部電界が与えられると，分極方向に伸びようとする．このように，電気入力エネルギーが機械エネルギーに変換されることを逆圧電効果という．

入力電圧 V によって入力されたエネルギーの一部が逆圧電効果によって機械エネルギーに変換される現象を，図 2.5 のように二つの異なる機械的境界条件で考える．圧電素子の両端部を自由状態（$T_3 = 0$）にしてひずみを自由に生じさせる場合と，完全拘束状態（$S_3 = 0$）にしてひずみを生じさせない場合の二つの境界条件である．電界方向は分極方向と同一方向として分極方向への圧電体の伸縮を考える．

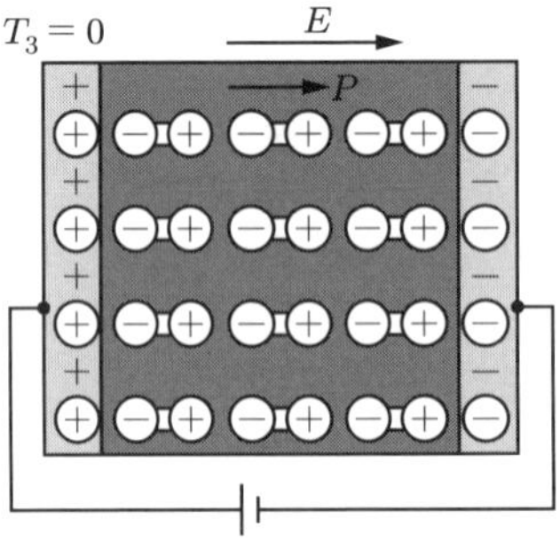

（a）自由状態

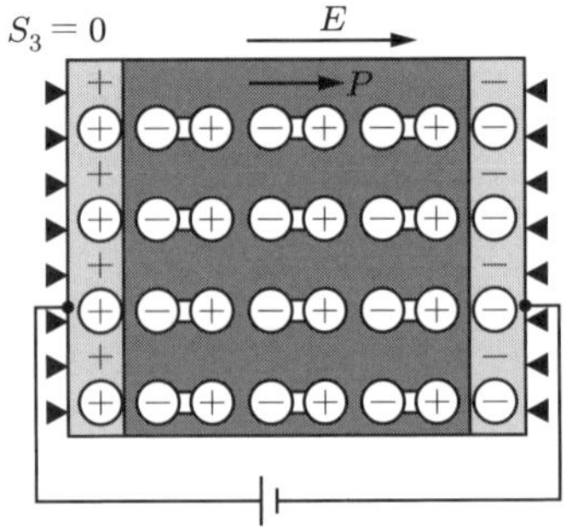

（b）完全拘束状態

図 2.5　逆圧電効果

一般に，圧電現象では分極方向を 3 軸方向にとるので，ひずみは S_3，応力は T_3 のみを考え，電界は E_3 (> 0)，電束密度は D_3 以外を 0 として，圧電方程式は式 (2.13) の圧電 d 形式に含まれる 9 式のうちの 2 式を用いる．このとき，1 軸方向と 2 軸方向のひずみ S_1，S_2 は 0 としなくても，T_1 と T_2 を 0 とすることで圧電 d 形式から 2 式を選択することができる．これに対して，圧電 e 形式を用いる場合には，S_1～S_3 を含ませると全部で 4 式となってしまう．

さて，圧電 d 形式の 2 式は，

$$\begin{cases} S_3 = s_{33}^E T_3 + d_{33} E_3 \\ D_3 = d_{33} T_3 + \varepsilon_{33}^T E_3 \end{cases} \tag{2.20}$$

であり，3 軸方向に電界を加えると圧電素子は伸びるので $d_{33} > 0$ である．まず，図 2.5(a) のように両端の応力を 0 とした，自由状態の境界条件が与えられた場合には，式 (2.20) に $T_3 = 0$ を代入すると，

$$\begin{cases} S_3 = d_{33} E_3 \\ D_3 = \varepsilon_{33}^T E_3 \end{cases} \tag{2.21}$$

となるので，外部電界に比例したひずみ S_3 と電束密度 D_3 が得られる．この圧電ひずみ（$S_3 > 0$）は，電気的入力エネルギーが機械エネルギーに変換されたことを示す．なお，圧電ひずみによる電極間距離の変化は微小なので，電界 E_3 は一定とみなせる．

一方の境界条件である図 2.5(b) の完全拘束状態では，$S_3 = 0$ を 代入すると（S_1, S_2 については条件を与えない），

$$\begin{cases} 0 = s_{33}^E T_3 + d_{33} E_3 \\ D_3 = d_{33} T_3 + \varepsilon_{33}^T E_3 \end{cases} \tag{2.22}$$

であるから，これらをまとめて

$$\begin{cases} T_3 = -\dfrac{d_{33}}{s_{33}^E}\ E \\ D_3 = \left(\varepsilon_{33}^T - \dfrac{{d_{33}}^2}{s_{33}^E}\right) E_3 = \varepsilon_{33}^{S_3} E_3 \end{cases} \tag{2.23}$$

の関係が得られる．応力の向きは引張りを正にとっているから，$T_3 = -\dfrac{d_{33}}{s_{33}^E}\ E < 0$ より，圧縮応力が与えられていることがわかる．これは，電界によって 3 軸方向に伸びようとする圧電体に対して，境界条件（$S_3 = 0$）を満たすために，外部からの拘束として圧縮応力が与えられているものと理解できる．応力一定（$T_3 = 0$）の自由状態とは異なり，いまのひずみ一定（$S_3 = 0$）の完全拘束状態には，機械的な変形はないので，電気エネルギーは機械エネルギーに変換されていない．

電束密度 D と電界 E の関係を表す式 (2.23) の第 2 式において，この境界条件は，すべてのひずみを 0 に拘束したわけではなく，3 軸方向のひずみ S_3 を 0 にしただけなので，誘電率は $\varepsilon_{33}^{S_3}$ $\left(= \varepsilon_{33}^T - \dfrac{{d_{33}}^2}{s_{33}^E}\right)$ としている．自由状態（$T = 0$）で得られた

式 (2.21) での誘電率 ε^T と比べて，3 軸方向に拘束した場合（$S_3=0$）の誘電率 $\varepsilon_{33}^{S_3}$ は小さくなり，これら ε_{33}^T と $\varepsilon_{33}^{S_3}$ の関係は，

$$\frac{\varepsilon_{33}^T-\varepsilon_{33}^{S_3}}{\varepsilon_{33}^T}=\frac{{d_{33}}^2}{\varepsilon_{33}^T\ s_{33}^E}\ (>0) \tag{2.24}$$

となるから，圧電定数 d_{33} が大きいとその相対的な差が大きくなることがわかる．この値の平方根 $\dfrac{d_{33}}{\sqrt{\varepsilon_{33}^T\ s_{33}^E}}$ が，電気機械結合係数 k_{33} となる（電気機械結合係数については 2.6 節で説明する）．

2.5　正圧電効果

逆圧電効果とは反対に，圧電材料への応力やひずみなどの機械的入力エネルギーが電界や電荷などの電気的出力エネルギーに変換される正圧電効果について考える．ここでも，二つの電気的境界条件，すなわち電極間を短絡した場合（$E_3=0$）と，開放した場合（$D_3=0$）を取りあげる．これらの境界条件において，3 軸方向に引張り応力 $T_3>0$ を加えたとする．圧電方程式には圧電 d 形式の圧電方程式を用いる．

圧電方程式の圧電 d 形式を再掲すると，

$$\begin{cases} S_3=s_{33}^E T_3+d_{33}E_3 \\ D_3=d_{33}T_3+\varepsilon_{33}^T E_3 \end{cases} \tag{2.25}$$

であったから，まず図 2.6(a) の電気的に短絡した境界条件では，$E_3=0$ として

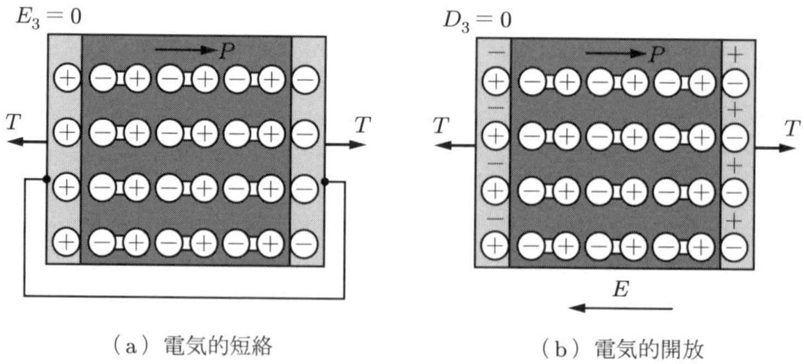

図 2.6　正圧電効果

$$\begin{cases} S_3 = s_{33}^E T_3 \\ D_3 = d_{33} T_3 \end{cases} \tag{2.26}$$

となる．コンプライアンス s_{33}^E を比例定数として応力 T_3 に比例したひずみ S_3 が得られ，正圧電効果の結果として電束密度 D_3 が生じる．誘電体に蓄積される電荷には自由電荷と束縛電荷の 2 種類があり，これらを合わせたものが真電荷で，単位面積あたりの真電荷が電束密度 D_3 であった．いまの境界条件は $E_3 = 0$ であるから自由電荷は存在せず，応力 T_3 に伴って生じた分極を P とすると，$D_3 = P + \varepsilon_o E_3 = P$ の関係より，応力に伴う $D_3 = d_{33} T_3$ という発生電荷（真電荷）はすべて束縛電荷であることがわかる．

一方，図 2.6(b) の電気的に開放した条件下では，電極内の電荷は外部との出入りがないので，$D_3 = 0$ として

$$\begin{cases} S_3 = s_{33}^E T_3 + d_{33} E_3 \\ 0 = d_{33} T_3 + \varepsilon_{33}^T E_3 \end{cases} \tag{2.27}$$

であるから，

$$\begin{cases} E_3 = -\dfrac{d_{33}}{\varepsilon_{33}^T} T_3 \\ S_3 = \left(s_{33}^E - \dfrac{{d_{33}}^2}{\varepsilon_{33}^T} \right) T_3 = s_{33}^D \ T_3 \end{cases} \tag{2.28}$$

となる．このとき，引張り応力（$T_3 > 0$）によって，電界が負の方向，すなわち 3 軸方向とは逆向きに生じる．これは，外力に抗して圧電素子を縮めようとする方向に電界が発生していることを意味しており，これを反電界とよぶ．この正圧電効果で発生した電荷 P の補償電荷と反電界を発生させるための自由電荷の符号は反対で大きさが等しく，その結果，真電荷 D_3 は 0 となる．

式 (2.28) は電束密度を拘束した場合（$D_3 = 0$）の関係式であるから，この条件でのコンプライアンスを s_{33}^D とすることで，

$$s_{33}^D = s_{33}^E - \frac{{d_{33}}^2}{\varepsilon_{33}^T} \tag{2.29}$$

の関係を得る．式 (2.29) の関係式を変形すると，

$$\frac{s_{33}^E - s_{33}^D}{s_{33}^E} = \frac{{d_{33}}^2}{\varepsilon_{33}^T s_{33}^E} \ (> 0) \tag{2.30}$$

となる．コンプライアンス s は機械的な柔らかさを示すパラメータであるから，$s_{33}^{E} > s_{33}^{D}$ より，圧電体は電気的に短絡したほうが，開放した場合よりも柔らかくなることがわかる．電気的に短絡した状態では電極に電荷を蓄えることができないのに対して，開放した場合には正圧電効果による電荷蓄積を伴うため，同じ変位を与えるのにも，この電気的エネルギーを含めて機械入力をしなくてはならない．この違いが s_{33}^{E} と s_{33}^{D} の差として現れる．これは，等価回路により直感的に理解できるようになる（等価回路については，2.7 節で説明する）．

以上の結果をまとめると，逆圧電および正圧電効果の場合において，誘電率およびコンプライアンスの各値は，境界条件を変化させることで異なる値を示すことがわかった．また，その変化率は，圧電性の大小に依存し，いずれも

$$\frac{\varepsilon_{33}^{T} - \varepsilon_{33}^{S_3}}{\varepsilon_{33}^{T}} = \frac{s_{33}^{E} - s_{33}^{D}}{s_{33}^{E}} = \frac{{d_{33}}^{2}}{\varepsilon_{33}^{T} s_{33}^{E}}\ (>0) \tag{2.31}$$

となっている．この値の平方根 $\dfrac{d_{33}}{\sqrt{\varepsilon_{33}^{T} s_{33}^{E}}}$ を電気機械結合係数 k_{33} という．

2.6　電気機械結合係数

1 軸方向の逆圧電効果を例として考えたとき，完全拘束状態（$S_3 = 0$）で 3 軸方向に電界 E_3 を加えても，3 軸方向には機械エネルギー変換はない．その一方で，自由境界条件（$T = 0$）で自由に圧電ひずみを生じさせるときには外部電界 E_3 による入力電気エネルギーの一部が機械エネルギーに変換される．このときの入力電気エネルギーと機械エネルギーの比の平方根を電気機械結合係数 k として定義する．

なお，この場合とは逆に，機械入力エネルギーから電気エネルギーに変換する正圧電効果の場合にも，逆圧電効果のときと同じ電気機械結合係数の値が得られる．電気機械結合係数は，k_{33}, k_{31} などのように，電界方向と機械入出力方向を示す二つの下付き文字によって表現される．

$$k^2 = \frac{\text{出力機械エネルギー}}{\text{入力電気エネルギー}} = \frac{\text{出力電気エネルギー}}{\text{入力機械エネルギー}} \tag{2.32}$$

自由境界条件での逆圧電効果において，単位体積あたりのエネルギー変換量を計算してみる．3 軸方向に電界を加えた場合，圧電 d 形式を用いて，

$$\begin{cases} S_3 = s_{33}^{E} T_3 + d_{33} E_3 \\ D_3 = d_{33} T_3 + \varepsilon_{33}^{T} E_3 \end{cases} \tag{2.33}$$

により，自由状態（$T_3 = 0$）の場合には

$$D_3 = \varepsilon_{33}^T E_3 \tag{2.34}$$

という電束密度が電源から供給される．この単位体積あたりの全入力電気エネルギーは，誘電率 ε_{33}^T をもつ誘電体に対して，電界 E_3 によって電荷 D_3 が注入されたので，

$$U_{\mathrm{total}} = \int_0^{D_3} E_3 dD_3 = \int_0^{D_3} \frac{D_3}{\varepsilon_{33}^T} dD_3 = \frac{1}{2}\frac{{D_3}^2}{\varepsilon_{33}^T} = \frac{1}{2}\varepsilon_{33}^T {E_3}^2 \tag{2.35}$$

である．この電気エネルギー U_{total} の一部が，機械エネルギー U_{m} に変換される．電界に伴う圧電ひずみは，式 (2.33) に $T_3 = 0$ を代入して

$$S_3 = d_{33} E_3 \tag{2.36}$$

であるから，単位体積あたりの機械エネルギー U_{m} は

$$U_{\mathrm{m}} = \int_0^{S_3} \frac{S_3}{s_{33}^E} \mathrm{d}S_3 = \frac{1}{2}\frac{1}{s_{33}^E}{S_3}^2 = \frac{1}{2}\frac{{d_{33}}^2}{s_{33}^E}{E_3}^2 \tag{2.37}$$

と計算できる．いまのように，3 軸方向に電界を加えて入力した電気エネルギーが，同じく 3 軸方向のひずみを得て機械的エネルギーを得た場合の電気機械結合係数 k_{33} を，次式のように ${k_{33}}^2$ の形で定義する．

$${k_{33}}^2 = \frac{U_{\mathrm{m}}}{U_{\mathrm{total}}} = \frac{\dfrac{1}{2}\dfrac{{d_{33}}^2}{s_{33}^E}{E_3}^2}{\dfrac{1}{2}\varepsilon_{33}^T {E_3}^2} = \frac{{d_{33}}^2}{\varepsilon_{33}^T s_{33}^E} \tag{2.38}$$

式 (2.35) で表される入力電気エネルギーのうち，${k_{33}}^2 U_{\mathrm{total}}$ は式 (2.35) で示される機械エネルギーに変換され，残りの $(1 - {k_{33}}^2)U_{\mathrm{total}}$ は純電気的なエネルギー U_{e} として蓄えられる．すなわち，

$${k_{33}}^2 = \frac{U_{\mathrm{m}}}{U_{\mathrm{all}}} = \frac{U_{\mathrm{m}}}{U_{\mathrm{m}} + U_{\mathrm{e}}} \tag{2.39}$$

である．この U_{e} は，等価回路において，制動容量 C_{d} に蓄えられるエネルギーに相当する．電気機械結合係数は，電気的入力が機械的エネルギーに変換される割合で，圧電性を示す重要な指標である．

電気機械結合係数と，電気回路での抵抗成分 R や機械要素の減衰係数 η が関係する損失係数はまったく異なる．電気機械変換では，入力エネルギーが，電気的，もしくは機械的にどのように分配されるのかという割合を定義するもので，損失係数の関

与する散逸エネルギーについてはここでは議論の対象にしていない．

一方，同じように電界を加えても，完全拘束状態（$S_3 = 0$）の場合には，2.4 節で説明したように，

$$T_3 = -\frac{d_{33}}{s_{33}^E} E_3 \tag{2.40}$$

という応力（圧縮応力）が発生するだけで，機械エネルギーには変換されず（$U_\mathrm{m} = \int_0^{S_3} T_3 \mathrm{d}S_3 = 0$），キャパシタへの蓄積電荷としての電気エネルギーのみが得られる．このときの誘電率 $\varepsilon_{33}^{S_3}$ については，式 (2.23) で示したように，電束密度と電界の

$$D_3 = \varepsilon_{33}^{S_3} E_3 = \left(\varepsilon_{33}^T - \frac{{d_{33}}^2}{s_{33}^E} \right) E_3 \tag{2.41}$$

という関係から，

$$\varepsilon_{33}^{S_3} = \varepsilon_{33}^T - \frac{{d_{33}}^2}{s_{33}^E} \tag{2.42}$$

と示される．式 (2.42) と式 (2.38) で表される ${k_{33}}^2$ を比べると，

$${k_{33}}^2 = \frac{\varepsilon_{33}^T - \varepsilon_{33}^{S_3}}{\varepsilon_{33}^T} \tag{2.43}$$

および

$$\frac{{k_{33}}^2}{1 - {k_{33}}^2} = \frac{\varepsilon_{33}^T - \varepsilon_{33}^{S_3}}{\varepsilon_{33}^{S_3}} \tag{2.44}$$

であることがわかる．

ここまでの計算では，圧電 d 形式の圧電方程式の 9 式のうち，

$$\begin{cases} S_3 = s_{33}^E T_3 + d_{33} E_3 \\ D_3 = d_{33} T_3 + \varepsilon_{33}^T E_3 \end{cases} \tag{2.45}$$

の 2 式を取り出して式変形を行ってきた．圧電 d 形式以外の圧電方程式を用いた場合，たとえば圧電 e 形式で 1 次元に限定した場合の圧電方程式としては，

$$\begin{cases} T_3 = c_{13}^E S_1 + c_{13}^E S_2 + c_{33}^E S_3 - e_{33} E_3 \\ D_3 = e_{33} S_3 + \varepsilon_{33}^{S_3}\ E_3 \end{cases} \tag{2.46}$$

となる．ここで，$S_1 = S_2 = 0$ とすれば圧電 d 形式の形と同じように，$T_3 = c_{33}^E S_3 - e_{33} E_3$ とすることができるが，$S_3 \neq 0$ であるときに，$S_1 = S_2 = 0$ とするのは無理がある．一方，圧電 d 形式では，$S_1 \neq 0$，$S_2 \neq 0$ としても式 (2.45) は成り立つ．そこで，圧電 d 形式を変形して，左辺を T_3 と D_3 とすることで，

$$\begin{cases} T_3 = \dfrac{1}{s_{33}^E} S_3 - \dfrac{d_{33}}{s_{33}^E} E_3 = \overline{c_{33}^E} S_3 - \overline{e_{33}} E_3 \\ D_3 = d_{33} \left(\dfrac{1}{s_{33}^E} S_3 - \dfrac{d_{33}}{s_{33}^E} E_3 \right) + \varepsilon_{33}^T E_3 = \overline{e_{33}} S_3 + \overline{\varepsilon_{33}^{S_3}} E_3 \end{cases} \tag{2.47}$$

と圧電 e 形式の形に近づけてみる．ただし，このときの各係数については，$\overline{c_{33}^E} = \dfrac{1}{s_{33}^E} \neq c_{33}^E$，$\overline{e_{33}} = \dfrac{d_{33}}{s_{33}^E} \neq e_{33}$，$\overline{\varepsilon_{33}^{S_3}} = \varepsilon_{33}^T - \dfrac{{d_{33}}^2}{s_{33}^E} \left(= \varepsilon_{33}^T - \dfrac{\overline{e_{33}}^2}{\overline{c_{33}^E}} \right)$ とした．5 章以降で取り扱う圧電振動の場合には，圧電 e 形式のほうが式展開がしやすいので，式 (2.47) を基礎方程式とする．ここで定義した各定数によって電気機械結合係数 k_{33} を ${k_{33}}^2$ の形で表すと，

$$\begin{cases} {k_{33}}^2 = \dfrac{{d_{33}}^2}{\varepsilon_{33}^T s_{33}^E} = \dfrac{\left(\dfrac{\overline{e_{33}}}{\overline{c_{33}^E}} \right)^2}{\left(\overline{\varepsilon_{33}^{S_3}} + \dfrac{\overline{e_{33}}^2}{\overline{c_{33}^E}} \right) \dfrac{1}{\overline{c_{33}^E}}} = \dfrac{\dfrac{\overline{e_{33}}^2}{\overline{c_{33}^E}\,\overline{\varepsilon_{33}^{S_3}}}}{1 + \dfrac{\overline{e_{33}}^2}{\overline{c_{33}^E}\,\overline{\varepsilon_{33}^{S_3}}}} \\ \dfrac{1 - {k_{33}}^2}{{k_{33}}^2} = \dfrac{\overline{c_{33}^E}\,\overline{\varepsilon_{33}^{S_3}}}{\overline{e_{33}}^2} \end{cases} \tag{2.48}$$

と表現できることがわかる．

2.7 準静的（直流的）圧電等価回路

圧電効果は，電気パラメータと機械パラメータが関連するので，直感的に考察するのが難しくなることが多い．たとえば，応力やひずみに関する境界条件を $T_3 = 0$ や $S_3 = 0$ のようにして，いちいち圧電方程式に代入して計算する必要があるので，見通しが悪くなってしまう．そこで，機械パラメータを電気パラメータに等価変換した等価回路で考えることで，直感的な理解を容易にする．ただし，いまの場合には，直流的な入力に対して十分時間が経過して安定となった状態を対象とするので，慣性力や損失などは考えない．交流を含めた等価回路については，3 章以降で説明する．

2.7.1　等価回路の導出

図 2.7 のように，断面積および電極面積が ab で，厚さ l 方向に分極方向を有する圧電素子に電圧 V を加えた場合の圧電変位を 1 次元で考える．下端面を機械的に上下方向に動かないように固定し，上端面を自由に動ける状態にする．また，電界は分極方向と同じとして，この方向を正にとる．このように，分極方向（3 軸方向）に電界を加えて，それと同方向（3 軸方向）の変位を取り出すのを 33 効果という．

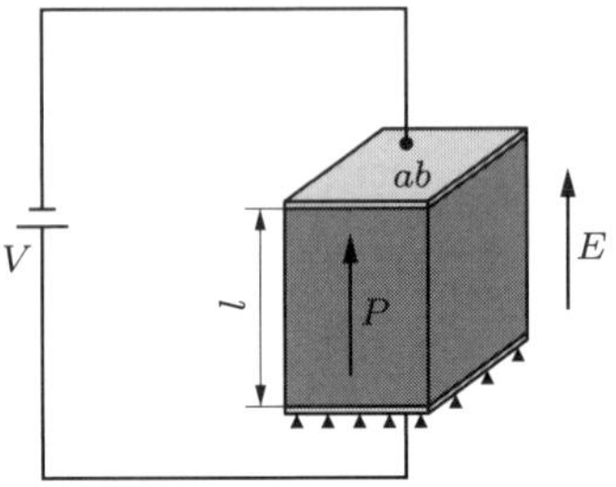

図 2.7　断面積 ab で厚さ l の圧電素子に電圧を加えた様子

圧電方程式は，

$$\begin{cases} S_3 = s_{33}^E T_3 + d_{33} E_3 \\ D_3 = d_{33} T_3 + \varepsilon_{33}^T E_3 \end{cases} \tag{2.49}$$

の圧電 d 形式として，境界条件は自由端条件であるから，応力は圧電素子のすべての位置において 0（$T_3 = 0$）である．また，式 (2.24) より $\varepsilon_{33}^{S_3} = \varepsilon_{33}^T - \dfrac{{d_{33}}^2}{s_{33}^E}$ であったから，式 (2.49) に $T_3 = 0$ を代入することによって，電束密度 D_3 と電界 E_3 との関係が，

$$D_3 = \varepsilon_{33}^T E_3 = \left(\varepsilon_{33}^{S_3} + \frac{{d_{33}}^2}{s_{33}^E} \right) E_3 \tag{2.50}$$

と求められる．電束密度 D_3 は，単位面積あたりの電荷であるから，式 (2.50) の両辺に電極面積 ab をかけて，電源から供給される全電荷量 Q を計算してみる．圧電体を電界一定時のコンプライアンス s_{33}^E と断面積 ab，長さ l のバネとみなすと，バネ定数 K は

$$K = \frac{1}{s_{33}^E} \frac{ab}{l} \tag{2.51}$$

とできることに注意して，式 (2.50) を用いた Q の計算から，$\dfrac{1}{K} \left(= s_{33}^E \dfrac{l}{ab} \right)$ をくく

りだすように式変形することで，

$$Q = abD_3 = ab\left(\varepsilon_{33}^{S_3} + \frac{{d_{33}}^2}{s_{33}^E}\right)E_3 = \varepsilon_{33}^{S_3}\frac{ab}{l}E_3 l + ab\frac{{d_{33}}^2}{l\,s_{33}^E}E_3 l$$
$$= \varepsilon_{33}^{S_3}\frac{ab}{l}V + \frac{{d_{33}}^2(ab)^2}{\left(s_{33}^E\right)^2 l^2}\frac{s_{33}^E\,l}{ab}V = C_\mathrm{d}\,V + A^2\frac{1}{K}V = \left(C_\mathrm{d} + A^2\frac{1}{K}\right)V \tag{2.52}$$

が求められる．ただし，$E_3 l = V$，$C_\mathrm{d} = \varepsilon_{33}^{S_3}\dfrac{ab}{l}$，$K = \dfrac{1}{s_{33}^E}\,\dfrac{ab}{l}$，$A = \dfrac{d_{33}}{s_{33}^E}\dfrac{ab}{l}$ である．式 (2.52) をみると，$A^2\dfrac{1}{K}$ はキャパシタ容量を表す C_d と同じ次元をもっており，電圧 V に比例した電荷をもたらすキャパシタと等価な成分であることがわかる．すなわち，このような準静的な状態における圧電現象を表現する等価回路は図 2.8 のようになる．詳細については次章以降で説明するが，機械的なバネ定数と変位は，それぞれキャパシタ容量の逆数とキャパシタへの電荷に等価変換される．

図 2.8(b) に示す等価回路において，左側の端子を電気端子，右側を機械端子という．電気端子側の V は入力電圧で，電界と分極方向が同じ方向のときを正にとる．一方，機械端子側の F は圧電素子が外部から受ける力を示す．その大きさは応力 T に断面積 ab をかければよいが，方向については応力が引張りを正にとっていたのに対して，力は圧縮を正にとる．機械端子側のキャパシタ $\dfrac{1}{K}$ の左側電極に蓄えられる電荷 q は，機械的な変位と等価になる．符号が正（負）となれば，それは圧電素子が伸びていること（縮んでいること）を示す．

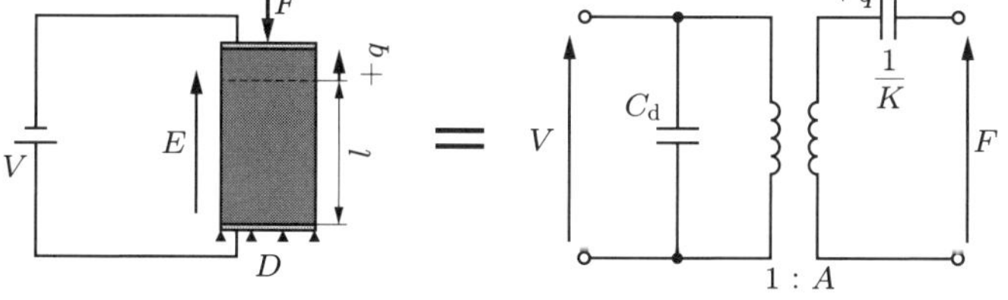

（a）圧電素子を駆動している様子　　（b）等価回路

図 2.8　圧電素子の準静的（直流的）な変化を表現する等価回路

左右の端子（電気端子と機械端子）を短絡したり開放したりすることで境界条件を設定できる．いまの場合では，機械的な自由端の境界条件を与えているので，$T_3 = 0$，すなわち $F = 0$ であるから，機械端子側を短絡した状況になる．一方，機械的に拘束する場合（$S_3 = 0$）には，機械的に変位を与えないのであるから，機械端子側を開放してインピーダンスを ∞ とすることで機械端子側にエネルギーが変換されないようにする．このように，端子を開放した場合でも機械端子側には F が発生し，変位拘束するための反力が求められる．

電気端子と機械端子を結び付けている A は理想トランスであり，圧電効果によって入力電気エネルギーと機械的エネルギーを圧電変換する部分に対応し，その値を力係数 A とよぶ．式 (2.52) で計算したように，いまの例では

$$A = \frac{d_{33}}{s_{33}^{E}} \frac{ab}{l} \tag{2.53}$$

であるが，3 軸方向に対する駆動電界の方向や，変位のとり方によって力係数を与える式は変化する．たとえば，圧電振動においても，圧電横効果と圧電縦効果では力係数の表現は異なってくる（圧電振動については，5 章以降で説明する）．

図 2.9 で示すように，このトランスの電気端子側を 1 次側，機械端子側を 2 次側とすると，1 次側の電圧 V は力係数倍されて，2 次側に AV の力を発生させ，電圧が力に変換される役目を果たす．その一方で，トランスによる変換で総エネルギーは変化しないから，1 次側に流れる電流 i は，圧電体上面の振動速度として $\dfrac{i}{A}$ を与える．これらの表現は電気側からみたものだが，機械側からみれば，2 次側からの入力となる力 F は 1 次側に $\dfrac{F}{A}$ の電圧 V を発生させ，速度 v は Av の電流 i を生じさせることになる．ただし，いまの場合には，準静的な場合を考えているので，電流や速度は考えなくてよい．なお，力係数の単位は [N/V] = [A·s/m] である．

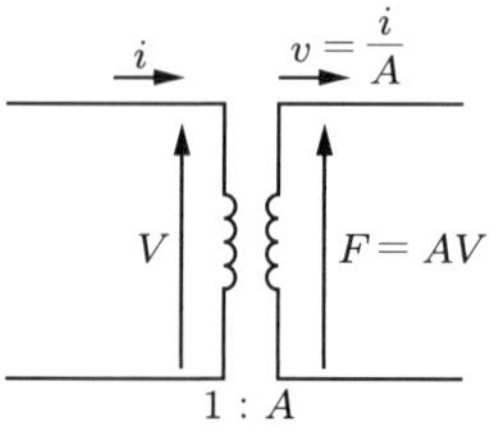

図 2.9　圧電変換を表す理想トランス（力係数）

また，図 2.8(b) において電気端子側にある C_{d} は，圧電セラミックを拘束（$S_3 = 0$）した場合の電気容量を表しており，制動容量とよばれる．制動容量の誘電率は拘束状態で測定した場合の値 ε^{S_3} で表される．つまり，機械端子側を開放して，機械端子側のキャパシタ $\dfrac{1}{K}$ に電荷蓄積ができない状況にしたときの誘電率であるから，制動容量は

$$C_{\mathrm{d}} = \varepsilon_{33}^{S_3} \frac{ab}{l} \tag{2.54}$$

となる．

2.7.2 自由状態の逆圧電効果

逆圧電効果において，圧電素子の上端面を自由に動ける状態にした境界条件の場合について，等価回路を使って考察する．外力は 0 であるから，図 2.10 のように等価回路の機械端子側を短絡して，電気端子側に入力電圧が V を与えればよい．力係数を表すトランスの 1 次側には入力電圧と等しい電圧 V がかかるので，2 次側への発生力は AV となるから，機械端子側のキャパシタ $\dfrac{1}{K}$ の左側の電極には，

$$q = \frac{1}{K} AV = \left(s_{33}^{E} \frac{l}{ab} \right) \left(\frac{d_{33}}{s_{33}^{E}} \frac{ab}{l} \right) V = d_{33}\, V \tag{2.55}$$

という電荷 q が蓄えられる．この値は圧電素子の上端面の圧電変位に等しい．たとえば，機械端子側の等価キャパシタの左側電極に 1 pC の電荷が蓄えられたとすると，圧電素子が 1 pm 伸びていることを示す．

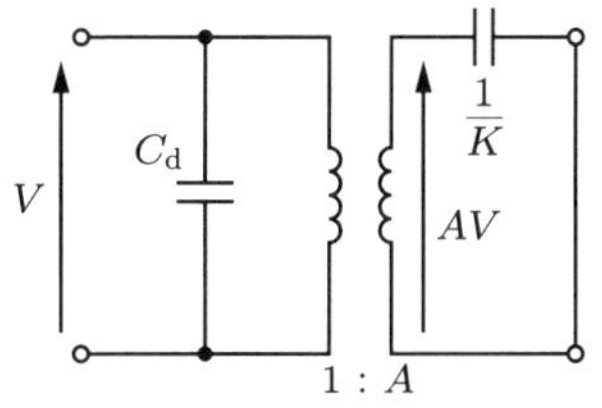

図 2.10 直流電圧を加えた場合の等価回路

式 (2.55) の結果を，圧電方程式の一つ $S_3 = s_{33}^{E} T_3 + d_{33} E_3$ から直接求めてみる．この式に，境界条件 $T_3 = 0$ を代入すると，ひずみとして $S_3 = d_{33} E_3$ が得られ，電界 E_3 は $\dfrac{V}{l}$ であるから，ひずみ S_3 は厚さ方向に一定の値 $\dfrac{d_{33} V}{l}$ となる．変位は，ひずみを積分すればよく，いまの場合にはひずみは一定であるので，上端面の圧電変位は $\dfrac{d_{33} V}{l} \times l = d_{33} V$ となる．これは，式 (2.55) の結果と一致している．

ここで，少し前の式に戻って式 (2.52) をみると，インピーダンス Z をトランス A を介してみると，$\dfrac{Z}{A^2}$ となることから C_{d} と $A^2 \dfrac{1}{K}$ の二つのキャパシタが並列に接続された形で，機械端子側のキャパシタは圧電素子の柔らかさを表す $\dfrac{1}{K}$ を A^2 倍した

ものになっている（詳しくは，付録Bで説明する）．キャパシタ $C\left(=\dfrac{1}{K}\right)$ のインピーダンス $\dfrac{E}{V}$ は

$$\frac{1}{j\omega C}\left(=\frac{1}{j\omega\dfrac{1}{K}}\right)$$

であるから，電気端子側からみたインピーダンスは，

$$Z=\frac{V}{i}=\frac{\dfrac{F}{A}}{Av}=\frac{1}{A^2}\frac{F}{v}=\frac{1}{j\omega\dfrac{A^2}{K}} \tag{2.56}$$

となる．このインピーダンスは容量として $\dfrac{A^2}{K}$ をもつキャパシタに等しいから，式(2.56)は図2.10の等価回路が図2.11のように等価変換できることを意味している．

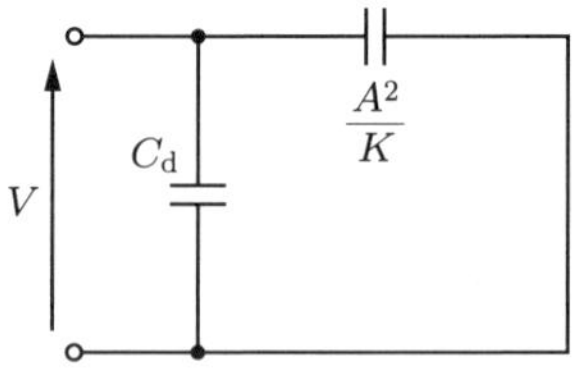

図2.11　直流電圧を加えた場合の等価回路を変形したもの

この等価回路をみると，電源からの入力電圧 V によって，純電気的な電荷が制動容量 C_d に蓄積されるのと同時に，入力電圧が力係数 A で表されるトランスによって発生力 AV に変換されて，機械端子側への機械エネルギーとしてキャパシタに蓄えられていることがわかる．式(2.52)の式変形では，境界条件を自由状態で測定した誘電率 ε_{33}^T を $\varepsilon_{33}^T=\varepsilon_{33}^{S_3}+\dfrac{{d_{33}}^2}{s_{33}^E}$ とできることを用いて，

$$Q=\frac{ab}{l}\varepsilon_{33}^T V=\frac{ab}{l}\left(\varepsilon_{33}^{S_3}+\frac{{d_{33}}^2}{s_{33}^E}\right)V=\left(C_d+A^2\frac{1}{K}\right)V \tag{2.57}$$

とした．したがって，入力電源から供給された全入力電気エネルギーは，並列キャパシタに対するもので，

$$\frac{1}{2}\left(C_d+A^2\frac{1}{K}\right)V^2=\frac{1}{2}\varepsilon_{33}^T\frac{ab}{l}V^2 \tag{2.58}$$

であり，左辺第 2 項の $\frac{1}{2}\left(A^2\frac{1}{K}\right)V^2$ が機械エネルギーに変換されることが確認できる．この逆圧電効果によって得られる機械エネルギーは，$A^2\frac{1}{K} = ab\frac{{d_{33}}^2}{s_{33}^E l}$，$\frac{{d_{33}}^2}{s_{33}^E} = \varepsilon_{33}^T - \varepsilon_{33}^{S_3}$ という関係式から，

$$\frac{1}{2}\left(A^2\frac{1}{K}\right)V^2 = \frac{1}{2}\left(ab\frac{{d_{33}}^2}{s_{33}^E\, l}\right)V^2 = \frac{1}{2}\left(\varepsilon_{33}^T - \varepsilon_{33}^{S_3}\right)\frac{ab}{l}V^2 \tag{2.59}$$

と求められる（これは，図 2.10 において，入力電圧 V がまず発生力 AV に変換されて，キャパシタ $\frac{1}{K}$ へのエネルギーとして $\frac{1}{2}\frac{(AV)^2}{K}$ として入力されるものと考えてもよい）．したがって，式 (2.32) で示した電気機械結合係数の定義式から，

$$ {k_{33}}^2 = \frac{\frac{1}{2}(\varepsilon_{33}^T - \varepsilon_{33}^{S_3})\frac{ab}{l}V^2}{\frac{1}{2}\varepsilon_{33}^T\frac{ab}{l}V^2} = \frac{\varepsilon_{33}^T - \varepsilon_{33}^{S_3}}{\varepsilon_{33}^T} = \frac{{d_{33}}^2}{\varepsilon_{33}^T s_{33}^E} \tag{2.60}$$

となり，式 (2.38) で得られた結果と等しくなる．

2.7.3　拘束状態の逆圧電効果

境界条件として，圧電素子上端面を自由状態（$T_3 = 0$）ではなく拘束状態（$S_3 = 0$）にしたときを考える．これは圧電素子に変位を与えない．つまり，等価回路上のキャパシタ $\frac{1}{K}$ への電荷の供給がないので，図 2.12 のように等価回路上で機械端子側を開放した状態とすればよい．

右側の機械端子側のインピーダンスは ∞ なので，電気端子側の入力電圧 V から供給される電荷は，制動容量 C_{d} のみに蓄えられる．$C_{\mathrm{d}} = \varepsilon_{33}^{S_3}\frac{ab}{l}$ を表す式の誘電率 $\varepsilon_{33}^{S_3}$ の右上に 3 軸方向のひずみ一定（$S_3 = 0$）で測定したことが示され，境界条件と

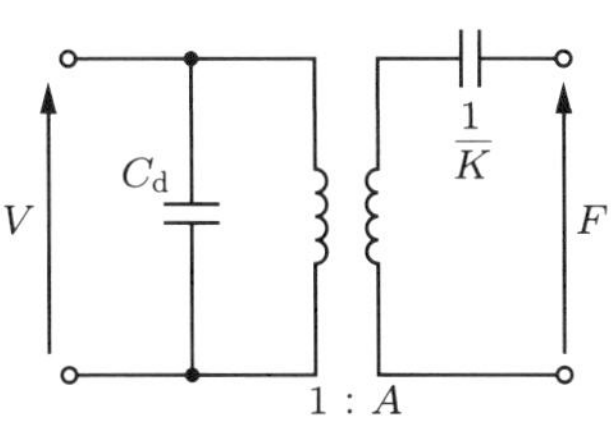

図 2.12　機械的に完全拘束した場合の等価回路

合致している．また，圧電方程式に $S_3 = 0$ を代入して得られる応力 $T_3 = -\dfrac{d_{33}}{s_{33}^E}E_3$ を用いて，発生する力 F を求めてみる．力は応力とは逆で押されるほうを正にとるから負の符号を付け，断面積は ab だから，

$$F = -abT_3 = ab\frac{d_{33}}{s_{33}^E}E_3 = \frac{d_{33}}{s_{33}^E}\frac{ab}{l}V = AV \tag{2.61}$$

となり，式（2.53）と合致する．この符号は正であるから，入力電圧 V の符号が正のとき，両端面から押される状況にある．これは，圧電素子が3軸方向と同じ方向に電界を加えられて伸びようとしているところを，外部から拘束されて押し付けられていることを示す．

2.7.4　電気的短絡状態の正圧電効果

電気入力エネルギーを機械エネルギーに変換する逆圧電効果に対して，機械入力エネルギーを電気エネルギーに変換する正圧電効果の場合について，図2.8の等価回路を用いて考える．電気的境界条件として，電気端子側を短絡して電界一定 $E_3 = 0$ とするか，開放して $D_3 = 0$ とするかについて計算する．

まず，短絡して電界一定 $E_3 = 0$ として上下から押し付けて，力 $F = -abT_3$ $(F > 0)$ を与えた場合を考える．応力は引張りを正にとるので，$T_3 < 0$ であり，F の符号は正となる（F は圧縮が正である）．このとき，図2.13(a) に示すように，電気端子側は短絡されているので制動容量の両端電圧は0だから，制動容量に電荷が蓄えられることはない．したがって，等価変換すると図2.13(b) のようになり，圧電素子は圧電変換をせずに，単に機械素子としてふるまうだけになるので，入力 F に対して，

$$q = \frac{1}{K}F = s_{33}^E\frac{l}{ab}F \tag{2.62}$$

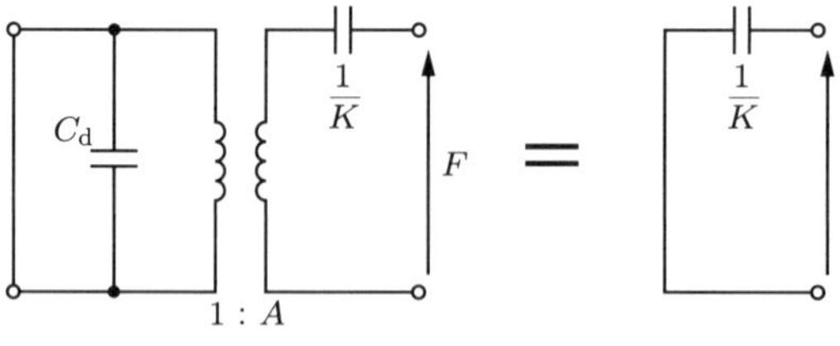

（a）電気端子側を短絡した様子　　（b）等価変換したもの

図2.13　電気的に短絡して外力を加えたときの等価回路

の変位を得ることになる．F が正のときには，機械端子のキャパシタ $\frac{1}{K}$ の左側の電極に蓄えられる電荷の符号は負となるから，定義に従って負の変位，つまり縮むことになる（もしくは式 (2.62) にはじめから符号を含めて計算してもよい）．圧電体をバネとみなしたときのバネ定数は，入力した F と変位 q から得られる比例定数として，$\frac{F}{q} = \frac{ab}{s_{33}^{E} l}$ $(= K)$ となる．このように，電気端子側を短絡した境界条件では，入力の機械エネルギーからの電気機械変換はない．

2.7.5 電気的開放状態の正圧電効果

次に，電気端子側を開放して $D_3 = 0$ とした条件下で圧電素子を力 F で押し付ける場合を考える．このとき，電界一定の境界条件の場合と同じように，等価回路の右端面の機械端子側に $F = -abT$ を入力する．図 2.14(a) のように，バネの柔らかさを表すキャパシタ $\frac{1}{K}$ と，力係数のトランス A を介した制動容量 C_{d} が直列接続しており，機械端子側から入力電圧 F を与えた状況になる．逆圧電効果では，制動容量 C_{d} と機械要素が並列になっていた状況に電気入力を加えたのに対して，いまの正圧電効果の場合では，これらの要素が直列接続となっている．

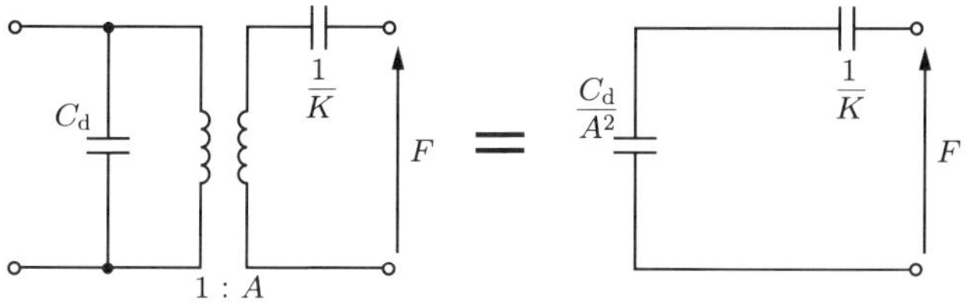

（a）電気端子側を開放した様子　（b）等価変換したもの

図 2.14 電気端子を開放して外力を加えたときの等価回路

機械端子側から，力係数のトランス A を介してみた制動容量 $\frac{1}{j\omega C_{\mathrm{d}}}$ のインピーダンス Z について計算すると，

$$Z = -\frac{F}{v} = -\frac{AV}{\frac{i}{A}} = -A^2\frac{V}{i} = \frac{1}{j\omega \frac{C_{\mathrm{d}}}{A^2}} \tag{2.63}$$

となる（詳しくは付録 B で説明する）．これより，図 2.14(b) のように，機械端子からみると制動容量 $\frac{C_{\mathrm{d}}}{A^2}$ とキャパシタ容量 $\frac{1}{K}$ が直列接続しているように等価変換でき

る．各キャパシタ容量は，

$$\frac{C_\mathrm{d}}{A^2} = \varepsilon_{33}^{S_3}\frac{ab}{l}\left(\frac{s_{33}^E l}{d_{33}ab}\right)^2 = \frac{\varepsilon_{33}^{S_3}\left(s_{33}^E\right)^2 l}{{d_{33}}^2 ab} \tag{2.64}$$

$$\frac{1}{K} = s_{33}^E\frac{l}{ab} \tag{2.65}$$

であるから，合成キャパシタ容量を C_total として

$$C_\mathrm{total} = \left\{\left(\frac{C_\mathrm{d}}{A^2}\right)^{-1} + \left(\frac{1}{K}\right)^{-1}\right\}^{-1} = s_{33}^E\frac{l}{ab}\left(1+\frac{{d_{33}}^2}{\varepsilon_{33}^{S_3}s_{33}^E}\right)^{-1} = s_{33}^E\frac{l}{ab}\left(\frac{\varepsilon_{33}^{S_3}}{\varepsilon_{33}^T}\right)$$
$$= s_{33}^E\frac{l}{ab}\left(1-\frac{{d_{33}}^2}{\varepsilon_{33}^T s_{33}^E}\right) \tag{2.66}$$

となる．ただし，$\varepsilon_{33}^T = \varepsilon_{33}^{S_3} + \dfrac{{d_{33}}^2}{s_{33}^E}$ より $\dfrac{{d_{33}}^2}{\varepsilon_{33}^{S_3}s_{33}^E} = \dfrac{\varepsilon_{33}^T}{\varepsilon_{33}^{S_3}} - 1$ である．図 2.14(b) からわかるように，入力電圧 F によって供給される二つの直列キャパシタへの電荷量 q は等しく，いまの境界条件では電束密度 D を一定にしているので，

$$q = C_\mathrm{total}F = s_{33}^E\frac{l}{ab}\left(1-\frac{{d_{33}}^2}{\varepsilon_{33}^T s_{33}^E}\right)F = s_{33}^D\frac{l}{ab}F \tag{2.67}$$

であり，入力 F と変位 q の比率はコンプライアンス s_{33}^D であるから，$s_{33}^D = s_{33}^E\left(1-\dfrac{{d_{33}}^2}{\varepsilon_{33}^T s_{33}^E}\right) < s_{33}^E$ の関係を得る．機械端子のキャパシタ $\dfrac{1}{K}$ の左側の電極に蓄えられる電荷の符号は負であるから，縮んでいることを表しており，これは直感と合致する．

等価回路で考えると，$\dfrac{1}{K}$ と $\dfrac{C_\mathrm{d}}{A^2}$ のキャパシタが直列接続しているので，合成キャパシタ容量は $\dfrac{1}{K}$ が単独であるとき，つまり電気的短絡条件（$E_3 = 0$）のときよりも小さくなる．キャパシタ容量はバネ定数の逆数だから，この現象はバネ定数が大きく，硬くなったことを表す．これは，外力による機械的入力エネルギーが，単に機械的バネ定数に蓄えられるのではなく，電気的エネルギーに変換されて制動容量に蓄えられるからである．

式（2.67）で得られた二つの境界条件に依存するコンプライアンス s_{33}^E，s_{33}^D を改めて比較してみると，

$$\begin{cases} s_{33}^E \left(1 - \dfrac{d_{33}{}^2}{\varepsilon_{33}^T s_{33}^E}\right) = s_{33}^D \\ \dfrac{s_{33}^E - s_{33}^D}{s_{33}^E} = \dfrac{d_{33}{}^2}{\varepsilon_{33}^T s_{33}^E} = k_{33}{}^2 \end{cases} \tag{2.68}$$

の関係が得られ，$\dfrac{\varepsilon_{33}^T - \varepsilon_{33}^{S_1}}{\varepsilon_{33}^T} = \dfrac{d_{33}{}^2}{\varepsilon_{33}^T s_{33}^E} = k_{33}{}^2$ の値と等しいことが確認できる．電気的に開放したときと短絡したときのバネ定数の相対比の平方根が，電気機械結合係数を示す．

正圧電効果の場合について，入力機械エネルギーが電気エネルギー変換される割合を計算してみる．二つのキャパシタに蓄えられる電界の大きさは等しく q である．入力された機械エネルギー

$$\frac{1}{2}\frac{q^2}{\dfrac{1}{K}} + \frac{1}{2}\frac{q^2}{\dfrac{C_\mathrm{d}}{A^2}}$$

が機械的なバネとともに，電気的に変換されて制動容量 $\dfrac{C_\mathrm{d}}{A^2}$ にも分配され，これは

$$\frac{1}{2}\frac{q^2}{\dfrac{C_\mathrm{d}}{A^2}}$$

であるので，その割合は

$$\frac{\dfrac{1}{2}\dfrac{q^2}{\dfrac{C_\mathrm{d}}{A^2}}}{\dfrac{1}{2}\dfrac{q^2}{\dfrac{1}{K}} + \dfrac{1}{2}\dfrac{q^2}{\dfrac{C_\mathrm{d}}{A^2}}} = \frac{\dfrac{d_{33}{}^2\, ab}{\varepsilon_{33}^{S_3}\left(s_{33}^E\right)^2 l}}{\dfrac{1}{s_{33}^E}\dfrac{ab}{l} + \dfrac{d_{33}{}^2\, ab}{\varepsilon_{33}^{S_3}\left(s_{33}^E\right)^2 l}} = \frac{\dfrac{d_{33}{}^2}{\varepsilon_{33}^{S_3} s_{33}^E}}{1 + \dfrac{d_{33}{}^2}{\varepsilon_{33}^{S_3} s_{33}^E}} = \frac{\dfrac{d_{33}{}^2}{s_{33}^E}}{\varepsilon_{33}^{S_3} + \dfrac{d_{33}{}^2}{s_{33}^E}}$$

$$= \frac{d_{33}{}^2}{\varepsilon_{33}^T s_{33}^E} = k_{33}{}^2 \tag{2.69}$$

となり，確かに逆圧電効果の場合と同じ $k_{33}{}^2 \left(= \dfrac{d_{33}{}^2}{\varepsilon_{33}^T s_{33}^E}\right)$ という結果になる．ただし，$\varepsilon_{33}^T = \varepsilon_{33}^{S_3} + \dfrac{d_{33}{}^2}{s_{33}^E}$ である．

2.7.6 逆圧電効果における発生力と変位の関係

直流入力電圧に限定した等価回路は図 2.15 のように，制動容量 C_d と機械的バネ定

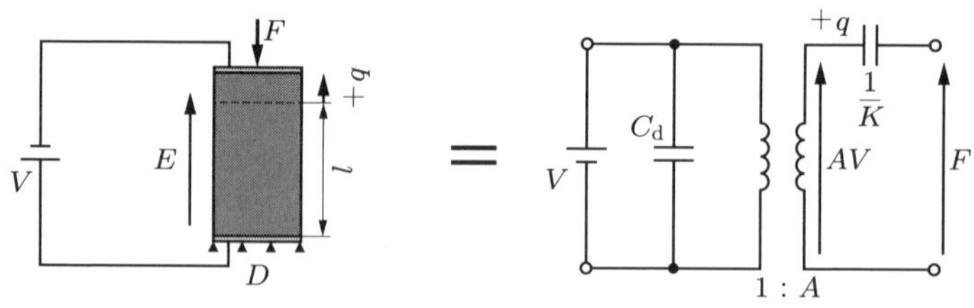

（a）圧電素子を駆動している様子　　（b）電圧 V を与えた等価回路

図 2.15　入力電圧 V のときの発生力と変位の関係

数に対応するキャパシタ $\frac{1}{K}$ が力係数のトランスを介して並列接続された形になる．この等価回路を用いて，入力電圧 V を与えたとき，外力 F で押し付けられながら生じる圧電変位 q を考える．

力係数のトランスの 1 次側（電気端子側）に加わる電圧は入力電圧 V に等しいから，2 次側（機械端子側）には逆圧電効果によって AV の発生力が得られる．この関係から，機械端子側の閉回路について

$$F + qK = AV$$

$$F = -qK + AV \tag{2.70}$$

の関係が得られる．この結果から，入力電圧を一定にしたとき，変位 q を 0 とした最大発生力は AV となり，発生力 F を 0 とした（つまり負荷を 0 とした）場合の最大変位は $\frac{AV}{K}$ となる．それぞれの値は入力電圧に比例していることから，変位と発生力の関係は図 2.16 に示すようになる．入力電圧を大きくすると，発生力と変位の関係を表す傾きは $-K$ のまま直線全体が右上の方向に向かって移動していく．

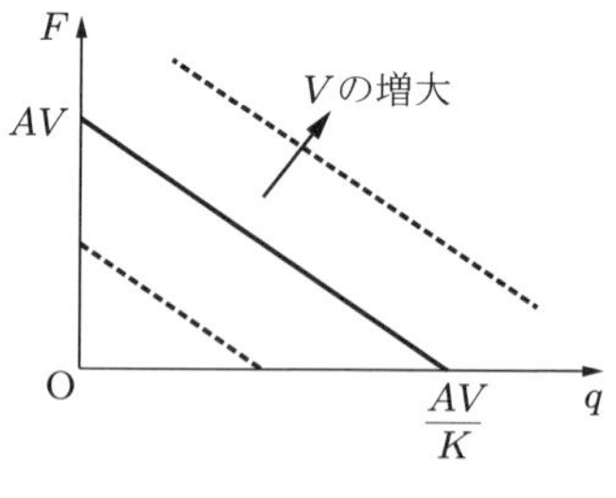

図 2.16　入力電圧 V のときの発生力と変位の関係

3章 バネマスダンパ系の等価回路

2 章では，圧電方程式から導出される等価回路を用いることで，圧電現象を直感的に把握できることを示した．しかし，これは準静的（直流的）な場合に限定されるので，たとえば共振を解析する場合には，圧電振動子を連続体として，つまり振動子の各点が質量とバネ成分を有する分布定数系として扱わなくてはならない．このような分布定数系での振動状態は，各振動モードに対応した集中定数系，つまりバネマスダンパ系に変換することができる．さらに，連続体振動をバネマスダンパ系の集中定数系へと等価変換した後に，この集中定数系で表現される機械振動が電気的に LCR 等価回路によって等価変換できる．連続体振動のバネマスダンパ系への等価変換は 4 章で説明するが，基本的な振動現象を説明するため，先に本章で，バネマスダンパ系から LCR 等価回路への等価変換について説明する．また，圧電振動を表す電気的等価回路の特性，とくに，共振現象や反共振現象について説明をする．

3.1 バネマスダンパ系と LCR 直列回路の等価性

細棒の縦振動は，分布定数系の振動解析によって，バネマスダンパ系の集中定数系を表す LCR 直列回路として等価回路表現される（分布定数系の振動解析については，4 章で説明する）．ここでは，バネマスダンパ系と LCR 直列回路の関係について説明する．

図 3.1 に示すような，バネマスダンパ系のなかでも最も単純な，ダンパのない 1 自由度のバネマス系のモデルを考える．

バネマス系の運動方程式は，質量を M，バネ定数を K として

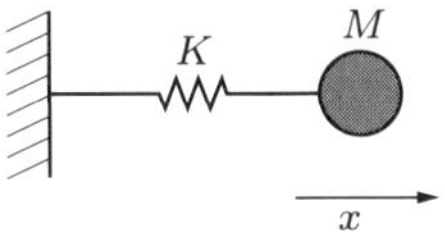

（a）機械的モデル

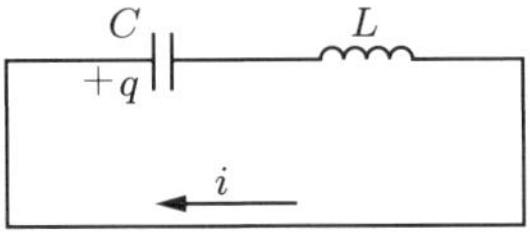

（b）等価回路

図 3.1　1 自由度バネマス系の集中定数系モデル

$$M\frac{\mathrm{d}^2x}{\mathrm{d}t^2} = -Kx \tag{3.1}$$

となり，A, B を実定数として

$$x = A\cos(\omega_0 t) + B\sin(\omega_0 t) \tag{3.2}$$

が一般解となる．ただし，$\omega_0 = \sqrt{\dfrac{K}{M}}$ である．初期条件から実定数 A, B が求められ，たとえば，時刻 $t = 0$ における速度を 0，初期変位を x_0 とした場合には $A = x_0$, $B = 0$ となるから

$$x = x_0\cos(\omega_0 t) \tag{3.3}$$

となる．

一方，図 3.1(b) に示す電気回路の LC 直列回路を表す微分方程式は，

$$L\frac{\mathrm{d}^2q}{\mathrm{d}t^2} = -\frac{1}{C}q \tag{3.4}$$

で，式 (3.1) の機械系のものと同じ形である．つまり，M を L，K を $\dfrac{1}{C}$，x を q とおき換えることにより，等価変換できる．電荷 q については，図中の左側の電極に正の電荷が存在するときに，機械系では正の変位（伸び）が得られているものとする．さらに，速度 $v = \dfrac{\mathrm{d}x}{\mathrm{d}t}$ は電流 $i = \dfrac{\mathrm{d}q}{\mathrm{d}t}$ と等価である．

バネマスダンパ系において速度に比例する減衰がある場合の運動方程式は，η を減衰係数として

$$M\frac{\mathrm{d}^2x}{\mathrm{d}t^2} = -Kx - \eta\frac{\mathrm{d}x}{\mathrm{d}t} \tag{3.5}$$

となり，これに対応する電気系の微分方程式は，抵抗を R として

$$L\frac{\mathrm{d}^2q}{\mathrm{d}t^2} = -\frac{1}{C}q - R\frac{\mathrm{d}q}{\mathrm{d}t} \tag{3.6}$$

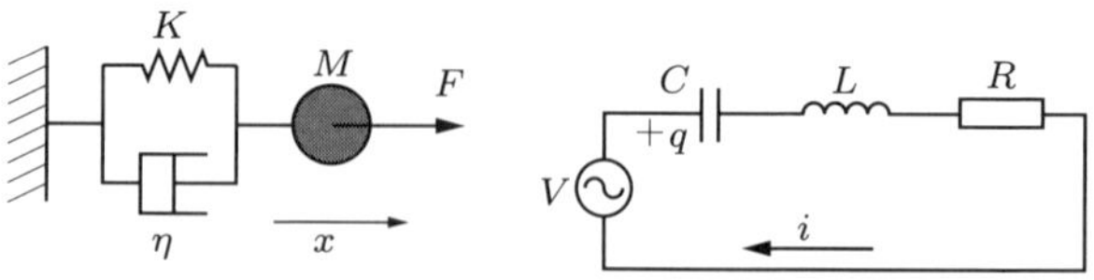

（a）機械的モデル　　（b）等価回路

図 3.2　バネマスダンパ系の強制振動

であり，LCR 直列回路に等価変換される．さらに，図 3.2 に示すように，バネマスダンパ系で外力 $F = F_0 \cos(\omega t)$ を加えるときには，電気系では入力電圧 $V = V_0 \cos(\omega t)$ を対応させることで，

$$M\frac{\mathrm{d}^2 x}{\mathrm{d}t^2} = -Kx - \eta\frac{\mathrm{d}x}{\mathrm{d}t} + F_0 \cos(\omega t) \tag{3.7}$$

$$L\frac{\mathrm{d}^2 q}{\mathrm{d}t^2} = -\frac{1}{C}x - R\frac{\mathrm{d}q}{\mathrm{d}t} + V_0 \cos(\omega t) \tag{3.8}$$

と同じ形の微分方程式で表される．すなわち，外力 F は電圧 V と等価な関係である．ここまでの等価関係にあるパラメータを表 3.1 にまとめる．

表 3.1　各パラメータの等価変換

機械パラメータ	電気パラメータ
M	L
K	$\frac{1}{C}$
η	R
x	q
v	i
F	V

なお，強制振動に関する振動については付録 C で，共振の機械的品質係数 Q 値については付録 D で説明をする．

3.2　共振・反共振特性

圧電振動子の等価回路として，LCR 直列回路と制動容量 C_d が並列接続された図 3.3 の回路がよく用いられる．ここでは，このような回路の電気特性がどのようになるのかを考察できるように，単純な LC 直列回路から順に説明していく．

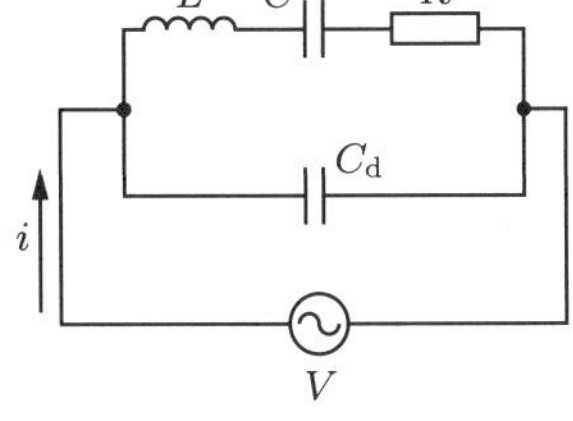

図 3.3　圧電振動子の等価回路として一般的に用いられる回路

3.2.1　LC 直列回路のインピーダンス

図 3.1 に示すような，減衰のない 1 自由度バネマス系の強制振動の定常解について考える．入力となる外力 F の振幅を一定にして駆動角周波数 ω を変化させていくと，$\omega_\mathrm{r} = \sqrt{\dfrac{K}{M}}$ となる角周波数で共振し，振動速度振幅 v_0 が ∞ に発散する．これは，この機械系と等価な関係にある図 3.4 の LC 直列回路において，一定振幅をもつ入力電圧 V_0 に対する電流振幅 i_0 が駆動角周波数 ω_0 で共振特性を示すことに対応する．

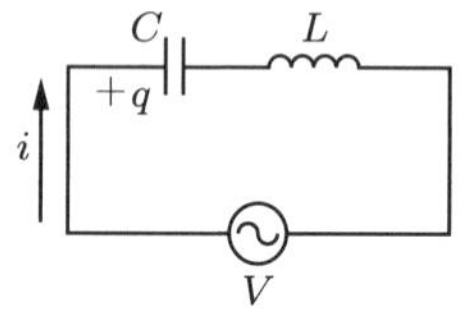

図 3.4　LC 直列回路

この LC 直列回路のインピーダンス $\left(Z = \dfrac{V}{i}\right)$ を計算し，この周波数特性を考えてみる．インピーダンスの実部をレジスタンス（resistance）R，虚部をリアクタンス（reactance）X とよび，虚数単位を j として $Z = R + jX$ で表す．

角周波数を ω とすると，インダクタおよびキャパシタのインピーダンスはそれぞれ $j\omega L$，$\dfrac{1}{j\omega C}$ と表されるから，直列インピーダンス Z は

$$Z = j\omega L + \frac{1}{j\omega C} = j\left(\omega L - \frac{1}{\omega C}\right) \tag{3.9}$$

である．インピーダンスの実部を横軸，虚部を縦軸にとった複素平面上に表すと，角周波数 ω を 0 から徐々に大きくしていったときのインピーダンスは虚軸上を動くことになる．角周波数が十分小さいときには，$-j\dfrac{1}{\omega C}$ の絶対値 $\dfrac{1}{\omega C}$ は ωL に比べて十分大きいので，虚軸の負の方向からプロットがはじまる（図 3.5(a)）．このとき，虚数の符号は負なので，インピーダンス Z の位相は $-90°$ である．

この十分低い角周波数での状況を，機械系にあてはめてみる．電気系のインピーダンス $\dfrac{1}{j\omega C}$ は，表 3.1 で示すように機械系の $\dfrac{K}{j\omega}$ $\left(= -j\dfrac{K}{\omega}\right)$ と等価であるから，直流的な強制外力 F に対する速度 v は，

$$v = \frac{F}{Z} = \left(-j\frac{K}{\omega}\right)^{-1} F = j\omega\frac{F}{K} \tag{3.10}$$

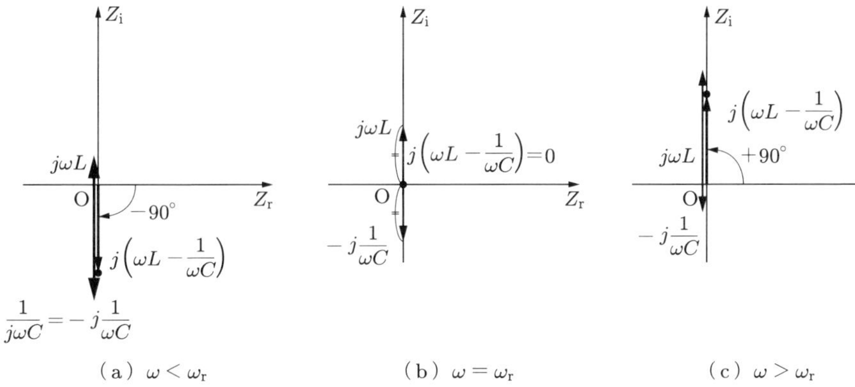

図 3.5 LC 直列回路の複素平面図

となる．変位は速度を時間積分したものであるから，$x=\dfrac{v}{j\omega}$ の関係を用いて，

$$x=\frac{F}{K} \tag{3.11}$$

と求められる．これは，十分低い駆動角周波数では，インピーダンスはバネ成分のみで，変位と外力とが同位相になることを示しており，直感と合致する．

駆動角周波数 ω を徐々に大きくしたときのインダクタとキャパシタのそれぞれのリアクタンスの絶対値をみると，図 3.6 のように次第に $\left|-\dfrac{1}{\omega C}\right|$ が ω に反比例して小さくなっていく一方で，$|\omega L|$ が ω に比例して大きくなっていくから，

$$|Z|=\left|\omega L-\frac{1}{\omega C}\right|=0 \tag{3.12}$$

が成り立つとき，すなわち

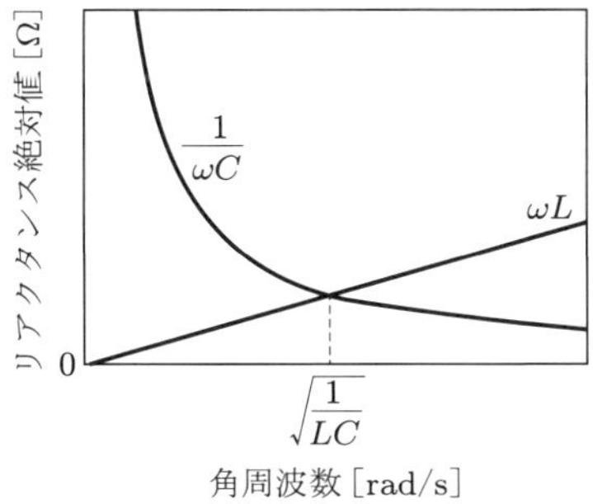

図 3.6 LC 直列回路におけるインダクタとキャパシタのリアクタンス絶対値

$$\omega_{\mathrm{r}} = \sqrt{\frac{1}{LC}} \tag{3.13}$$

という角周波数のときに，$Z=0$ となる．これは図 3.5(b) のように，複素平面上で Z の長さが 0 となり，原点と一致する状態である．このとき，インピーダンスが 0 であるから，等価回路上を流れる電流振幅 i_0 は ∞ に発散する．

さらに角周波数を大きくしていくと，インダクタのインピーダンス成分 $j\omega L$ がキャパシタ成分 $\dfrac{1}{j\omega C}$ に対して大きくなり，位相は $+90°$ となる．この状態を図 3.5(c) に示す．

ここまでの説明をまとめると，角周波数 ω を 0 から大きくしていくと，低周波側では容量性が優勢でインピーダンスは ω に反比例する形で小さくなっていき，共振で 0 を迎え，その後は誘導性が優勢となって，ω に比例して大きくなっていく．位相については，$-90°$ から共振で $0°$ となり，共振以降は $+90°$ となる．この様子を図 3.7 に示す．

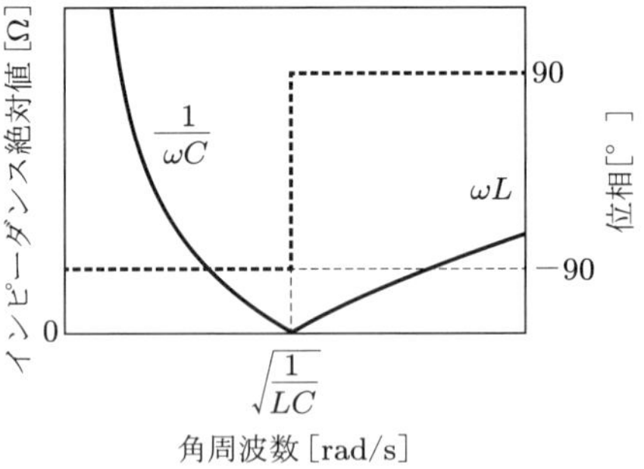

図 3.7　LC 直列回路のインピーダンス絶対値と位相

3.2.2　LC 直列回路のアドミッタンス

LC 直列回路の共振現象をアドミッタンスで考えてみる．アドミッタンスは，インピーダンスの逆数であり，電流の流れやすさを表すパラメータで，その実部をコンダクタンス（conductance）G，虚部をサセプタンス（susceptance）B とよび，$Y=G+jB$ で表す．インピーダンスを $Z=|Z|e^{j\theta}$ と表現して絶対値 $|Z|$ と位相 θ で表すと，その逆数をとった写像であるアドミッタンス Y は $Y=\dfrac{1}{Z}=\dfrac{1}{|Z|}e^{-j\theta}$ であるから，その絶対値 $|Y|$ はインピーダンスの逆数 $\dfrac{1}{|Z|}$ となり，位相は符号反転する．

LC 直列回路の場合のインピーダンスは $j\omega L+\dfrac{1}{j\omega C}$ であったから，アドミッタンスは，

$$Y = \frac{1}{j\omega L + \dfrac{1}{j\omega C}} = j\frac{1}{\dfrac{1}{\omega C} - \omega L} \tag{3.14}$$

でサセプタンスだけである．図 3.8 に，この角周波数特性を示した．

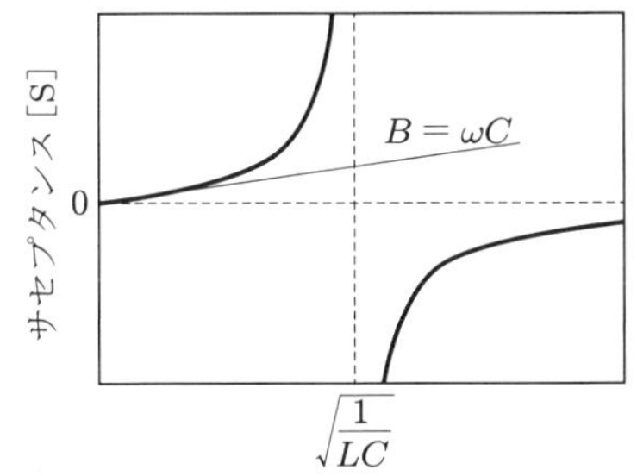

図 3.8 LC 直列回路のアドミッタンス虚数成分

十分低い角周波数 ω におけるアドミッタンスでは $Y = j\omega C$ とすることができ，アドミッタンス複素平面上では，0 からはじまり，虚軸上の正の方向に大きくなっていく．このときの位相は $+90°$ であり，図 3.8 に示すようにアドミッタンスの ω に対する傾きは C である．その後，共振 $\left(\omega_r = \sqrt{\dfrac{1}{LC}}\right)$ において $|Y| = \infty$ となり，アドミッタンス位相平面上で虚軸上の $(0, +\infty)$ に発散する．共振後は，虚軸上を $(0, -\infty)$ から徐々に原点に向かっていき，位相は $-90°$ となる．共振を過ぎて十分大きくなった角周波数では $Y = -j\dfrac{1}{\omega L}$ とできる．

図 3.7 のインピーダンスの絶対値の逆数としてアドミッタンスの絶対値を求めるとともに，位相が $+90°$ から共振を境に $-90°$ となる共振特性を図 3.9 に示す．なお，

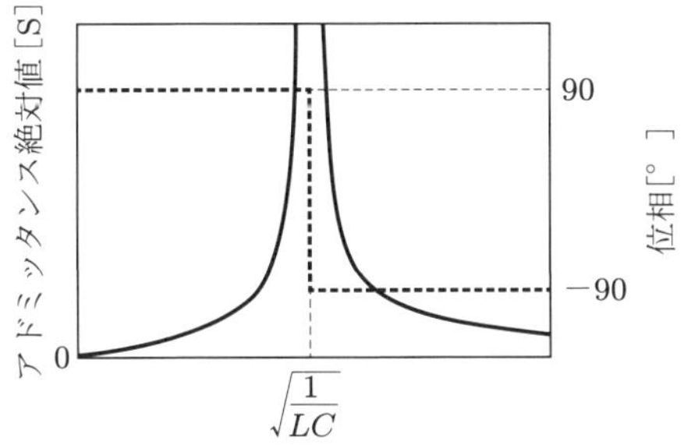

図 3.9 LC 直列回路のアドミッタンス絶対値および位相

アドミッタンス複素平面上（$G-B$ 平面上）で LCR 直列回路のアドミッタンスが中心 $\left(0, \dfrac{1}{2R}\right)$，直径 $\dfrac{1}{R}$ の円を描くが，いまの場合には，$R=0$ として，円の直径が ∞ になったときに対応している（詳しくは，3.2.6 項のアドミッタンスループで説明する）．

3.2.3　LCR 直列回路の共振特性

振動損失を考えていない LC 直列回路では，インピーダンスは共振角周波数で位相が $-90°$ から $0°$ となり，さらに $+90°$ へと変化する．一方，損失を含んだ LCR 直列回路では，

$$Z = j\omega L + \frac{1}{j\omega C} + R = j\left(\omega L - \frac{1}{\omega C}\right) + R \tag{3.15}$$

のようになり，レジスタンスは ω にかかわらず常に一定の R で，リアクタンスは $j\left(\omega L - \dfrac{1}{\omega C}\right)$ と ω の変化に依存して，図 3.10 に示すように複素平面の虚軸の下方から $(R, 0)$ を通って上方へと軌跡を描く．

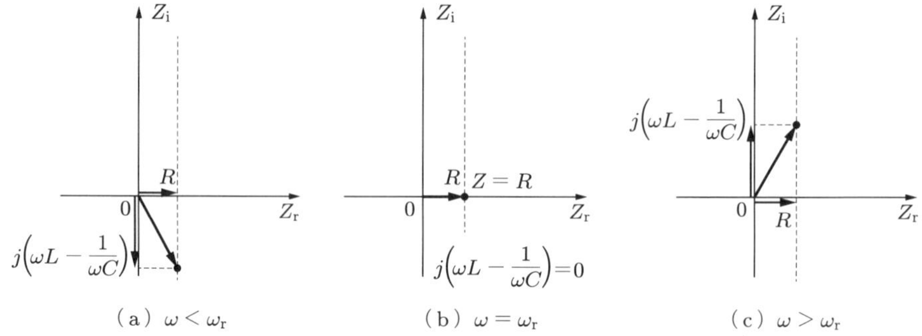

図 3.10　LCR 直列回路の複素平面図

角周波数 ω が十分小さいときの位相 $-90°$ から徐々にリアクタンスが 0 に近づいていき，$Z=R$ となる実軸上で共振状態となり，さらに角周波数を大きくしていくと，位相差が正となって $+90°$ へと近づいていく．共振時のインピーダンスは R である．一方，図 3.11 のように，アドミッタンスを描くと，R が十分小さく Q 値が大きいときには，ほぼ $\omega_0 = \dfrac{1}{\sqrt{LC}}$ のときに共振を迎え，そのときのアドミッタンスは $\dfrac{1}{R}$ となる（詳細は付録 D で述べる）．

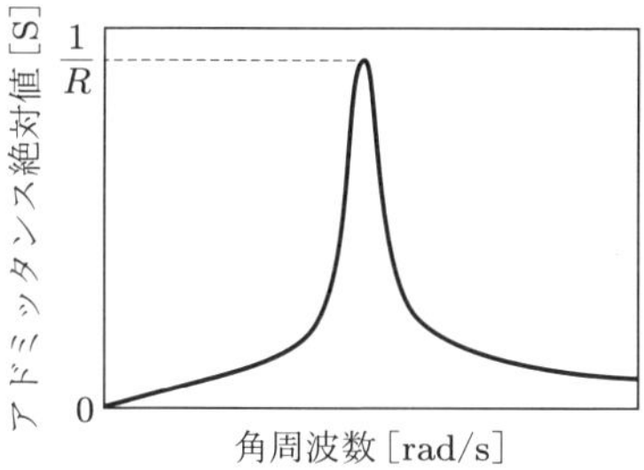

図 3.11 LCR 直列回路の共振付近でのアドミッタンス絶対値

3.2.4 LC 並列回路のアドミッタンス

圧電振動の集中定数系での等価回路は，LC 直列回路と制動容量 C_d が並列接続された形となる．ここではまず，図 3.12 のような LC 並列回路において，共振状態でインピーダンスが ∞（アドミッタンスが 0）となることを説明する．これは，3.2.1 項で説明した LC 直列回路の場合に共振状態でインピーダンスが 0 になる現象とは逆である．

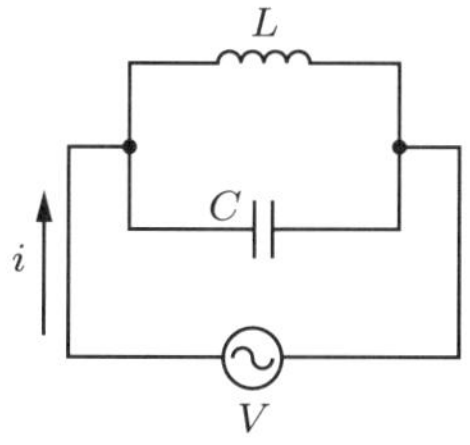

図 3.12 LC 並列回路

インダクタとキャパシタは並列接続されているので，それぞれの両端には同じ交流電圧 V $(= V_0 \cos(\omega t))$ がかかる．インダクタに流れる電流は $\dfrac{V}{j\omega L}$ $\left(= -j\dfrac{V}{\omega L}\right)$ であるから入力電圧に対して位相が 90° 遅れ，キャパシタに流れる電流は $j\omega CV$ であるから位相は 90° 進む．つまり，インダクタとキャパシタに流れる電流の位相差は角周波数 ω にかかわらず常に 180°，つまり逆方向を向いている．

電源から流れ出る電流 i は両者を加えた $\dfrac{V}{j\omega L} + j\omega CV$ で，アドミッタンスは単位振幅の入力電圧に対して流れる電流であるから，

$$Y = j\omega C + \frac{1}{j\omega L} = j\left(\omega C - \frac{1}{\omega L}\right) \tag{3.16}$$

である．アドミッタンスの複素表示を図 3.13 に，角周波数に対するアドミッタンスの絶対値 $\left|\omega C - \dfrac{1}{\omega L}\right|$ を図 3.14 に示す．このアドミッタンスの二つの成分をみると，角周波数の低いほうではインダクタが優勢で誘導性を示し，共振を経て容量性に変化するのでキャパシタが優勢となる．

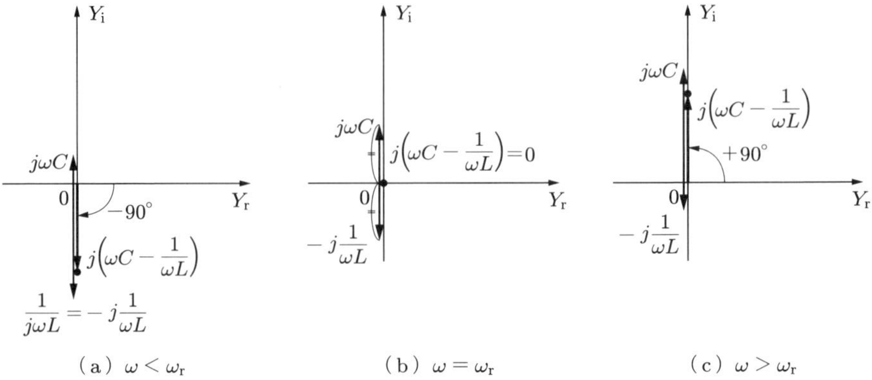

図 3.13　複素平面上の LC 並列回路のアドミッタンス

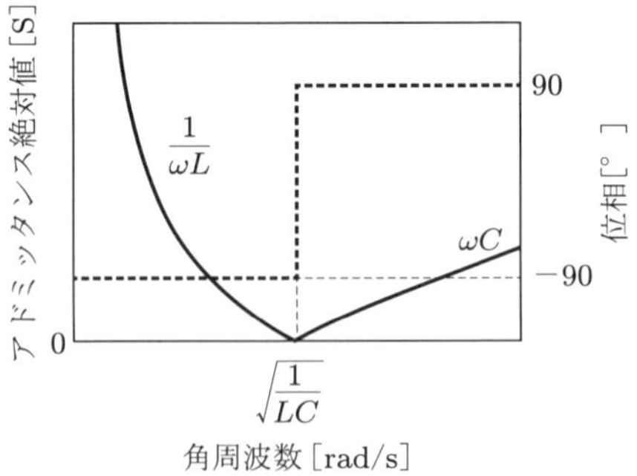

図 3.14　LC 並列回路のアドミッタンス

つまり，角周波数 ω を低周波側から大きくしていくと，$\dfrac{1}{\omega L} > \omega C$ の状態から，$\omega C - \dfrac{1}{\omega L} = 0$ の共振状態 $\left(\omega_a = \sqrt{\dfrac{1}{LC}}\right)$ を経て，最終的に $\dfrac{1}{\omega L} < \omega C$ となる．共振状態では，インダクタとキャパシタに流れる電流の絶対値が等しくなる．これらの成分に流れる電流の位相差は常に逆方向であるから，入力電圧側からの電流値が 0，つまりアドミッタンスは 0（インピーダンスが ∞）になる．このアドミッタンスは電源電圧から流れ出た電流をみた値であって，インダクタとキャパシタには常に交流電

圧 $V = V_0 \cos(\omega t)$ の電圧がかかり，共振状態にあっても各端子には $\dfrac{V}{j\omega L}$ と $j\omega C\mathrm{V}$ の電流が流れている．図 3.15 に示すように，LC 並列回路のインピーダンスは共振角周波数 $\sqrt{\dfrac{1}{LC}}$ で発散する．

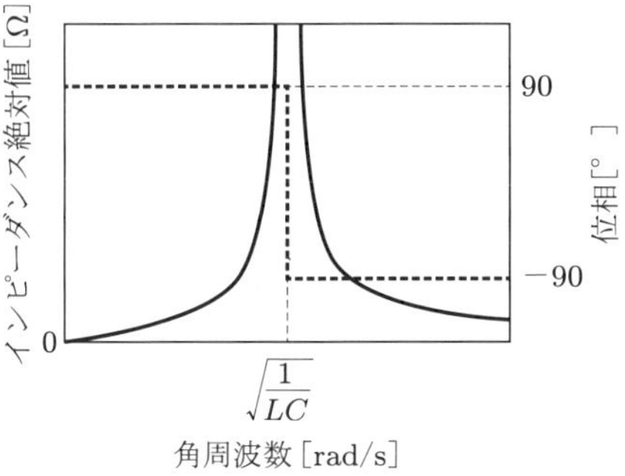

図 3.15　LC 並列回路のインピーダンス絶対値および位相

3.2.5　LC 直列回路と並列に C_d が接続された回路

LC 直列回路と並列に制動容量 C_d が接続している図 3.16 に示す回路を考える．この形は圧電等価回路の基本的な形である．

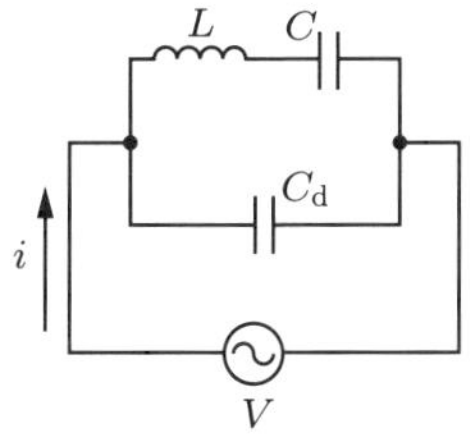

図 3.16　LC 直列回路と C_d を並列接続させた回路

この回路のアドミッタンスは，LC 直列回路のインピーダンス $j\omega L + \dfrac{1}{j\omega C}$ を逆数にしたものと制動容量のアドミッタンス $j\omega C_\mathrm{d}$ の和となるので，

$$Y = j\omega C_\mathrm{d} + \frac{1}{j\omega L + \dfrac{1}{j\omega C}} = j\left(\omega C_\mathrm{d} + \frac{1}{-\omega L + \dfrac{1}{\omega C}}\right) \tag{3.17}$$

となる．十分低い周波数では，インダクタの誘導成分 ωL は無視できるから，C と C_d が並列に接続したアドミッタンス $Y = j\omega(C_\mathrm{d} + C)$ とみなせる．このときのサセ

プタンスの符号が正であるから，アドミッタンスの位相は $+90°$ からはじまる．この状態から角周波数を大きくしていくと，まず L と C が直列共振する $-\omega L+\dfrac{1}{\omega C}=0$ において，アドミッタンスが ∞ に発散する．このときの角周波数 ω_{r} は，

$$\omega_{\mathrm{r}}=\sqrt{\frac{1}{LC}} \tag{3.18}$$

である．

この LC 直列共振を境にして，ω_{r} 以降のアドミッタンスの位相は $+90°$ から $-90°$ になり，LC 直列回路の主要成分がキャパシタの容量性からインダクタの誘導性となる．すなわち，LC 直列共振の角周波数 ω_{r} よりも角周波数を大きくしていくと，誘導性をもつ LC 直列回路と制動容量 C_{d} が並列，つまり，LC 並列共振の状態を考えればよいことになる．したがって，LC 直列回路に流れる電流とキャパシタ C_{d} に流れる電流の向きは逆で，それぞれの電流振幅が角周波数 ω によって変化していく状態である．

LC 並列共振のときには，共振状態で回路全体のアドミッタンスが 0 となり（インピーダンスが ∞ になり），位相は $-90°$ から $+90°$ に変化する．いまの場合，LC 直列回路と C_{d} が並列接続した状態であるから，LC に流れる電流と C_{d} に流れる電流の向きが逆で，かつ大きさが等しくなるときが LC 並列共振である．これは図 3.17 に示すように，L，C，C_{d} を直列接続したとみなして，この直列インピーダンスが 0 になるときである．C と C_{d} の直列合成容量は $\dfrac{CC_{\mathrm{d}}}{C+C_{\mathrm{d}}}$ $(<C)$ だから，

$$Z=j\omega L+\frac{1}{j\omega C}+\frac{1}{j\omega C_{\mathrm{d}}}=j\omega L+\frac{1}{j\omega\dfrac{CC_{\mathrm{d}}}{C+C_{\mathrm{d}}}}=0 \tag{3.19}$$

が成り立つときが並列共振状態で，入力電源からみたインピーダンスは ∞ になる．これを反共振状態とよび，このときの角周波数である反共振角周波数 ω_{a} は，

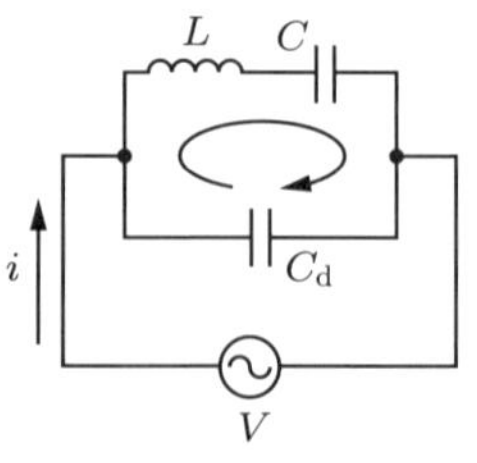

図 3.17　LC 直列回路と C_{d} を直列接続した回路

$$\omega_a = \sqrt{\frac{1}{L\dfrac{CC_d}{C+C_d}}} \tag{3.20}$$

で表される．$\dfrac{CC_d}{C+C_d} < C$ と $\omega_r = \sqrt{\dfrac{1}{LC}}$ の関係から，$\omega_a > \omega_r$ が必ず成り立っており，その相対比は，

$$\frac{\omega_a}{\omega_r} = \sqrt{1+\frac{C}{C_d}} \tag{3.21}$$

である．したがって，$\dfrac{C}{C_d}$ が大きくなるにつれて，共振角周波数と反共振角周波数の比が大きくなる．

反共振を経てさらに角周波数を大きくしていくと，LC 直列回路部分のアドミッタンスは $\dfrac{1}{j\omega L}$ とみなせて，これは 0 に収束していくから，回路全体としては制動容量分の $Y = j\omega C_d$ に近づいていく．十分小さな角周波数では，アドミッタンスが $Y = j\omega(C_d + C)$ であり，共振，反共振を経た後は最終的に $Y = j\omega C_d$ となる．

これらの一連のアドミッタンスの関係，つまり LC 直列回路と制動容量 C_d のサセプタンスを図 3.18 に，それを合成したサセプタンスを図 3.19 に示す．図 3.19 の回路全体では，LC 直列回路のサセプタンスに制動容量分 $j\omega C_d$ を加えることによって，サセプタンスが 0 となる反共振角周波数 ω_a が現れることがわかり，かつ $\omega_a > \omega_r$ となることが図形的に理解できる．また，このアドミッタンスの絶対値とその対数表示を，図 3.20, 3.21 に示す．一般に，圧電振動子の共振特性は，ここで示した LC 直列回路とキャパシタ C_d が並列接続された等価回路で表されるので，その電気特性は図 3.21 のような周波数特性となり，共振・反共振現象が観察される．

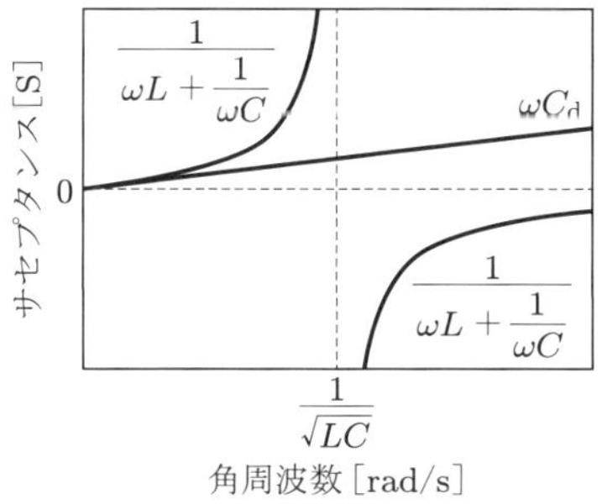

図 3.18 LC 直列回路および制動容量 C_d のサセプタンス

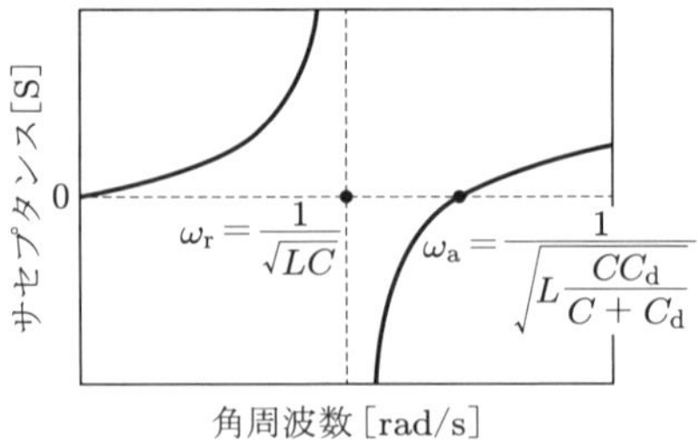

図 3.19　$\omega C_d + \dfrac{1}{-\omega L + \dfrac{1}{\omega C}}$ のサセプタンス

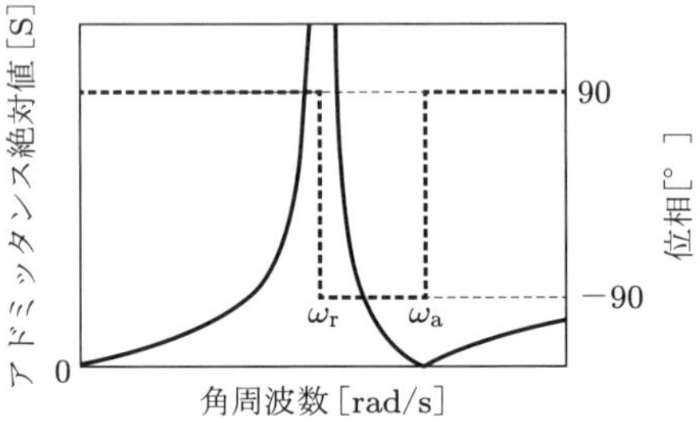

図 3.20　$j\omega C_d + \dfrac{1}{j\omega L + \dfrac{1}{j\omega C}}$ のアドミッタンス絶対値および位相

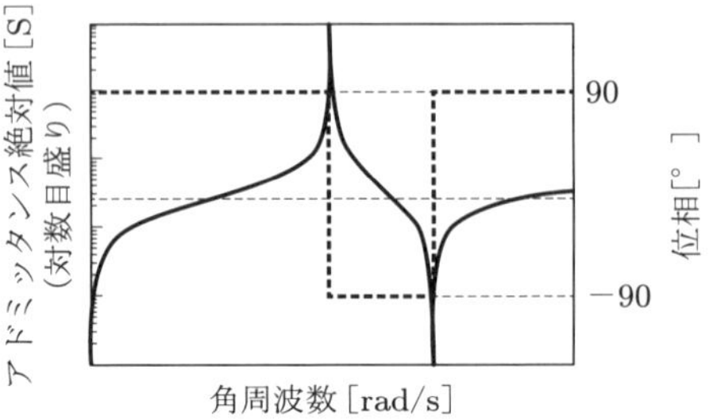

図 3.21　$j\omega C_d + \dfrac{1}{j\omega L + \dfrac{1}{j\omega C}}$ のアドミッタンス絶対値（対数表示）および位相

■3.2.6　*LCR* 直列回路と並列に C_d が接続された回路のアドミッタンスループ

損失を考慮しないバネマス系では，共振角周波数において振動振幅が ∞ になったが，実際の共振では図 3.22 のように減衰項をもつために有限振幅となる．

バネマスダンパ系の減衰係数 η は，等価的に電気系の抵抗 R で表される．圧電振動の等価回路は，制動容量 C_d と機械振動を表す LCR 直列回路（図 3.22(b)）によっ

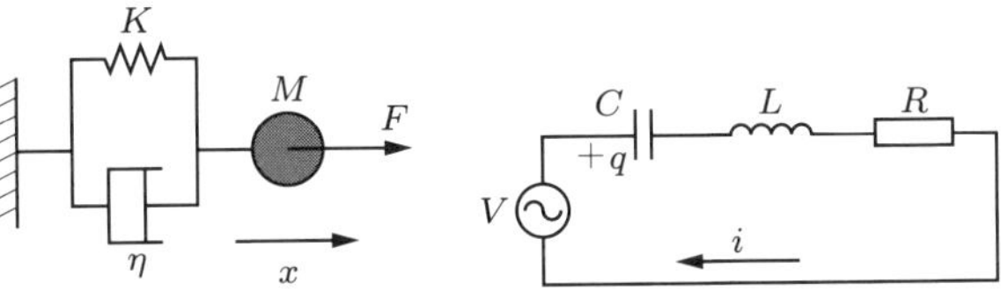

（a）機械的モデル　（b）等価回路

図 3.22　集中定数系の強制振動

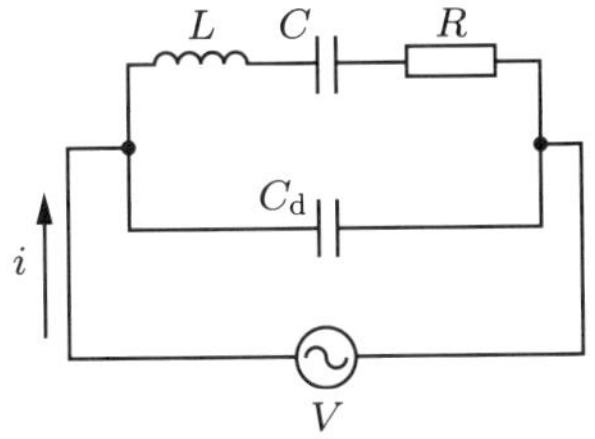

図 3.23　圧電振動を表す等価回路

て，図 3.23 のようになる．ここでは，この回路のアドミッタンスのコンダクタンスとサセプタンスを複素平面上に表す．

すでに図 3.10 で示したように，LCR 直列共振回路のインピーダンスは，位相平面上で $(0, R)$ を通って虚軸に平行な直線となった．インピーダンスの逆数であるアドミッタンスは，複素平面上の円になる．

まず，C_d は別にして，LCR 直列共振回路のアドミッタンスを考えると，

$$Y = \frac{1}{j\omega L + \dfrac{1}{j\omega C} + R} \tag{3.22}$$

であり，これをコンダクタンス $G(\omega)$ とサセプタンス $B(\omega)$ を用いて，$Y = G(\omega) + jB(\omega)$ と表現する．これを複素平面上にプロットすると，$\left(\dfrac{1}{2R}, 0\right)$ を中心とした，直径 $\dfrac{1}{R}$ の円になる．これをアドミッタンスループとよぶ．これを下記の計算から確認してみる．

式 (3.22) の LCR 直列共振回路のアドミッタンスを有理化すると，

$$Y = \frac{1}{R + j\left(\omega L - \dfrac{1}{j\omega C}\right)} = \frac{R - j\left(\omega L - \dfrac{1}{\omega C}\right)}{R^2 + \left(\omega L - \dfrac{1}{\omega C}\right)^2}$$

$$= \frac{R}{R^2 + \left(\omega L - \dfrac{1}{\omega C}\right)^2} + j\frac{-\left(\omega L - \dfrac{1}{\omega C}\right)}{R^2 + \left(\omega L - \dfrac{1}{\omega C}\right)^2} \tag{3.23}$$

とできるので，コンダクタンスとサセプタンスは，それぞれ

$$G(\omega) = \frac{R}{R^2 + \left(\omega L - \dfrac{1}{\omega C}\right)^2} \tag{3.24}$$

$$B(\omega) = \frac{-\left(\omega L - \dfrac{1}{\omega C}\right)}{R^2 + \left(\omega L - \dfrac{1}{\omega C}\right)^2} \tag{3.25}$$

である．ここで，複素平面上に描かれる円の中心が $\left(\dfrac{1}{2R}, 0\right)$ であることを見越して，

$$G(\omega) - \frac{1}{2R} = \frac{2R^2 - \left\{R^2 + \left(\omega L - \dfrac{1}{\omega C}\right)^2\right\}}{2R\left\{R^2 + \left(\omega L - \dfrac{1}{\omega C}\right)^2\right\}} = \frac{R^2 - \left(\omega L - \dfrac{1}{\omega C}\right)^2}{2R\left\{R^2 + \left(\omega L - \dfrac{1}{\omega C}\right)^2\right\}} \tag{3.26}$$

としておき，$\left(G(\omega) - \dfrac{1}{2R}\right)^2 + B(\omega)^2$ を計算してみると，

$$\left(G(\omega) - \frac{1}{2R}\right)^2 + B(\omega)^2$$

$$= \frac{R^4 - 2R^2\left(\omega L - \dfrac{1}{\omega C}\right)^2 + \left(\omega L - \dfrac{1}{\omega C}\right)^4 + 4R^2\left(\omega L - \dfrac{1}{\omega C}\right)^2}{4R^2\left\{R^2 + \left(\omega L - \dfrac{1}{\omega C}\right)^2\right\}^2}$$

$$= \frac{R^4 + 2R^2\left(\omega L - \dfrac{1}{\omega C}\right)^2 + \left(\omega L - \dfrac{1}{\omega C}\right)^4}{4R^2\left\{R^2 + \left(\omega L - \dfrac{1}{\omega C}\right)^2\right\}^2}$$

$$= \frac{\left\{R^2 + \left(\omega L - \frac{1}{\omega C}\right)^2\right\}^2}{4R^2\left\{R^2 + \left(\omega L - \frac{1}{\omega C}\right)^2\right\}^2} = \frac{1}{4R^2} \tag{3.27}$$

と定数になる．すなわち，LCR 直列回路のアドミッタンスループは，図 3.24 のように $\left(\frac{1}{2R}, 0\right)$ を中心とした，直径 $\frac{1}{R}$ の円になることが確認できた．また，コンダクタンスとサセプタンスを ω の関数として求めた図 3.25 のグラフから，アドミッタンスループは右回りに描くことがわかる．

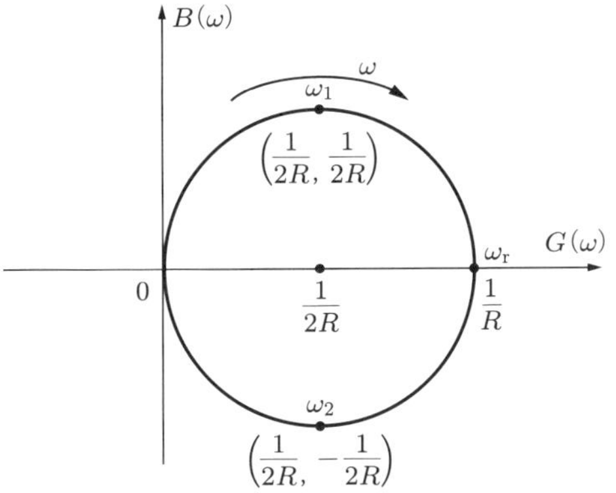

図 3.24 LCR 直列回路のアドミッタンスループ

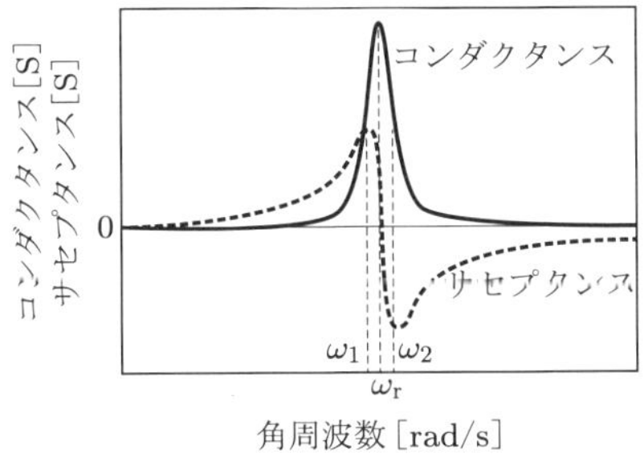

図 3.25 コンダクタンス $G(\omega)$ とサセプタンス $B(\omega)$

図 3.24 のように，バネマスダンパ系（LCR 等価回路）のアドミッタンスを複素数表示したアドミッタンスループでは，原点からの距離がアドミッタンス $Y(\omega)$ の絶対値となるので，これが最大となる点が LC 直列共振に対応する．すなわち，アドミッ

タンスループが x 軸と交わる点 $\left(\dfrac{1}{R}, 0\right)$ が共振点で，このときのアドミッタンスが $\dfrac{1}{R}$ である．

また，$\left(\dfrac{1}{2R}, \dfrac{1}{2R}\right)$ および $\left(\dfrac{1}{2R}, -\dfrac{1}{2R}\right)$ を与える二つの ω をそれぞれ，ω_1，ω_2 とする．それぞれの角周波数におけるアドミッタンスの大きさ（原点からの距離）は，共振時の $\dfrac{1}{R}$ に比べて $\dfrac{1}{\sqrt{2}}$ となる $\dfrac{1}{\sqrt{2}R}$ である．したがって，図 3.26 からわかるように $\omega_2 - \omega_1$ は半値幅になるから，$\dfrac{\omega_{\mathrm{r}}}{\omega_2 - \omega_1}$ はこの振動系の Q 値となる（詳しくは，付録 D で説明する）．

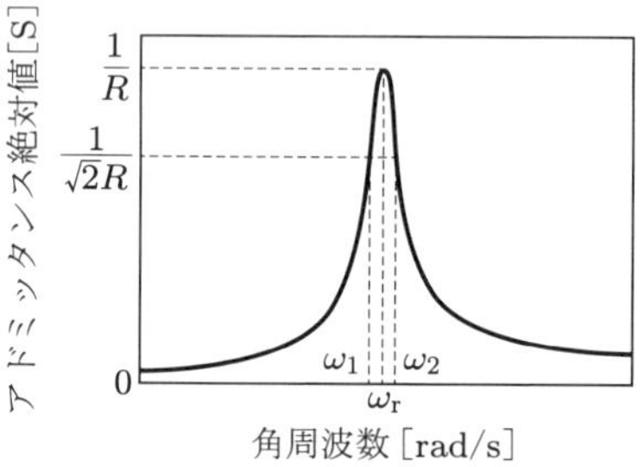

図 3.26　LCR 共振回路のアドミッタンス共振曲線

図 3.23 のように，LCR 直列回路とキャパシタ C_{d} を並列接続した圧電等価回路の形であるアドミッタンスは，

$$Y = j\omega C_{\mathrm{d}} + \frac{1}{R + j\omega L + \dfrac{1}{j\omega C}} \tag{3.28}$$

である．ω が十分に小さいときには，LCR 直列回路のインピーダンスは $\dfrac{1}{j\omega C}$ が主要成分であるため容量性であり，回路全体のアドミッタンスは制動容量 C_{d} と並列になって $j\omega(C_{\mathrm{d}} + C)$ であるため，複素平面上で虚軸を原点から上向きに進んでいく．角周波数を大きくしていって LC 直列共振の影響を受ける範囲になってくると，LCR 直列回路のアドミッタンスループの挙動を示しはじめて，右回りに円を描きはじめる．円の一番右側ではコンダクタンスが最大となり，これが機械的共振状態に対応する．その後，さらに角周波数を大きくしていくと，円を一周し，共振角周波数から十分離れた角周波数では再び虚軸上に戻り，後は角周波数が大きくなるに従って虚軸上を再び上昇していく．このときの ω に対する上昇の変化率は，共振前の $j\omega(C_{\mathrm{d}} + C)$ よりも遅く，$j\omega C_{\mathrm{d}}$ となる．

R が十分に小さい（Q 値が十分に大きい）場合，LCR 直列回路における共振角周波数 ω_r の付近で少し角周波数が変化しただけで，十分大きな直径 $\dfrac{1}{R}$ の円とみなせる共振アドミッタンスループを描き，制動容量 C_d によるアドミッタンス変化は無視できる．この場合には，LCR 直列回路で考察したアドミッタンスループが $\omega_\mathrm{r} C_\mathrm{d}$ だけ虚軸方向に平行移動した形とみなすことができる．

LCR 直列回路における共振角周波数 ω_r は，アドミッタンスループにおいて最もコンダクタンスが大きくなる点である．これは，機械系の共振を LCR 直列回路としたときの共振状態であるから，図 3.27 において，アドミッタンスループの一番右側になる点 $\left(\dfrac{1}{R}, \omega_\mathrm{r} C_\mathrm{d}\right)$ である．しかし，入力電源からみたときの電気的なアドミッタンスとしての共振現象は，原点からの距離が最大になる点であるから，この機械系の共振角周波数とは異なる値となる．つまり，電気的には，原点を中心とする円を描いたときにアドミッタンスループと接する点の角周波数が共振角周波数 ω_r' になる．この ω_r' は，原点とアドミッタンスループの中心 $\left(\dfrac{1}{2R},\ j\omega_\mathrm{r} C_\mathrm{d}\right)$ を通る直線とアドミッタンスループの交点における角周波数であって，ω_r よりも若干小さい値となる．ただし，Q 値が十分大きければ，その差は無視できる．

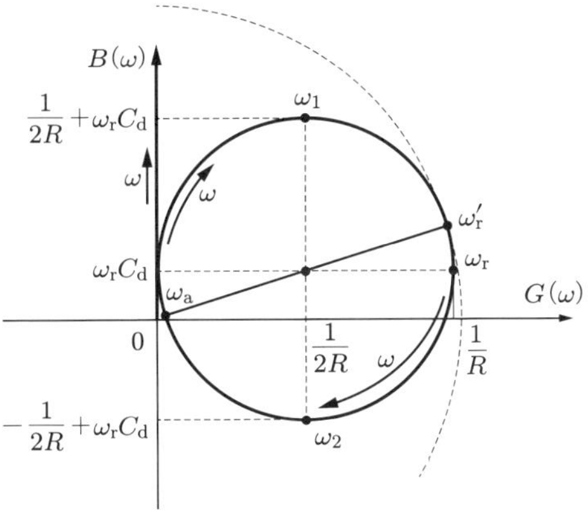

図 3.27　LCR 直列回路と C_d が並列接続された回路のアドミッタンスループ

また，反共振角周波数は電気特性であるから，一つしか存在せず，先の原点とアドミッタンスループの中心 $\left(\dfrac{1}{2R},\ j\omega_\mathrm{r} C_\mathrm{d}\right)$ を通る直線とアドミッタンスループの交点のもう一方の角周波数から得られる．この点は，アドミッタンスループで最も原点から近く，角周波数としては必ず $\omega_\mathrm{a} > \omega_\mathrm{r}$ となっていることが確認できる．

4章 非圧電体の振動伝播と伝達マトリックス

振動を利用した実際のデバイスは一部材で構成されることは少なく，異なる物質間の振動伝播をともなう場合が多い．たとえば，ランジュバン振動子では，圧電材料によって励振された縦振動が，金属部材に伝達され，さらにその境界面で空気や水へと超音波振動が放射される．本章では，弾性体に振動が伝播することを表す波動方程式を求め，その一般解を示す．次に，細棒弾性体の左右境界面における速度と応力が連続的に伝播することを速度ポテンシャルによって表現し，伝達マトリックスを導出する．このような振動伝播に関する解析方法により，異なる物体間が接続した場合にどのようなモデル化をすればよいかを明らかにする．

4.1 波動方程式の一般解

バネマスダンパ系のように，質量とバネの各成分が独立している場合とは異なり，弾性体中に振動が伝わる場合には，各微小部分が質量としてふるまうと同時に，復元力を発生するバネとしてのはたらきもする．このような系を，バネマスダンパ系の集中定数系に対して，分布定数系とよぶ．

ここでは，図 4.1 のように一様断面を有する細棒に縦振動が伝播する場合を考える．縦振動とは，振動が伝播する方向に振動変位をもつ粗密波で，音波などと同様である．まず，微小部分 $\mathrm{d}x$ の運動方程式から波動方程式を導出する．

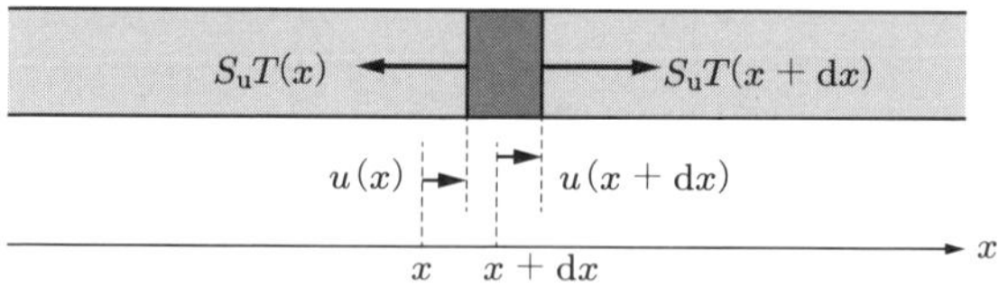

図 4.1　細棒内を伝播する縦振動

細棒は，ヤング率 E，密度 ρ，断面積 S_u，全長 l とする．また，長手方向に x 軸をとり，時刻 t における各点の変位を $u(x,t)$ とおく．集中定数系では変数は時刻 t のみだったのに対して，分布定数系の変位は位置 x の関数でもある．

微小部分 $\mathrm{d}x$ にはたらく力は隣接する左右面からの力であり，それぞれ左向きに

$S_{\mathrm{u}}T(x)$ と右向きに $S_{\mathrm{u}}T(x+\mathrm{d}x)$ である．応力とひずみは比例定数となるヤング率 E によって

$$T(x)=E\frac{\partial u}{\partial x} \tag{4.1}$$

とできるので，微小体積（質量 $\rho S_{\mathrm{u}}\mathrm{d}x$）に対する運動方程式は，

$$\rho S_{\mathrm{u}}\mathrm{d}x\frac{\partial^2 u}{\partial t^2}=S_{\mathrm{u}}T\left(x+\mathrm{d}x\right)-S_{\mathrm{u}}T(x)=S_{\mathrm{u}}\frac{\partial T}{\partial x}\mathrm{d}x=S_{\mathrm{u}}E\frac{\partial^2 u}{\partial x^2}\mathrm{d}x \tag{4.2}$$

となる．両辺から $S_{\mathrm{u}}\mathrm{d}x$ を消去して，

$$\frac{\partial^2 u}{\partial t^2}=c^2\frac{\partial^2 u}{\partial x^2} \tag{4.3}$$

という縦振動の波動方程式を得る．ここで，c は $c=\sqrt{\dfrac{E}{\rho}}$ で表される材料固有の音速（位相速度）で，固くて軽いほど速い．音速は，細棒内の各点が振動する振動速度（粒子速度）$\dfrac{\partial u}{\partial t}$ とは異なり，振動伝播する速度である．

式 (4.3) の波動方程式は，$u(x,t)$ を x のみの関数 $U(x)$ と，t のみの関数 $W(t)$ の積とみなす変数分離法で解くことができる．すなわち，

$$u(x,t)=U(x)W(t) \tag{4.4}$$

とおいて，これを式 (4.3) に代入すると

$$U\frac{\partial^2 W}{\partial t^2}=c^2W\frac{\partial^2 U}{\partial x^2} \tag{4.5}$$

であるから，この両辺を UW で割って，

$$\frac{1}{W}\frac{\partial^2 W}{\partial t^2}=\frac{c^2}{U}\frac{\partial^2 U}{\partial x^2}=-\omega^2 \tag{4.6}$$

とおくことができる．式 (4.6) で第 1 項の $\dfrac{1}{W}\dfrac{\partial^2 W}{\partial t^2}$ は x を含まない t のみの関数で，第 2 項の $\dfrac{c^2}{U}\dfrac{\partial^2 U}{\partial x^2}$ は逆に x のみの関数であり，等号で結ばれているので，これらの項は x も t も含まない定数となる．そこで，ここではこの定数を $-\omega^2$ とおいた．負の記号を付けたのは，これが正であると振動を示す解が得られないためである．また，定数として用いた ω は，このパラメータが振動の角周波数となることを見越している．

W は t のみの関数で U は x のみの関数であるから，式 (4.6) は以下の二つの独立した常微分方程式に分離することができる．

$$\frac{\partial^2 W}{\partial t^2} = -\omega^2 W \tag{4.7}$$

$$\frac{\partial^2 U}{\partial x^2} = -\frac{\omega^2}{c^2} U \tag{4.8}$$

式 (4.7), (4.8) は，それぞれ 1 変数に関する単振動を表す微分方程式であるから，振幅を複素定数（P_0, Q_0, A_0, B_0）で表して，

$$W = P_0 e^{j\omega t} + Q_0 e^{-j\omega t} \tag{4.9}$$

$$U = A_0 e^{j\frac{\omega}{c}x} + B_0 e^{-j\frac{\omega}{c}x} \tag{4.10}$$

とするか，もしくは実定数（P_1, Q_1, A_1, B_1）により

$$W = P_1 \cos(\omega t) + Q_1 \sin(\omega t) \tag{4.11}$$

$$U = A_1 \cos\left(\frac{\omega}{c}x\right) + B_1 \sin\left(\frac{\omega}{c}x\right) \tag{4.12}$$

とできる．式 (4.9), (4.10) のように複素数表現を用いた場合には，各係数 P_0 と Q_0 および A_0 と B_0 は互いに複素共役であるという条件が付き，得られる解，W，U は実数となる．すなわち，$P_0 = \dfrac{P_1 - jQ_1}{2}$，$Q_0 = \dfrac{P_1 + jQ_1}{2}$，および $A_0 = \dfrac{A_1 - jB_1}{2}$，$B_0 = \dfrac{A_1 + jB_1}{2}$ の関係が成り立つ．

変位の一般解 $u(x,t) = U(x)W(t)$ の表記内の $U(x)$ については，振動の形がイメージしやすいように，式 (4.12) の $U = A_1 \cos\left(\dfrac{\omega}{c}x\right) + B_1 \sin\left(\dfrac{\omega}{c}x\right)$ を用いることが多い．時間に関する $W(t)$ は，$t = 0$ を任意に設定でき，微分や積分作用をするだけの場合が多いので，

$$W = P_0 e^{j\omega t} \tag{4.13}$$

と簡便な表記にするのが一般的で，$u(x,t)$ の実数成分のみを取り出すと考えればよい．時間の関数が $e^{j\omega t}$ という形であるから，$u(x,t)$ を時間微分するにはもとの $u(x,t)$ の式に $j\omega$ を，時間積分の場合には $\dfrac{1}{j\omega}$ $\left(= -\dfrac{j}{\omega}\right)$ をかければよい．ただし，エネルギーを計算しなくてはならないときなどに，$\left(e^{j\omega t}\right)^2$ が出てきた場合には $\mathrm{Re}\left[\left(e^{j\omega t}\right)^2\right] = \cos^2(\omega t) - \sin^2(\omega t) \neq \cos^2(\omega t)$ となることに注意が必要である．こ

の計算をする場合には，先に $e^{j\omega t}$ の実部をとり，

$$\left(\mathrm{Re}\left[e^{j\omega t}\right]\right)^2 = \cos^2(\omega t) \tag{4.14}$$

としなくてはならない．

式 (4.13) に含まれる複素定数 P_0 を式 (4.12) の U の振幅を表す定数に含めて A_1，B_1 を複素定数として，変位 $u(x,t)$ の一般解を

$$u(x,t) = \{A_1 \cos(kx) + B_1 \sin(kx)\}e^{j\omega t} \tag{4.15}$$

とおく．式 (4.15) に含まれる定数 $k = \dfrac{\omega}{c}$ は波数とよばれる．細棒中を伝播する波の波長を λ，振動周期を $\dfrac{1}{f}$ とすると $k = \dfrac{\omega}{c} = \dfrac{2\pi f}{c} = \dfrac{2\pi}{\lambda}$ となるから，波数は長さ 2π あたりに含まれる波の数を示している．

波動方程式の一般解は，進行波および後退波で表される．一般解 $u(x,t)$ の表現として式 (4.9), (4.10) を採用すると，

$$\begin{aligned} u(x,t) &= WU = \left(P_0 e^{j\omega t} + Q_0 e^{-j\omega t}\right)\left(A_0 e^{j\frac{\omega}{c}x} + B_0 e^{-j\frac{\omega}{c}x}\right) \\ &= P_0 A_0 e^{j\omega\left(t+\frac{x}{c}\right)} + P_0 B_0 e^{j\omega\left(t-\frac{x}{c}\right)} + Q_0 A_0 e^{-j\omega\left(t-\frac{x}{c}\right)} \\ &\quad + Q_0 B_0 e^{-j\omega\left(t+\frac{x}{c}\right)} \\ &= p\left(t - \frac{x}{c}\right) + q\left(t + \frac{x}{c}\right) \end{aligned} \tag{4.16}$$

と変形でき，第 1 項の関数 $p\left(t - \dfrac{x}{c}\right)$ が進行波，第 2 項の $q\left(t + \dfrac{x}{c}\right)$ が後退波の形をしている．また，波動方程式に含まれていた定数 c が，進行波と後退波の振動伝播速度を表す定数であることが確認できる．式 (4.15) の表記は，進行波と後退波を重ね合わせた一形態である定在波の形となっている．

4.2　細棒を伝播する縦振動について

一様断面を有する細棒に伝播する縦振動の波動方程式は，

$$\frac{\partial^2 u}{\partial^2 t} = c^2 \frac{\partial^2 u}{\partial^2 x} \tag{4.17}$$

となる．ただし，$c = \sqrt{\dfrac{E}{\rho}}$ である．その一般解は波数 $k = \dfrac{\omega}{c}$ を用いて，

$$u(x,t) = \{A_1 \cos(kx) + B_1 \sin(kx)\}e^{j\omega t} \tag{4.18}$$

となった．振幅の各定数 A_1, B_1 は，境界条件によって決まる．その一例として，図 4.2 のような片端固定（$u(0,t)=0$），片端自由（$T(l,t)=0$）の場合について考える．

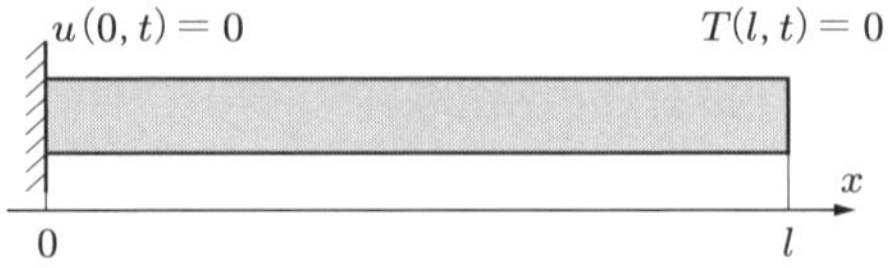

図 4.2　片端自由，片端固定の境界条件をもつ細棒内縦振動

境界条件の一つは，時刻 t にかかわらず $x=0$ において変位が恒等的に 0 であることだから，一般解を表す式 (4.18) において

$$u(0,t) = A_1 e^{j\omega t} = 0 \tag{4.19}$$

である．もう一つの境界条件は，$x=l$ における応力 $T(l,t)$ が常に 0 となることであるから，

$$T(l,t) = E\frac{\partial u}{\partial x}\bigg|_{x=l} = E\left\{-A_1 k\ \sin(kl) + B_1 k\ \cos(kl)\right\} e^{j\omega t} = 0 \tag{4.20}$$

である．

式 (4.19) から $A_1 = 0$ となり，式 (4.20) に $A_1 = 0$ を代入すると $B_1 = 0$，もしくは $\cos(kl) = 0$ が得られる．ここで，$B_1 = 0$ とすると，$A_1 = 0$ から常に $u(x,t) = 0$ という意味のない解となってしまうから，$\cos(kl) = 0$ を満たす必要がある．すなわち，n を自然数として，

$$k = \frac{1}{2l}(2n-1)\pi \tag{4.21}$$

が満たされなくてはならないことを意味する．波数 k は，

$$k = \frac{\omega}{c} \tag{4.22}$$

であったから，

$$\omega_{2n-1} = \frac{c}{2l}(2n-1)\pi \tag{4.23}$$

となり，離散的な角周波数の振動のみが励振されることになる．

4.3 一様断面縦振動の基本振動モードの等価回路パラメータ

式 (4.23) に $n=1$ を代入すると，$\omega_1 = \dfrac{c\pi}{2l}$ となるから，このときの振動変位分布は，式 (4.18) で $A_1 = 0$ を代入するなどして

$$u(x,t) = B_1 \sin\left(\frac{\pi}{2l}x\right) e^{j\omega_1 t} \tag{4.24}$$

となる．この式は，$x=0$ および $x=l$ における境界条件を満たすとともに，x 座標が 0 から l まで変化すると，sin の位相が $\dfrac{\pi}{2}$ だけ変化するので，図 4.3 のように，1/4 波長の波が励振されていることがわかる．ここで，時間項を除いて，各点における振動振幅の相対変位を表す $B_1 \sin\left\{\dfrac{(2n-1)\pi}{2l}x\right\}$ を振動モードという．振動モードを表現する場合には，振幅を正規化することが多い．

粒子速度 $v(x,t)$ とひずみ $\dfrac{\partial u}{\partial x}$ は，式 (4.24) の変位をそれぞれ時間 t，位置 x で偏微分して次式のようになる．

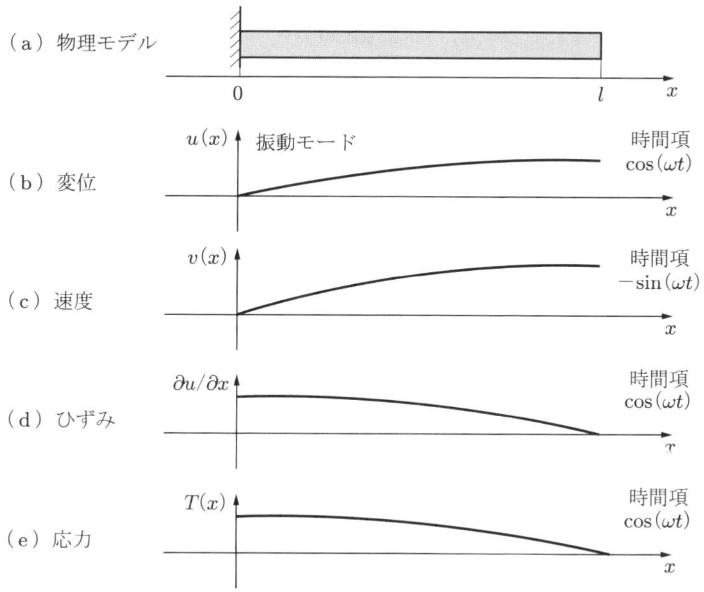

図 4.3 片端自由，片端固定の境界条件をもつ細棒縦振動

$$\begin{cases} v(x,t) = \dfrac{\partial u}{\partial t} = jB_1\omega_1 \sin\left(\dfrac{\pi}{2l}x\right) e^{j\omega_1 t} \\ \dfrac{\partial u}{\partial x} = B_1 \dfrac{\pi}{2l} \cos\left(\dfrac{\pi}{2l}x\right) e^{j\omega_1 t} \end{cases} \tag{4.25}$$

速度の式には係数に j が含まれているので，実数表現すると $-\sin(\omega_1 t)$ の成分が含まれ，変位に対して時間的に位相が 90° 進んでいることがわかる．応力は，$E\dfrac{\partial u}{\partial x}$ であるから，時間的には変位と同位相で，根元の $x=0$ で応力最大，先端の $x=l$ において，時間に依存せずに常に 0 になる．変位，速度，ひずみ，応力の分布を時間項とともに図 4.3 に示す．

4.3.1　等価回路パラメータの導出

式 (4.24), (4.25) で示される基本振動モードを等価回路で表すことを考える．まず，振動分布のどの位置での振動状態を等価回路上で表現するかを決めなくてはならないが，通常は振動速度が最大になる位置での情報が重要となるので，$x=l$ における変位や速度を等価回路で示すこととする．

片端固定された一様断面縦振動の基本共振モードが励振されているときの振動状態をバネマスダンパ系（$MK\eta$）に等価回路変換する．3.1 節で説明したように，このバネマスダンパ系のパラメータは，$L=M$，$C=\dfrac{1}{K}$，$R=\eta$ とすれば LCR 回路と等価であるから，まずは，減衰係数 η は考慮しないで，つまり，R 成分は 0 として LC 直列回路のみを対象とする．それぞれの対応関係を図 4.4 に示す．

分布定数系で励振される基本モードの振動の等価質量 M は，細棒の実際の質量である ρSl とは一致しない．等価回路の各パラメータ M, K は，細棒の分布定数系と

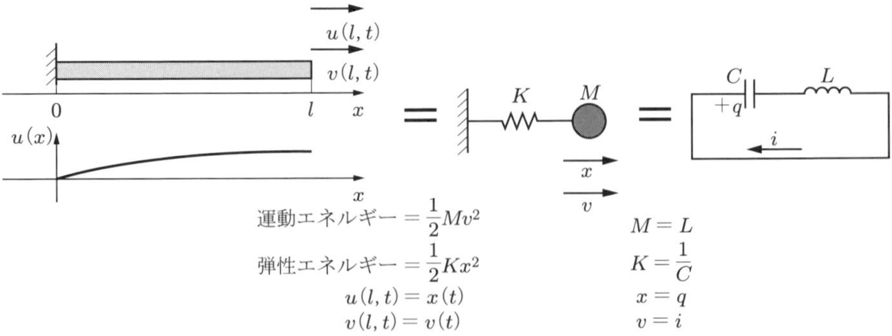

図 4.4　分布定数系とバネマス集中定数系，LC 等価回路の関係

バネマス系の集中定数系の各系におけるエネルギー（運動エネルギー，弾性エネルギー）が，一致するように決定しなくてはならない.

4.3.2 集中定数系（バネマス系）のエネルギー保存の関係

等価回路定数を計算するために，減衰を考えないバネマス系の集中定数系でのエネルギーについて考える．バネマス系の運動方程式は，

$$M\frac{\mathrm{d}^2x}{\mathrm{d}t^2}+Kx=0 \tag{4.26}$$

であり，式 (4.26) に $v=\dfrac{\mathrm{d}x}{\mathrm{d}t}$ をかけると，

$$M\frac{\mathrm{d}^2x}{\mathrm{d}t^2}v+Kxv=M\frac{\mathrm{d}v}{\mathrm{d}t}v+Kx\frac{\mathrm{d}x}{\mathrm{d}t}=0 \tag{4.27}$$

となるので，$\dfrac{\mathrm{d}\left(v^2\right)}{\mathrm{d}t}=2\dfrac{\mathrm{d}v}{\mathrm{d}t}v$ および $\dfrac{\mathrm{d}\left(x^2\right)}{\mathrm{d}t}=2x\dfrac{\mathrm{d}x}{\mathrm{d}t}$ の関係から，

$$\frac{1}{2}M\frac{\mathrm{d}\left(v^2\right)}{\mathrm{d}t}+\frac{1}{2}K\,\frac{\mathrm{d}\left(x^2\right)}{\mathrm{d}t}=\frac{\mathrm{d}}{\mathrm{d}t}\left(\frac{1}{2}Mv^2+\frac{1}{2}Kx^2\right)=0 \tag{4.28}$$

より，

$$\frac{1}{2}Mv^2+\frac{1}{2}Kx^2=\text{一定}$$

とエネルギー保存が確かめられる．バネマス系から LC 直列回路への等価変換をすれば，電気回路では，

$$\frac{1}{2}Li^2+\frac{1}{2}\frac{q^2}{C}=\text{一定} \tag{4.29}$$

とエネルギー保存していることがわかる.

4.3.3 分布定数系（細棒縦振動）のエネルギー保存の関係

分布定数系の場合には，細棒振動子の波動方程式を運動方程式から導出する過程の式 (4.2) において，

$$\rho S_{\mathrm{u}}\mathrm{d}x\frac{\partial^2u}{\partial t^2}=S_{\mathrm{u}}E\frac{\partial^2u}{\partial x^2}\mathrm{d}x \tag{4.30}$$

であったから，この両辺に粒子速度 $v = \dfrac{\mathrm{d}u}{\mathrm{d}t}$ をかけると，

$$\rho S_\mathrm{u} \mathrm{d}x \frac{\partial^2 u}{\partial t^2} v = S_\mathrm{u} E \frac{\partial^2 u}{\partial x^2} \mathrm{d}x \ v \tag{4.31}$$

から，

$$\rho S_\mathrm{u} \frac{\partial v}{\partial t} v \mathrm{d}x = S_\mathrm{u} E \frac{\partial^2 u}{\partial x^2} v \mathrm{d}x \tag{4.32}$$

となる．これは，細棒の微小部分 $\mathrm{d}x$ における関係式であるから，細棒全体のエネルギーを計算するために，0 から l まで積分する．すなわち，

$$\int_0^l \rho S_\mathrm{u} \frac{\partial v}{\partial t} v \mathrm{d}x = \int_0^l S_\mathrm{u} E \frac{\partial^2 u}{\partial x^2} v \mathrm{d}x \tag{4.33}$$

となり，左辺は集中定数系での計算を参考にして

$$\int_0^l \rho S_\mathrm{u} \frac{\partial v}{\partial t} v \mathrm{d}x = \int_0^l \rho S_\mathrm{u} \frac{\partial}{\partial t} \left(\frac{1}{2} v^2 \right) \mathrm{d}x \tag{4.34}$$

として運動エネルギーに対応する項を得る．式 (4.33) の右辺の弾性エネルギーに関しては，部分積分を用いると，

$$\begin{aligned} \int_0^l S_\mathrm{u} E \frac{\partial^2 u}{\partial x^2} v \mathrm{d}x &= S_\mathrm{u} E \frac{\partial u}{\partial x} v \bigg|_{x=0}^{x=l} - \int_0^l S_\mathrm{u} E \frac{\partial u}{\partial x} \frac{\partial v}{\partial x} \mathrm{d}x \\ &= - \int_0^l S_\mathrm{u} E \frac{\partial}{\partial t} \left\{ \frac{1}{2} \left(\frac{\partial u}{\partial x} \right)^2 \right\} \mathrm{d}x \end{aligned} \tag{4.35}$$

と計算できる．この部分積分で，$x = 0$ で速度 $v = 0$，および $x = l$ での応力が 0 であることからひずみ $\dfrac{\partial u}{\partial x} = 0$ なので，$S_\mathrm{u} E \dfrac{\partial u}{\partial x} v \bigg|_{x=0}^{x=l} = 0$ であることを用いた．

以上より，波動方程式の導出過程で用いた式 (4.30) の関係式から，

$$\begin{cases} \displaystyle\int_0^l \rho S_\mathrm{u} \frac{\partial}{\partial t} \left(\frac{1}{2} v^2 \right) \mathrm{d}x = - \int_0^l S_\mathrm{u} E \frac{\partial}{\partial t} \left\{ \frac{1}{2} \left(\frac{\partial u}{\partial x} \right)^2 \right\} \mathrm{d}x \\ \displaystyle\frac{\partial}{\partial t} \left\{ \int_0^l \frac{1}{2} \rho S_\mathrm{u} v^2 \mathrm{d}x + \int_0^l \frac{1}{2} S_\mathrm{u} E \left(\frac{\partial u}{\partial x} \right)^2 \mathrm{d}x \right\} = 0 \end{cases} \tag{4.36}$$

となったから

$$\int_0^l \frac{1}{2}\rho S_{\mathrm{u}} v^2 \mathrm{d}x + \int_0^l \frac{1}{2} S_{\mathrm{u}} E \left(\frac{\partial u}{\partial x}\right)^2 \mathrm{d}x = \text{一定} \tag{4.37}$$

として，分布定数系でのエネルギー保存則が得られる．

4.3.4　等価回路パラメータの計算

ここまでで計算した集中定数系と分布定数系の運動エネルギーと弾性エネルギーが等しくなるように，等価回路パラメータの M，K を決定する．分布定数系の変位は，基本モードを励振するための角周波数 $\omega_1 = \dfrac{c\pi}{2l}$ において，

$$u(x,t) = B_1 \sin\left(\frac{\pi}{2l}x\right) e^{j\omega_1 t} \tag{4.38}$$

である．これを実数 u_1 で $B_1 = u_1$ とおいて実数表示すると，

$$u(x,t) = u_1 \sin\left(\frac{\pi}{2l}x\right) \cos(\omega_1 t) \tag{4.39}$$

だから，速度分布は

$$v(x,t) = \frac{\partial u}{\partial t} = -u_1\omega_1 \sin\left(\frac{\pi}{2l}x\right) \sin(\omega_1 t) = v_1 \sin\left(\frac{\pi}{2l}x\right) \sin(\omega_1 t) \tag{4.40}$$

となる．ただし，$v_1 = -u_1\omega_1$ である．式 (4.38) を時間微分して複素数表示した

$$v(x,t) = j\ u_1\omega_1 \sin\left(\frac{\pi}{2l}x\right) e^{j\omega_1 t} \tag{4.41}$$

の式からもわかるように，速度は変位に対して位相が 90° 進んでいる．

集中定数系での質点の変位と速度は，細棒先端の値と一致するようにする．すなわち，式 (4.39) の変位の式で $x = l$ を代入した $u_1 \cos(\omega_1 t)$，および式 (4.40) での速度の式 $v_1 \sin(\omega_1 t)$ が等価質量 M の運動状態を表すものとする．

このとき，等価回路パラメータを求める方法として，分布定数系の細棒全体の運動エネルギー $\displaystyle\int_0^l \left(\frac{1}{2}\rho S_{\mathrm{u}} v^2\right) \mathrm{d}x$ が，等価質量 M による $\dfrac{1}{2}Mv^2 = \dfrac{1}{2}M\{v_1 \sin(\omega_1 t)\}^2$ と等しいとするので，

$$\int_0^l \frac{1}{2}\rho S_{\mathrm{u}} \left\{v_1 \sin\left(\frac{\pi}{2l}x\right) \sin(\omega_1 t)\right\}^2 \mathrm{d}x = \frac{1}{2}M\{v_1 \sin(\omega_1 t)\}^2 \tag{4.42}$$

である．この結果，

$$M = \rho S_{\mathrm{u}} \int_0^l \sin^2\left(\frac{\pi}{2l}x\right) \mathrm{d}x = \frac{\rho S_{\mathrm{u}} l}{2} (= L) \tag{4.43}$$

と等価質量 M が求められる．計算の結果得られた等価質量は，実際の棒の質量 $\rho S_{\mathrm{u}} l$ に対して半分の値となっている．この M はバネマス系と等価な関係にある LC 直列回路における等価インダクタ L に等しいものとする．

一方，等価バネ定数 K を求める場合には，細棒先端の振動変位とバネマス系の変位がともに $u_1 \sin(\omega_1 t)$ であることを用いて，等価関係にあるもののエネルギーが一致することを用いる．等価バネ定数による弾性エネルギー $\frac{1}{2}Kx^2 = \frac{1}{2}K\{u_1 \sin(\omega_1 t)\}^2$ については，

$$\begin{aligned}\int_0^l \frac{1}{2} S_{\mathrm{u}} E \left(\frac{\partial u}{\partial x}\right)^2 \mathrm{d}x &= \int_0^l \frac{1}{2} S_{\mathrm{u}} E \left\{u_1 \frac{\pi}{2l} \cos\left(\frac{\pi}{2l}x\right) \cos(\omega_1 t)\right\}^2 \mathrm{d}x \\ &= \frac{1}{2} K \{u_1 \cos(\omega_1 t)\}^2 \end{aligned} \tag{4.44}$$

となることから，$\frac{\pi}{2l} = \frac{\omega_1}{c}$ などの関係を用いることで，

$$K = E S_{\mathrm{u}} \left(\frac{\omega_1}{c}\right)^2 \int_0^l \cos^2\left(\frac{\pi}{2l}x\right) \mathrm{d}x = \frac{1}{2}\left(\frac{\omega_1}{c}\right)^2 E S_{\mathrm{u}} l \quad \left(= \frac{1}{8l}\pi^2 E S_{\mathrm{u}} = \frac{1}{C}\right) \tag{4.45}$$

と求められる．これらの関係から得られる細棒の分布定数系のパラメータと LC 直列回路のパラメータの関係を図 4.5 に示す．

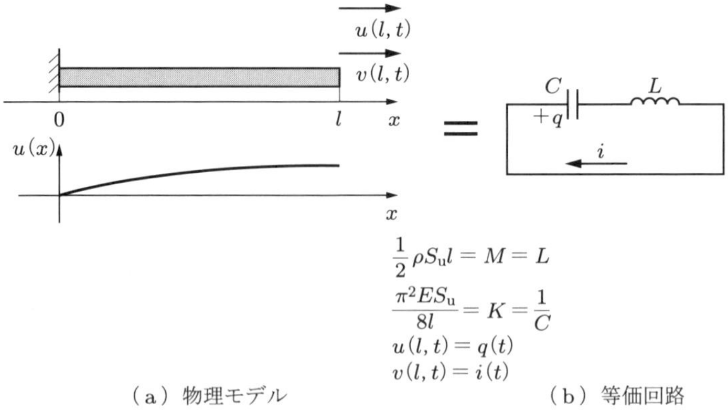

図 4.5　分布定数系と LC 等価回路の関係

等価変換された $L\ (= M)$ と $C\ \left(= \dfrac{1}{K}\right)$ から基本共振角周波数を求めると，

$$\sqrt{\frac{1}{LC}} = \sqrt{\frac{K}{M}} = \sqrt{\frac{\dfrac{1}{2}\left(\dfrac{\omega_1}{c}\right)^2 ES_\mathrm{u} l}{\dfrac{\rho S_\mathrm{u} l}{2}}} = \sqrt{\frac{\left(\dfrac{\omega_1}{c}\right)^2 E}{\rho}} = \omega_1 \tag{4.46}$$

と，棒の縦振動の基本振動モードの角周波数 ω_1 と一致していることがわかる．ただし，$c = \sqrt{\dfrac{E}{\rho}}$ である．

4.4 高次モードの等価回路パラメータ

縦振動の基本振動モードの等価回路パラメータ L_1, C_1 は

$$L_1 = M_1 = \rho S_\mathrm{u} \int_0^l \sin^2\left(\frac{\pi}{2l}\right) \mathrm{d}x = \frac{\rho S_\mathrm{u} l}{2} \tag{4.47}$$

$$\begin{aligned} C_1 &= \frac{1}{K_1} = \left\{ ES_\mathrm{u}\left(\frac{\omega_1}{c}\right)^2 \int_0^l \cos^2\left(\frac{\pi}{2l}x\right) \mathrm{d}x \right\}^{-1} = \frac{2c^2}{{\omega_1}^2 ES_\mathrm{u} l} \\ &= \left(\frac{1}{8l}\pi^2 ES_\mathrm{u}\right)^{-1} \end{aligned} \tag{4.48}$$

と求められた．一方，高次モードを含めた固有角周波数 ω_{2n-1} は，式 (4.23) から，

$$\omega_{2n-1} = \frac{(2n-1)c}{2l}\pi = \frac{c\pi}{2l}, \frac{3c\pi}{2l}, \frac{5c\pi}{2l}, \cdots \tag{4.49}$$

となる（n は自然数である）．これらに対応する変位の一般解 $u_{2n-1}(x,t)$ は，B_{2n-1} を各振動モードに対応する振動振幅として，

$$u_{2n-1}(x,t) = B_{2n-1} \sin\left(\frac{2n-1}{2l}\pi x\right) e^{j\omega_{2n-1} t} \tag{4.50}$$

となる．式 (4.50) から，高次モードに対応する等価回路パラメータ L_{2n-1}, C_{2n-1} を基本モード（$n = 1$）の場合と同様の積分計算を行うことで，

$$L_{2n-1}(= M_{2n-1}) = \rho S_\mathrm{u} \int_0^l \sin^2\left(\frac{2n-1}{2l}\pi x\right) \mathrm{d}x = \frac{\rho S_\mathrm{u} l}{2} = L_1 \tag{4.51}$$

$$C_{2n-1}\left(=\frac{1}{K_{2n-1}}\right)=\left\{ES_{\mathrm{u}}\left(\frac{2n-1}{2l}\pi\right)^2\int_0^l\cos^2\left(\frac{2n-1}{2l}\pi x\right)\mathrm{d}x\right\}^{-1}$$
$$=\left\{\frac{(2n-1)^2}{8}\frac{ES_{\mathrm{u}}}{l}\pi^2\right\}^{-1}=\frac{C_1}{(2n-1)^2} \qquad (4.52)$$

が得られる．ただし，$C_1=\left(\dfrac{1}{8l}\pi^2ES_{\mathrm{u}}\right)^{-1}$ である．

この計算結果から，高次モードの L_{2n-1} は基本モードの場合と同じ $\dfrac{1}{2}\rho S_{\mathrm{u}}l$ で一定となり，振動モードの次数 $2n-1$ に依存しない．一方，C_{2n-1} は基本モードの C_1 に対して $(2n-1)^2$ の割合で小さくなっていく．等価バネ定数 K_{2n-1}は C_{2n-1} の逆数であるから，高次モードになっていくにつれて，バネ定数が $(2n-1)^2$ の割合で大きく，すなわち硬くなっていくことがわかる．

これらのパラメータで構成される等価直列回路 $L_{2n-1}C_{2n-1}$ は，線形方程式の各振動モードの解を表し，実際の細棒の振動は，各振動モードを重ね合わせることで変位や速度が得られる．したがって，図4.6に示すように，各 $L_{2n-1}C_{2n-1}$ 直列回路を並列に接続して各モードの速度を加算することにより，細棒の振動速度を等価表現す

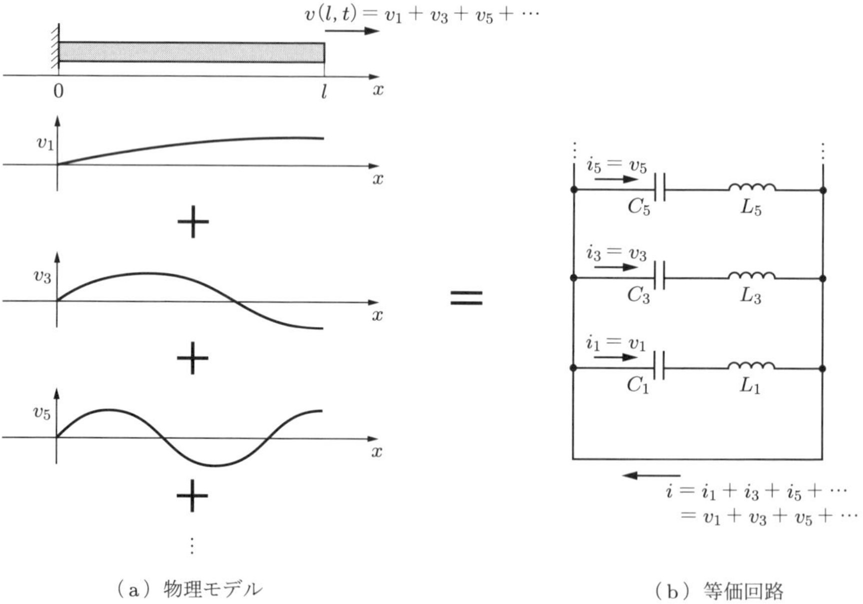

図4.6　高次モードを含めた LC 直列回路

ることができる．

このようにして得られた図 4.6(b) の等価回路において，十分に低い角周波数では各モードのインダクタに関するインピーダンス $j\omega L_{2n-1}$ は 0 とみなせるから，各キャパシタに蓄積される電荷の合計が細棒先端の変位に等しくなる．この低周波の状態から周波数を大きくしていくと，基本モードの励振角周波数 $\omega_1 = \dfrac{1}{\sqrt{L_1 C_1}}$ を満たす角周波数に近づくにつれて，キャパシタ C_1 に蓄えられる電荷の振幅が大きくなっていき，共振時には電荷の振幅が ∞ に発散する．これは L_1C_1 直列回路のインピーダンス $j\omega L_1 + \dfrac{1}{j\omega C_1}$ が 0 になったことに対応している．

さらに角周波数を大きくしていくと，L_1C_1 直列回路は共振前の C_1 にともなう容量性から L_1 にともなう誘導性に変化していき，$j\omega L_1$ のインピーダンスが大きくなっていくために 1 次モードの振動振幅は小さくなり，やがて 0 に収束していく．その一方で，次の共振モードとなる $\omega_3 = 3\omega_1$ $(n = 2)$ の角周波数で L_3C_3 直列回路のインピーダンスが 0 となるので，この角周波数で再び共振が起こる．このようにして，各固有モードが低次モードから高次モードに向かって共振していくことになる．

4.5 LCR 等価回路への拡張

バネマスダンパ系と LCR 等価回路において，機械系の減衰係数 η と電気系の抵抗 R は等価の関係にある．また，機械系の外力 F は電気系の電圧 V と等価である．分布定数系の細棒縦振動においては，振動に伴う減衰係数は，ヤング率に虚数成分を含めることで表現できる（詳しくは付録 E で説明する）．ヤング率を

$$E = E_{\mathrm{r}} + jE_{\mathrm{i}} \tag{4.53}$$

と複素表現して実部を E_{r}，虚部を E_{i} とすると，分布定数振動系の共振時の Q 値は，

$$Q = \frac{E_{\mathrm{r}}}{E_{\mathrm{i}}} \tag{4.54}$$

となる．一方，バネマスダンパ系では，減衰係数 η と共振角周波数 ω_{r} によって，

$$Q = \frac{\omega_{\mathrm{r}} M}{\eta} \tag{4.55}$$

の関係が得られる（詳しくは付録 D で説明する）．したがって，式 (4.54), (4.55) が一致するようにして，

$$\frac{E_\mathrm{r}}{E_\mathrm{i}} = \frac{\omega_\mathrm{r} M}{\eta}$$

から，

$$\eta = \frac{\omega_\mathrm{r} M E_\mathrm{i}}{E_\mathrm{r}} \left(= \frac{\omega_\mathrm{r} M}{Q} = R \right) \tag{4.56}$$

と計算すればよい．一方，LCR 等価回路における各パラメータは，分布定数系細棒振動子の先端でのパラメータを表している．これらを考慮して，細棒振動子の等価回路を損失，外力を含めて表すと，図 4.7 のようになる．

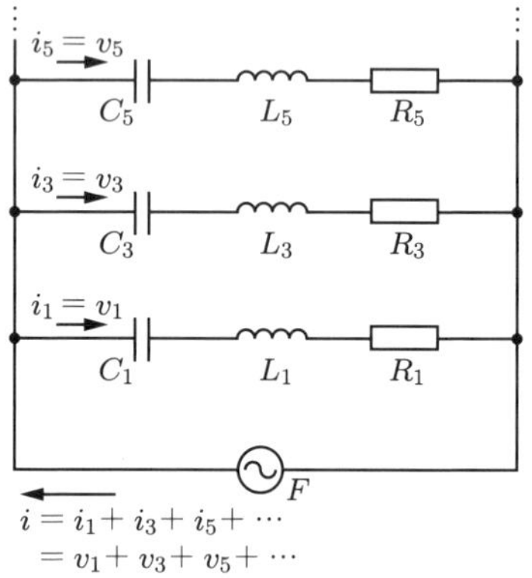

図 4.7　高次モードを含めた LCR 等価回路

4.6　準静的（直流的）現象を表す等価回路

図 4.7 に示した $L_{2n-1}C_{2n-1}$ 直列回路が並列に接続された等価回路を用いて，直流的な力を加えたときの細棒の変位を計算してみる．直流的であるということは，駆動角周波数 ω を 0 とみなして，インダクタのインピーダンス $j\omega L_{2n-1}$ と振動減衰 R_{2n-1} はバネにともなうインピーダンス $\dfrac{1}{j\omega C_{2n-1}}$ よりも十分小さいので 0 とするということである．インダクタ L は等価的に等価質量 M であるから，低周波では慣性力は無視でき，バネ成分のみが負荷となることに対応している．

したがって，回路全体としては図 4.8 に示すように C_{2n-1} が並列接続されたものに等しくなるから，これらをすべて足し合わせたキャパシタ容量を C_total とおくと，

$$\begin{aligned} C_\mathrm{total} &= C_1 + C_3 + C_5 + C_7 + \cdots \\ &= \frac{8l}{1^2 E S_\mathrm{u} \pi^2} + \frac{8l}{3^2 E S_\mathrm{u} \pi^2} + \frac{8l}{5^2 E S_\mathrm{u} \pi^2} + \cdots + \frac{8l}{(2n-1)^2 E S_\mathrm{u} \pi^2} + \cdots \end{aligned}$$

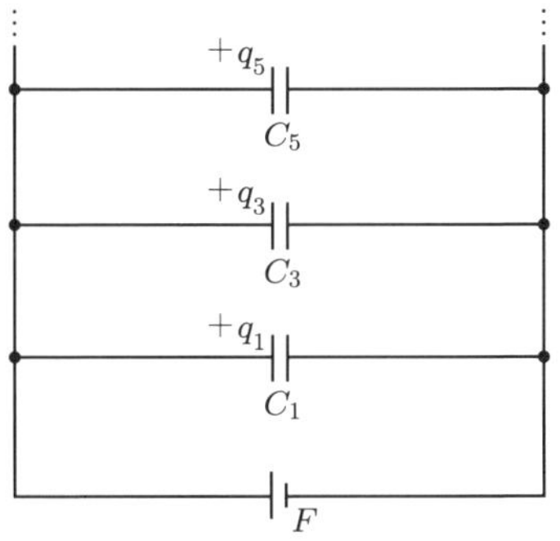

図 4.8 準静的（直流）入力に対応する等価回路

$$= \frac{8l}{ES_{\mathrm{u}}\pi^2}\left(\frac{1}{1^2}+\frac{1}{3^2}+\frac{1}{5^2}+\frac{1}{7^2}+\cdots\right) = \frac{8l}{ES_{\mathrm{u}}\pi^2}\frac{\pi^2}{8} = \frac{l}{ES_{\mathrm{u}}} \tag{4.57}$$

である．ただし，$\dfrac{1}{1^2}+\dfrac{1}{3^2}+\dfrac{1}{5^2}+\cdots=\dfrac{\pi^2}{8}$ の関係を用いた．この計算で得られた $C_{\mathrm{total}}\left(=\dfrac{l}{ES_{\mathrm{u}}}\right)$ から等価バネ定数 K_{total} を求めると，

$$K_{\mathrm{total}} = \frac{1}{C_{\mathrm{total}}} = E\frac{S_{\mathrm{u}}}{l} \tag{4.58}$$

となり，ヤング率 E，長さ l，断面積 S_{u} のバネ定数 K と等しい値になっていることがわかる．

このときの細棒内での変位分布を求めてみると，$C_{2n-1}=\dfrac{C_1}{(2n-1)^2}$ であったから，各振動モードに対応する先端変位 u_{2n-1} に等価な電荷 q_{2n-1} は，外力を F として，

$$\begin{cases} q_1 = C_1F = \dfrac{8l}{1^2ES_{\mathrm{u}}\pi^2}F \\ q_3 = C_3F = \dfrac{8l}{3^2ES_{\mathrm{u}}\pi^2}F \\ q_5 = C_5F = \dfrac{8l}{5^2ES_{\mathrm{u}}\pi^2}F \end{cases} \tag{4.59}$$

である．また，各キャパシタに対応する振動モードが

$$u_{2n-1}(x,t) = q_{2n-1}\sin\left\{\frac{(2n-1)\pi}{2l}x\right\} \tag{4.60}$$

となることを用いて，細棒全体の変位分布 $u_{\mathrm{total}}(x)$ を求めると

$$
\begin{aligned}
u_{\mathrm{total}}(x) &= \frac{8l}{1^2 ES_{\mathrm{u}}}\frac{F}{\pi^2}\sin\left(\frac{\pi}{2}\frac{1}{l}x\right) + \frac{8l}{3^2 ES_{\mathrm{u}}}\frac{F}{\pi^2}\sin\left(\frac{3\pi}{2}\frac{1}{l}x\right) \\
&\quad + \frac{8l}{5^2 ES_{\mathrm{u}}}\frac{F}{\pi^2}\sin\left(\frac{5\pi}{2}\frac{1}{l}x\right) + \cdots \\
&= \frac{8lF}{ES_{\mathrm{u}}\pi^2}\left\{\frac{1}{1^2}\sin\left(\frac{\pi}{2}\frac{1}{l}x\right) + \frac{1}{3^2}\sin\left(\frac{3\pi}{2}\frac{1}{l}x\right) + \frac{1}{5^2}\sin\left(\frac{5\pi}{2}\frac{1}{l}x\right) + \cdots\right\} \\
&= \frac{8lF}{ES_{\mathrm{u}}\pi^2}\frac{\pi^2}{8l}x = \frac{F}{ES_{\mathrm{u}}}x \qquad (4.61)
\end{aligned}
$$

となる．ここで，Fourier 展開の式 $x = \dfrac{8l}{\pi^2}\displaystyle\sum_{n=1}^{\infty}\frac{1}{(2n-1)^2}\sin\left\{\frac{(2n-1)\pi}{2}\frac{1}{l}x\right\}$ を用いた．つまり，細棒の変位は，図 4.9 に示すように，位置 x に比例して $\dfrac{F}{ES_{\mathrm{u}}}x$ であり，ひずみはどの位置でも同一で $\dfrac{\partial u}{\partial x} = \dfrac{F}{ES_{\mathrm{u}}}$ となっていることがわかる．これは，時間的に変化しない直流的な力を細棒先端に与えた場合を表している．

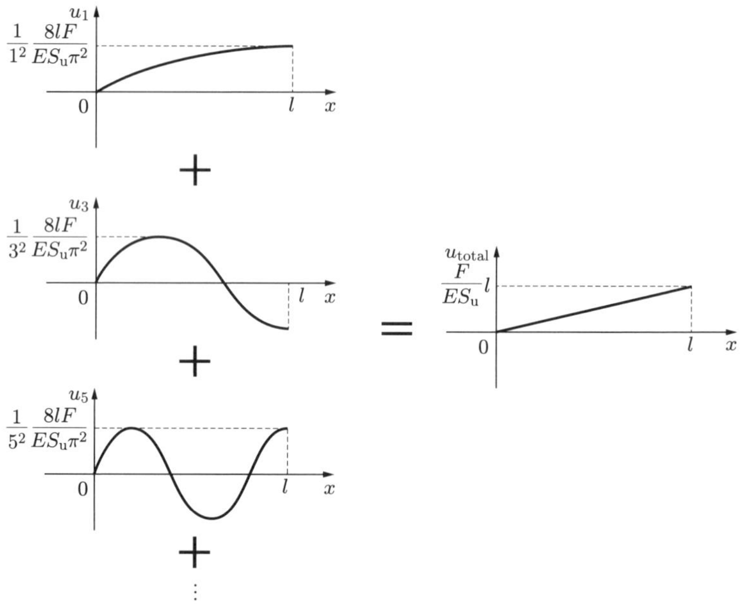

図 4.9　高次モードの重ね合わせによる直流入力に対する変位分布

4.7 伝達マトリックス

4.7.1 速度ポテンシャルによる振動速度と応力の伝播表現

ここまでの計算では，細棒の分布定数系において，片端固定，片端自由という境界条件を扱ってきた．しかし，実際の振動では，圧電体と非圧電体が接続されていたり，水などの液体が接していたり，固体摩擦が発生したりするような境界条件が必要となる場合が多い．このような場合には，細棒内の振動がどのように伝播していき，細棒の左右 2 端面における振動速度，応力がどのように関連しているかが重要となる．これは 4.7.2 項で説明する伝達マトリックスの基礎となる．

式 (4.3) で示したように，振動変位分布に関する波動方程式は

$$\frac{\partial^2 u}{\partial t^2} = c^2 \frac{\partial^2 u}{\partial x^2} \tag{4.62}$$

であり，これは変位 u が音速 c で伝播していくことを表している．しかし，一般に波の伝播を考えるときには振動変位速度（粒子速度）v と応力 T の伝播を対象とすることが多い．そこで，式 (4.62) を時間 t で微分してみると，

$$\frac{\partial^2 v}{\partial t^2} = c^2 \frac{\partial^2 v}{\partial x^2} \tag{4.63}$$

となり，粒子速度 v についても変位と同じ微分方程式の形になることがわかる．また，式 (4.62) を位置 x で微分してからヤング率 E をかけて，応力とひずみの関係 $T = E\dfrac{\partial u}{\partial x}$ を用いることで，

$$\frac{\partial^2 T}{\partial t^2} = c^2 \frac{\partial^2 T}{\partial x^2} \tag{4.64}$$

となる．つまり，粒子速度 v も応力 T も変位 u と同じ波動方程式で表されるので，音速 c で伝播していくことになる．ただし，これらのパラメータ v，T，u の位相が同一になるとは限らない．

これら二つのパラメータ v，T を別々に解くのは得策ではなく，速度ポテンシャル ϕ を導入すると見通しがよくなる．速度ポテンシャルは

$$\frac{\partial \phi}{\partial x} = -v \tag{4.65}$$

で定義されるパラメータであり，この一般解を得た後に粒子速度 v，応力 T を求めればよいので，波動方程式を 2 度解く必要がなくなる．ϕ と v の関係は，すでに式

(4.65) の定義式で与えられているので，ϕ と応力 T の関係を考える．

変位に関する波動方程式 $\dfrac{\partial^2 u}{\partial t^2} = c^2 \dfrac{\partial^2 u}{\partial x^2}$ に含まれる $\dfrac{\partial u}{\partial t}$ の項を v と書き直すと，$c = \sqrt{\dfrac{E}{\rho}}$ だから，

$$\frac{\partial v}{\partial t} = \frac{E}{\rho}\frac{\partial}{\partial x}\left(\frac{\partial u}{\partial x}\right) = \frac{1}{\rho}\frac{\partial T}{\partial x} \tag{4.66}$$

と変形できる．したがって，$v = -\dfrac{\partial \phi}{\partial x}$ の関係から，

$$\frac{\partial T}{\partial x} = \rho\frac{\partial v}{\partial t} = -\rho\frac{\partial}{\partial t}\left(\frac{\partial \phi}{\partial x}\right) = -\rho\frac{\partial}{\partial x}\left(\frac{\partial \phi}{\partial t}\right) \tag{4.67}$$

となる．式 (4.67) の両辺を x で積分することにより，積分定数を G_1 とおいて，応力 T は

$$T = -\rho\frac{\partial \phi}{\partial t} + G_1 \tag{4.68}$$

と速度ポテンシャル ϕ で表される．振動伝播を考える場合には，時間変化に対して直流成分となる積分定数は 0 とみなしてよい．したがって，

$$T = -\rho\frac{\partial \phi}{\partial t} \tag{4.69}$$

として，速度ポテンシャル ϕ から応力 T を計算することができる．音波伝播の場合には，音圧が応力に対応して定義されるが，符号のとり方が逆なので（音圧は押されるときを正にとるので），式 (4.69) の符号は正になる．

式 (4.69) の両辺を時間微分した

$$\frac{\partial T}{\partial t} = -\rho\frac{\partial^2 \phi}{\partial t^2} \tag{4.70}$$

と，ひずみと応力の関係式 $T = E\dfrac{\partial u}{\partial x}$ の両辺を時間微分した

$$\frac{\partial T}{\partial t} = E\frac{\partial v}{\partial x} = -E\frac{\partial^2 \phi}{\partial x^2} \tag{4.71}$$

は等しい．ただし，$v = -\dfrac{\partial \phi}{\partial x}$ を用いた．式 (4.70), (4.71) から，

$$-E\frac{\partial^2 \phi}{\partial x^2} = -\rho\frac{\partial^2 \phi}{\partial t^2} \tag{4.72}$$

が得られる．式 (4.72) は，

$$\frac{\partial^2\phi}{\partial t^2}=c^2\frac{\partial^2\phi}{\partial x^2} \tag{4.73}$$

となるので，速度ポテンシャルもほかのパラメータと同じように波動方程式を満たすことがわかる．

以上より，縦振動伝播は，速度ポテンシャル $\phi(x,t)$ に関する波動方程式

$$\frac{\partial^2\phi}{\partial t^2}=c^2\frac{\partial^2\phi}{\partial x^2} \tag{4.74}$$

によって記述される．式 (4.74) を与えられた境界条件で解いた後に，

$$v=-\frac{\partial\phi}{\partial x} \tag{4.75}$$

$$T=-\rho\frac{\partial\phi}{\partial t} \tag{4.76}$$

の関係から粒子速度 v と応力 T について求めればよい．

式 (4.74) で示される波動方程式は，変位に関する波動方程式と同様に変数分離して解くことができる．まず，ここでは振動モードを取り扱うのではなく，進行波と後退波として考えることで応力と速度の振幅比を考える．複素共役定数 P, Q により，

$$\phi(x,t)=(P\,e^{-jkx}+Q\,e^{jkx})e^{j\omega t} \tag{4.77}$$

と表現する．ただし，$k=\dfrac{\omega}{c}$, $c=\sqrt{\dfrac{E}{\rho}}$ である．式 (4.77) を変形すると，

$$\phi(x,t)=P\,e^{j(\omega t-kx)}+Q\,e^{j(\omega t+kx)}=P\,e^{j\omega\left(t-\frac{x}{c}\right)}+Q\,e^{j\omega\left(t+\frac{x}{c}\right)} \tag{4.78}$$

となるから，この第 1 項は，各点において角周波数 ω で振動しながら x 軸方向に向かって速度 c で伝播する進行波で，第 2 項はそれとは逆方向に同速度で伝播する後退波となっている．この第 1 項の進行波 $\phi(x,t)=P\,e^{j\omega\left(t-\frac{x}{c}\right)}$ だけを取り出してみると，粒子速度 $v(x,t)$ は，

$$v=-\frac{\partial\phi}{\partial x}=jkP\,e^{j\omega\left(t-\frac{x}{c}\right)} \tag{4.79}$$

である．また，応力 $T(x,t)$ は

$$T=-\rho\frac{\partial\phi}{\partial t}=-j\rho\omega P\,e^{j\omega\left(t-\frac{x}{c}\right)} \tag{4.80}$$

である．ここで得られた応力振幅と粒子速度振幅の比は，振動が伝わる媒体物質固有の定数で，固有音響インピーダンス Z_0 とよばれ，次式のようになる．

$$Z_0 = \left| -\frac{T}{v} \right| = \frac{\rho\omega}{k} = \rho c \tag{4.81}$$

4.7.2　伝達マトリックス

長さ l，密度 ρ，断面積 S_u の細棒に伝播する縦振動において，$x=0$ での応力 T_1 と粒子速度 v_1，$x=l$ での応力 T_2 と粒子速度 v_2 が定常解として得られたときを考える．このとき，これら左右境界面における応力，粒子速度がどのような関係にあるのかを表すのが伝達マトリックスである．

図 4.10 のように，縦振動伝播して定常状態になっているときの速度ポテンシャルの一般解は，複素共役定数 P, Q により，

$$\phi(x,t) = (P\,e^{-jkx} + Q\,e^{jkx})e^{j\omega t} \tag{4.82}$$

で示されるが，見通しをよくするため，表現を変えてモードに関する関数を実数による定数 A, B により，

$$\phi(x,t) = \{A\cos(kx) + B\sin(kx)\}\,e^{j\omega t} \tag{4.83}$$

とする．式 (4.83) を用いて，応力と粒子速度を求めると，

$$T(x,t) = -\rho\frac{\partial\phi}{\partial t} = -j\rho\omega\{A\cos(kx) + B\sin(kx)\}e^{j\omega t} \tag{4.84}$$

$$v(x,t) = -\frac{\partial\phi}{\partial x} = k\{A\sin(kx) - B\cos(kx)\}e^{j\omega t} \tag{4.85}$$

だから，これを行列表記すると，

$$\begin{pmatrix} T \\ v \end{pmatrix} = \begin{pmatrix} -j\rho\omega\cos(kx) & -j\rho\omega\sin(kx) \\ k\sin(kx) & -k\cos(kx) \end{pmatrix} \begin{pmatrix} A \\ B \end{pmatrix} e^{j\omega t} \tag{4.86}$$

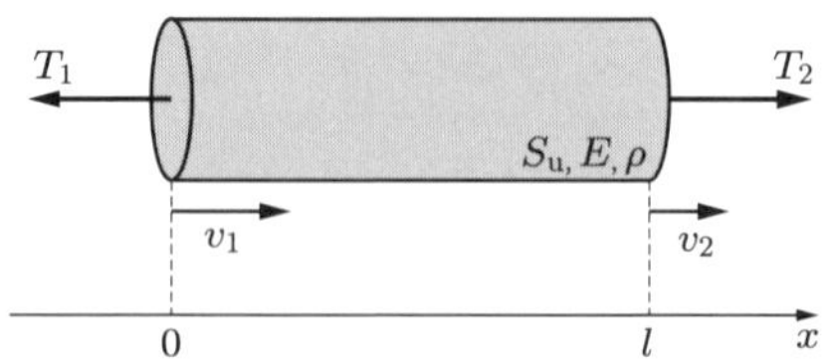

図 4.10　縦振動伝播する細棒

となる．この関係は，$0 \le x \le l$ のすべての位置 x において成立している．左右両端面での応力と速度の関係を得るために，式 (4.86) に $x = 0, l$ を代入して，それぞれの添え字を 1, 2 とすると，

$$\begin{cases} \begin{pmatrix} T_1 \\ v_1 \end{pmatrix} = \begin{pmatrix} -j\rho\omega & 0 \\ 0 & -k \end{pmatrix} \begin{pmatrix} A \\ B \end{pmatrix} e^{j\omega t} \\ \begin{pmatrix} T_2 \\ v_2 \end{pmatrix} = \begin{pmatrix} -j\rho\omega\cos(kl) & -j\rho\omega\sin(kl) \\ k\sin(kl) & -k\cos(kl) \end{pmatrix} \begin{pmatrix} A \\ B \end{pmatrix} e^{j\omega t} \end{cases} \tag{4.87}$$

となる．式 (4.87) の第 1 式から得られる

$$\begin{pmatrix} A \\ B \end{pmatrix} e^{j\omega t} = \frac{1}{j\rho\omega k} \begin{pmatrix} -k & 0 \\ 0 & -j\rho\omega \end{pmatrix} \begin{pmatrix} T_1 \\ v_1 \end{pmatrix} \tag{4.88}$$

を第 2 式に代入することで，

$$\begin{aligned} \begin{pmatrix} T_2 \\ v_2 \end{pmatrix} &= \frac{1}{j\rho\omega k} \begin{pmatrix} -j\rho\omega\cos(kl) & -j\rho\omega\sin(kl) \\ k\sin(kl) & -k\cos(kl) \end{pmatrix} \begin{pmatrix} -k & 0 \\ 0 & -j\rho\omega \end{pmatrix} \begin{pmatrix} T_1 \\ v_1 \end{pmatrix} \\ &= \begin{pmatrix} \cos(kl) & j\dfrac{\rho\omega}{k}\sin(kl) \\ -\dfrac{k}{j\rho\omega}\sin(kl) & \cos(kl) \end{pmatrix} \begin{pmatrix} T_1 \\ v_1 \end{pmatrix} \\ &= \begin{pmatrix} \cos(kl) & jZ_0\sin(kl) \\ \dfrac{j}{Z_0}\sin(kl) & \cos(kl) \end{pmatrix} \begin{pmatrix} T_1 \\ v_1 \end{pmatrix} \end{aligned} \tag{4.89}$$

のように，定数 A, B を消去して両端面における応力と速度の関係を結び付けることができる．ただし，$Z_0 = \rho c = \dfrac{\rho\omega}{k}$ である．このような行列を伝達マトリックスとよぶ．この行列を導きだすうえで，角周波数 ω について何も条件を与えていないため，十分低い角周波数から高次振動モードを含めたすべての角周波数 ω に対応した振動伝播を記述できる．

また，式 (4.89) の逆行列を求めることにより，

$$\begin{pmatrix} T_1 \\ v_1 \end{pmatrix} = \begin{pmatrix} \cos(kl) & jZ_0\sin(kl) \\ \dfrac{j}{Z_0}\sin(kl) & \cos(kl) \end{pmatrix}^{-1} \begin{pmatrix} T_2 \\ v_2 \end{pmatrix}$$

$$= \begin{pmatrix} \cos(kl) & \dfrac{Z_0}{j}\sin(kl) \\ \dfrac{1}{jZ_0}\sin(kl) & \cos(kl) \end{pmatrix} \begin{pmatrix} T_2 \\ v_2 \end{pmatrix} \tag{4.90}$$

の関係も同時に得られる.

4.7.3　伝達マトリックスの例

伝達マトリックスを用いる例として，片端固定，片端自由の境界条件における振動モードについて考える．式 (4.90) において，左端の速度が常に 0 で右端の応力が 0 であるという境界条件，すなわち $v_1 = 0, T_2 = 0$ を代入すると，

$$\begin{pmatrix} T_1 \\ 0 \end{pmatrix} = \begin{pmatrix} \cos(kl) & \dfrac{Z_0}{j}\sin(kl) \\ \dfrac{1}{jZ_0}\sin(kl) & \cos(kl) \end{pmatrix} \begin{pmatrix} 0 \\ v_2 \end{pmatrix} \tag{4.91}$$

となる．この結果，

$$T_1 = \frac{Z_0}{j} v_2 \sin(kl) \tag{4.92}$$

$$0 = v_2 \cos(kl) \tag{4.93}$$

となる．式 (4.93) において，$v_2 \neq 0$ であるから $\cos(kl) = 0$ が成立しなくてはならない．したがって，n を自然数として，

$$kl = \frac{2n-1}{2}\pi \tag{4.94}$$

である．ただし，$k = \dfrac{\omega}{c}$ である．つまり，

$$\omega_{2n-1} = \frac{(2n-1)c}{2l}\pi \tag{4.95}$$

が得られる．これは，励振可能な角周波数が式 (4.23) のように離散的になる振動モードの考え方に一致する．また，$n = 1$ とした角周波数 ω_1 では $\sin(kl) = 1$ であるので，

$$T_1 = -jZ_0 v_2 \tag{4.96}$$

となり，符号として $-j$ をもつから，応力が粒子速度に対して時間的に 90° の遅れをもつこと，およびその振幅比が固有音響インピーダンス Z_0 に等しいことがわかる．

4.7.4 異種材料間の振動伝播

一部材で構成される振動子での振動モードについては，境界条件が単純であれば，伝達マトリックスを用いなくても解析的に解が求められる．しかし，LCR 等価回路では，異種材料の接続や，機械端子への負荷による振動モードの変化があると等価回路内のパラメータの値が変化してしまうため，異種材料が接続された状態の振動などでは，各部材の LCR 等価回路を接続して解析的に計算をすることはできない．そこで，伝達マトリックスをかけ合わせて両端での境界条件を考慮した振動解析をすることが必要となる．

図 4.11 のように，異なる固有音響インピーダンス Z_1（波数 k_1），Z_2（波数 k_2）をもち，長さ l_1, l_2 の細棒が接続されて振動伝播するときを考える．それぞれの細棒の振動伝播に関する伝達マトリックスは，それぞれ独立した x 座標をもつと考えて式 (4.90) を用いればよい．境界面における応力と速度を $\begin{pmatrix} T_2 \\ v_2 \end{pmatrix}$，両端面においては $\begin{pmatrix} T_1 \\ v_1 \end{pmatrix}$，$\begin{pmatrix} T_3 \\ v_3 \end{pmatrix}$ とすると，

$$\begin{cases} \begin{pmatrix} T_1 \\ v_1 \end{pmatrix} = \begin{pmatrix} \cos(k_1 l_1) & \dfrac{Z_1}{j}\sin(k_1 l_1) \\ \dfrac{1}{jZ_1}\sin(k_1 l_1) & \cos(k_1 l_1) \end{pmatrix} \begin{pmatrix} T_2 \\ v_2 \end{pmatrix} \\ \begin{pmatrix} T_2 \\ v_2 \end{pmatrix} = \begin{pmatrix} \cos(k_2 l_2) & \dfrac{Z_2}{j}\sin(k_2 l_2) \\ \dfrac{1}{jZ_2}\sin(k_2 l_2) & \cos(k_2 l_2) \end{pmatrix} \begin{pmatrix} T_3 \\ v_3 \end{pmatrix} \end{cases} \tag{4.97}$$

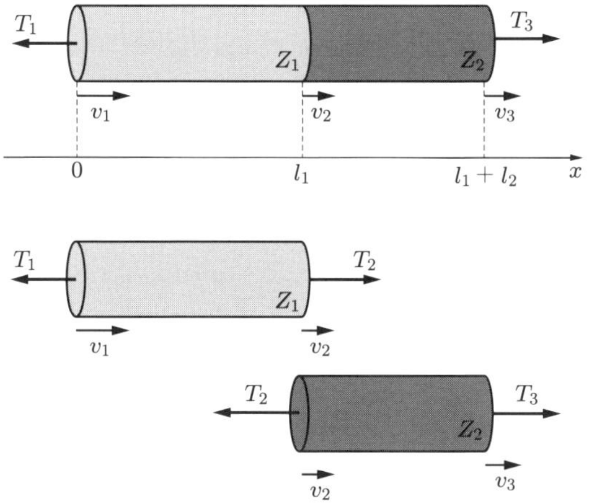

図 4.11 異なる振動部材間を伝播する振動解析

の関係がある．ただし，$k_1 = \dfrac{\omega}{c_1}$，$k_2 = \dfrac{\omega}{c_2}$ である．式 (4.97) から $\begin{pmatrix} T_2 \\ v_2 \end{pmatrix}$ を消去して，

$$\begin{pmatrix} T_1 \\ v_1 \end{pmatrix} = \begin{pmatrix} \cos(k_1 l_1) & \dfrac{Z_1}{j}\sin(k_1 l_1) \\ \dfrac{1}{jZ_1}\sin(k_1 l_1) & \cos(k_1 l_1) \end{pmatrix} \begin{pmatrix} \cos(k_2 l_2) & \dfrac{Z_2}{j}\sin(k_2 l_2) \\ \dfrac{1}{jZ_2}\sin(k_2 l_2) & \cos(k_2 l_2) \end{pmatrix} \begin{pmatrix} T_3 \\ v_3 \end{pmatrix} \tag{4.98}$$

とすると，細棒全体の左右両端の応力と速度の関係を示すことができる．

接続振動部材の数が増えても，それぞれの振動部材に関する伝達マトリックスを求めてかけ合わせていけば，左右両端面の応力と速度の関係を求めることができる．その後に，与えられた境界条件，たとえば片端自由や両端自由といった境界条件のもとでの振動モードについて，単一材料の振動棒のときとまったく同様に解析すればよい．たとえば，片端固定（$v_1 = 0$）で片端自由（$T_3 = 0$）の場合には，式 (4.98) の行列の 2 行の係数項である $-\dfrac{Z_2}{Z_1}\sin(k_1 l_1)\sin(k_2 l_2) + \cos(k_1 l_1)\cos(k_2 l_2) = 0$ を解いた ω が求める振動モードに対応する角周波数となる．

4.7.5　振動部材内の振動分布

ある単一部材中に振動分布が生じているとき，伝達マトリックスによって両端面における応力と速度を関係付けることができること，また，これを用いることで複数部材中に伝播する場合へと拡張できることがわかった．これは，見方を変えると，単一部材をある境界面で二つの領域に分割したとき，この境界面での速度や応力が求められるから，境界面の位置を変化させて速度や応力を求めることで部材中の振動分布が計算できることになる．

図 4.12 のように，全長が l で左面から Δl の長さの部材と，それ以外の長さ $(l-\Delta l)$ の部材に分割した振動部材内の振動分布を考える．両端面での応力と速度をそれぞれ

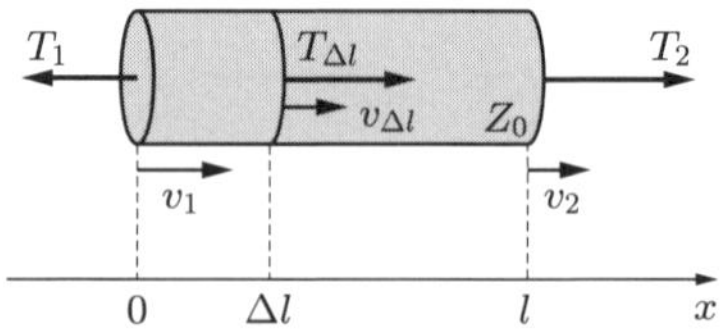

図 4.12　振動部材内の振動分布

$\begin{pmatrix} T_1 \\ v_1 \end{pmatrix}$, $\begin{pmatrix} T_2 \\ v_2 \end{pmatrix}$, 分割面における応力と速度を $\begin{pmatrix} T_{\Delta l} \\ v_{\Delta l} \end{pmatrix}$ とおくと，式 (4.90) から

$$\begin{pmatrix} T_1 \\ v_1 \end{pmatrix} = \begin{pmatrix} \cos(kl) & \dfrac{Z_0}{j}\sin(kl) \\ \dfrac{1}{jZ_0}\sin(kl) & \cos(kl) \end{pmatrix} \begin{pmatrix} T_2 \\ v_2 \end{pmatrix}$$
$$= \begin{pmatrix} \cos(k\Delta l) & \dfrac{Z_0}{j}\sin(k\Delta l) \\ \dfrac{1}{jZ_0}\sin(k\Delta l) & \cos(k\Delta l) \end{pmatrix} \begin{pmatrix} \cos\{k(l-\Delta l)\} & \dfrac{Z_0}{j}\sin\{k(l-\Delta l)\} \\ \dfrac{1}{jZ_0}\sin\{k(l-\Delta l)\} & \cos\{k(l-\Delta l)\} \end{pmatrix} \begin{pmatrix} T_2 \\ v_2 \end{pmatrix} \tag{4.99}$$

とできるから，

$$\begin{pmatrix} T_{\Delta l} \\ v_{\Delta l} \end{pmatrix} = \begin{pmatrix} \cos\{k(l-\Delta l)\} & \dfrac{Z_0}{j}\sin\{k(l-\Delta l)\} \\ \dfrac{1}{jZ_0}\sin\{k(l-\Delta l)\} & \cos\{k(l-\Delta l)\} \end{pmatrix} \begin{pmatrix} T_2 \\ v_2 \end{pmatrix}$$
$$= \begin{pmatrix} \cos(k\Delta l) & \dfrac{Z_0}{j}\sin(k\Delta l) \\ \dfrac{1}{jZ_0}\sin(k\Delta l) & \cos(k\Delta l) \end{pmatrix}^{-1} \begin{pmatrix} T_1 \\ v_1 \end{pmatrix}$$
$$= \begin{pmatrix} \cos(k\Delta l) & jZ_0\sin(k\Delta l) \\ \dfrac{j}{Z_0}\sin(k\Delta l) & \cos(k\Delta l) \end{pmatrix} \begin{pmatrix} T_1 \\ v_1 \end{pmatrix} \tag{4.100}$$

が成立している．この関係を用いれば，多部材間での振動伝播においても，ω での振動子全体の伝達マトリックスを求めてから左端もしくは右端の応力と速度を境界条件として与えることで，Δl の関数として速度と応力に関する振動モードが計算できる．

4.8 Masonの等価回路

4.8.1 Masonの等価回路の求め方

伝達マトリックスを4端子回路として表現したものを，Masonの等価回路とよぶ．異種材料の振動伝播では境界での速度と力が連続しているから，それぞれのMasonの等価回路を接続していけばよい．接続して得られた回路全体の等価回路において，左右両端面の境界条件に合わせて短絡したり（自由端に相当），開放したり（固定端に相当），または端面のインピーダンス（たとえば，水の固有音響インピーダンスに断面積をかけたもの）を接続すれば，振動モードなどを得ることができる．

長さ l の細棒における縦振動の振動モードが存在するとき，左右両端面における応力と粒子速度を，それぞれ $\begin{pmatrix} T_1 \\ v_1 \end{pmatrix}$, $\begin{pmatrix} T_2 \\ v_2 \end{pmatrix}$ とすると，伝達マトリックスは式 (4.89) より

$$\begin{pmatrix} T_2 \\ v_2 \end{pmatrix} = \begin{pmatrix} \cos(kl) & jZ_0 \sin(kl) \\ \dfrac{j}{Z_0} \sin(kl) & \cos(kl) \end{pmatrix} \begin{pmatrix} T_1 \\ v_1 \end{pmatrix} \tag{4.101}$$

である．ただし，$Z_0 = \rho c = \dfrac{\rho\omega}{k}$ である．もしくは，逆行列をかけて得られる式 (4.90) の

$$\begin{pmatrix} T_1 \\ v_1 \end{pmatrix} = \begin{pmatrix} \cos(kl) & \dfrac{Z_0}{j} \sin(kl) \\ \dfrac{1}{jZ_0} \sin(kl) & \cos(kl) \end{pmatrix} \begin{pmatrix} T_2 \\ v_2 \end{pmatrix} \tag{4.102}$$

を用いてもよい．式 (4.102) から，T_2 を v_1, v_2 のみで表すと，

$$\begin{aligned} T_2 &= \frac{jZ_0}{\tan(kl)} \left\{ v_1 \frac{1}{\cos(kl)} - v_2 \right\} \\ &= -\frac{jZ_0}{\tan(kl)} v_2 + v_2 \frac{jZ_0}{\sin(kl)} - v_2 \frac{jZ_0}{\sin(kl)} + v_1 \frac{jZ_0}{\sin(kl)} \\ &= -jZ_0 \left\{ \frac{1}{\tan(kl)} - \frac{1}{\sin(kl)} \right\} v_2 - \frac{jZ_0}{\sin(kl)} (v_2 - v_1) \\ &= jZ_0 \tan\left(\frac{kl}{2}\right) v_2 - \frac{jZ_0}{\sin(kl)} (v_2 - v_1) \end{aligned} \tag{4.103}$$

となる．ただし，

$$\begin{aligned} \frac{1}{\tan(kl)} - \frac{1}{\sin(kl)} &= \frac{1 - 2\sin^2\left(\dfrac{kl}{2}\right)}{2\sin\left(\dfrac{kl}{2}\right)\cos\left(\dfrac{kl}{2}\right)} - \frac{1}{2\sin\left(\dfrac{kl}{2}\right)\cos\left(\dfrac{kl}{2}\right)} \\ &= -\tan\frac{kl}{2} \end{aligned}$$

である．式 (4.103) の 2 行目から 3 行目への式変形が作為的であるが，後の等価回路への変換の見通しをよくするためである．同様に，式 (4.101) で T_2 を消去することにより，T_1 を v_1, v_2 で表すと，

$$T_1 = -jZ_0 \tan\left(\frac{kl}{2}\right) v_1 - \frac{jZ_0}{\sin(kl)}(v_2 - v_1) \tag{4.104}$$

となる．

Mason の等価回路では，左右両端面における応力ではなく，左右からの外力 F_1, F_2 をパラメータとしたほうが実用的である．応力 T が引張りを正とするのに対して，力 F は押される向きを正にとるので符号を逆転させ，さらに断面積を S_u をかけることで，

$$\begin{cases} F_1 = -S_u T_1 = jS_u Z_0 \tan\left(\dfrac{kl}{2}\right) v_1 + j\dfrac{S_u Z_0}{\sin(kl)}(v_2 - v_1) \\ F_2 = -S_u T_2 = -jS_u Z_0 \tan\left(\dfrac{kl}{2}\right) v_2 + j\dfrac{S_u Z_0}{\sin(kl)}(v_2 - v_1) \end{cases} \tag{4.105}$$

となる．式 (4.105) から，縦振動伝播における Mason の回路は図 4.13 のようになる．電流の向きの定義と電圧降下の大きさを考えれば，式 (4.105) の第 1 式が回路の左半分の閉回路での電圧降下の関係を表し，第 2 式が右半分を表していることが確認できる．

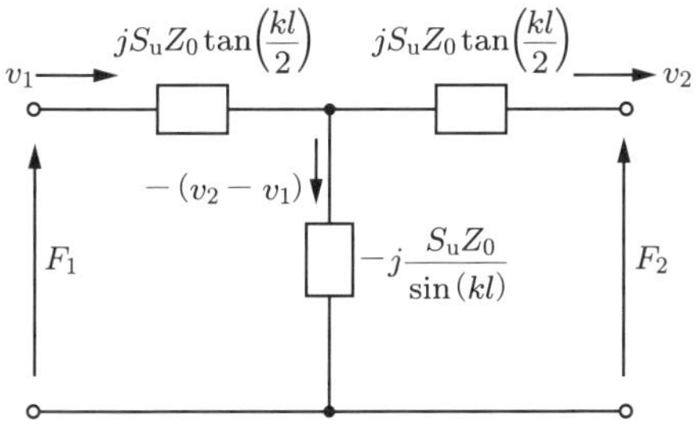

図 4.13　細棒縦振動の Mason の等価回路

また，式 (4.105) の両式を $\dfrac{1}{\sin(kl)} - \tan\left(\dfrac{kl}{2}\right) = \dfrac{1}{\tan(kl)}$ を用いて

$$\begin{cases} F_1 = jS_u Z_0 \tan\left(\dfrac{kl}{2}\right) v_1 + j\dfrac{S_u Z_0}{\sin(kl)}(v_2 - v_1) \\ \quad = jS_u Z_0 \left\{-\dfrac{1}{\tan(kl)} v_1 + \dfrac{1}{\sin(kl)} v_2\right\} \\ F_2 = -jS_u Z_0 \tan\left(\dfrac{kl}{2}\right) v_2 + j\dfrac{S_u Z_0}{\sin(kl)}(v_2 - v_1) \\ \quad = jS_u Z_0 \left\{-\dfrac{1}{\sin(kl)} v_1 + \dfrac{1}{\tan(kl)} v_2\right\} \end{cases} \tag{4.106}$$

とすることにより，伝達マトリックスの表現に戻して，

$$\begin{pmatrix} F_1 \\ F_2 \end{pmatrix} = \begin{pmatrix} -jS_\mathrm{u}Z_0\dfrac{1}{\tan(kl)} & \dfrac{jS_\mathrm{u}Z_0}{\sin(kl)} \\ -jS_\mathrm{u}Z_0\dfrac{1}{\sin(kl)} & jS_\mathrm{u}Z_0\dfrac{1}{\tan(kl)} \end{pmatrix} \begin{pmatrix} v_1 \\ v_2 \end{pmatrix} \tag{4.107}$$

という関係が得られる．式 (4.107) の左辺を $\begin{pmatrix} F_1 \\ F_2 \end{pmatrix}$ から $\begin{pmatrix} F_1 \\ v_1 \end{pmatrix}$ に式変形すると

$$\begin{pmatrix} F_1 \\ v_1 \end{pmatrix} = \begin{pmatrix} \cos(kl) & -\dfrac{S_\mathrm{u}Z_0}{j}\sin(kl) \\ -\dfrac{1}{jS_\mathrm{u}Z_0}\sin(kl) & \cos(kl) \end{pmatrix} \begin{pmatrix} F_2 \\ v_2 \end{pmatrix} \tag{4.108}$$

もしくはこれに逆行列をかけることで，

$$\begin{pmatrix} F_2 \\ v_2 \end{pmatrix} = \begin{pmatrix} \cos(kl) & -jS_\mathrm{u}Z_0\sin(kl) \\ \dfrac{1}{jS_\mathrm{u}Z_0}\sin(kl) & \cos(kl) \end{pmatrix} \begin{pmatrix} F_1 \\ v_1 \end{pmatrix} \tag{4.109}$$

となる．

4.8.2　Masonの等価回路における境界条件

異なる振動部材の接続に関しては，伝達マトリックスのときと同様に，外力と速度の連続性から，Masonの等価回路を順次接続していけばよい．境界条件に関しては，自由端ならば外力0であることと等価であるので，短絡すればよいし，固定端ならば速度0，つまり電流が流れないのであるから，開放すればよい．さらに，たとえば端面に集中質量 M がある場合には $j\omega L$ $(= j\omega M)$，バネ K が接続される場合は

$$\frac{1}{j\omega C}\left(= \frac{1}{j\omega\dfrac{1}{K}}\right)$$

を機械端にインピーダンスとして接続する．また，外力を与えたければ，$F\cos(\omega t)$ とすればよい．

たとえば，図4.14(a)のMasonの等価回路では，$F_1 = 0$, $v_2 = 0$ としているので，左端は自由端で右端が固定状態という境界条件を示している．また，図(b)のように，$F_1 = -j\omega L v_1$, $F_2 = \dfrac{1}{j\omega C}v_2$ とすると，細棒の左端に集中定数系の質量 L，右端

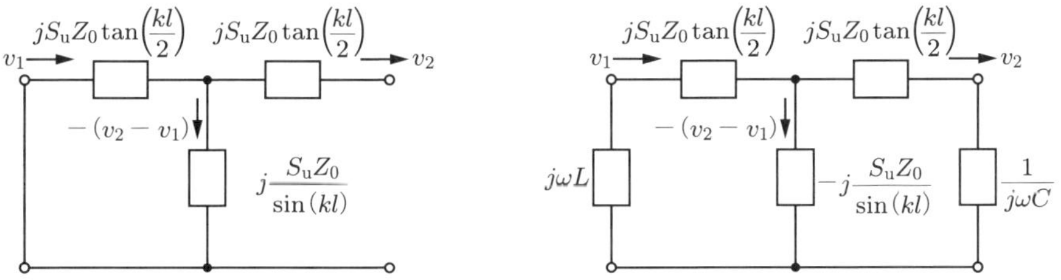

（a）左端自由，右端固定　（b）左端質量 $L(=M)$，右端バネ $\frac{1}{C}(=K)$

図 4.14　境界条件の例

には集中定数系のバネ $\dfrac{1}{C}$ が取り付けられている状態に対応させることができる．

このように，Masonの等価回路は，それぞれの等価回路を接続していくことで全体の振動体としてのモード解析などを行うことができる．このようにして求めた振動モードから運動エネルギーや弾性エネルギーを積分計算し，LCR 等価回路の各パラメータを求めることができる．一方，集中定数系の LCR 等価回路では各パラメータは与えられた境界条件で計算されたものであり，振動モードがすでに固定されているため，部材間の接続はできない．

4.8.3　細棒に集中定数系の負荷を与えた場合

細棒の縦振動において，図4.15のように境界条件として集中係数系の質量や，バネを与えた場合に伝達マトリックスを用いて解析する方法について具体的に考える．

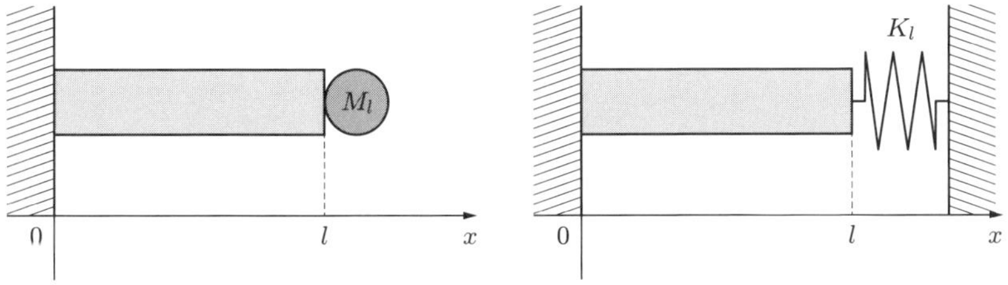

（a）質量 M_l を与えた場合　（b）バネ K_l を与えた場合

図 4.15　細棒に集中定数系の負荷を付けた様子

図4.15(a)の場合，細棒右端に付けられた集中質量 M_l の変位 u は，細棒右端の変位と同じ u で，その運動方程式から，

$$M_l\frac{\mathrm{d}^2u}{\mathrm{d}t^2}=F_2 \tag{4.110}$$

となる．集中質量 M_l の速度は細棒右端の速度 v_2 に等しく，式 (4.110) を v_2 で表すと

$$j\omega M_l v_2 = F_2 \tag{4.111}$$

となり，力 F_2 と速度 v_2 の関係が求められる．また，細棒の左端は固定されているので，$F_1 \neq 0,\ v_1 = 0$ だから，式 (4.108) の伝達マトリックスは，

$$\begin{pmatrix} F_1 \\ 0 \end{pmatrix} = \begin{pmatrix} \cos(kl) & -\dfrac{S_\mathrm{u} Z_0}{j}\sin(kl) \\ -\dfrac{1}{jS_\mathrm{u} Z_0}\sin(kl) & \cos(kl) \end{pmatrix} \begin{pmatrix} j\omega M_l v_2 \\ v_2 \end{pmatrix} \tag{4.112}$$

となる．式 (4.112) の第 2 行の関係から

$$0 = -v_2 \frac{\omega M_l}{S_\mathrm{u} Z_0}\sin(kl) + v_2\cos(kl) \tag{4.113}$$

となるから，

$$\tan(kl) = \frac{S_\mathrm{u} Z_0}{\omega M_l} \tag{4.114}$$

である．これは，図 4.16 の等価回路で，右側閉回路の電圧降下について考えてみても同じ結果となる．式 (4.114) を変形すると，

$$\tan\left(\frac{\omega l}{c}\right) = \frac{\rho l S_\mathrm{u}}{M_l}\frac{c}{\omega l} \tag{4.115}$$

となる．ただし，$Z_0 = \rho c,\ k = \dfrac{\omega}{c}$ である．式（4.115）が成り立つ振動モードが励振される角周波数 ω を求めるためには，$X = \dfrac{\omega l}{c}$ として図 4.17 のような $\tan X$ と

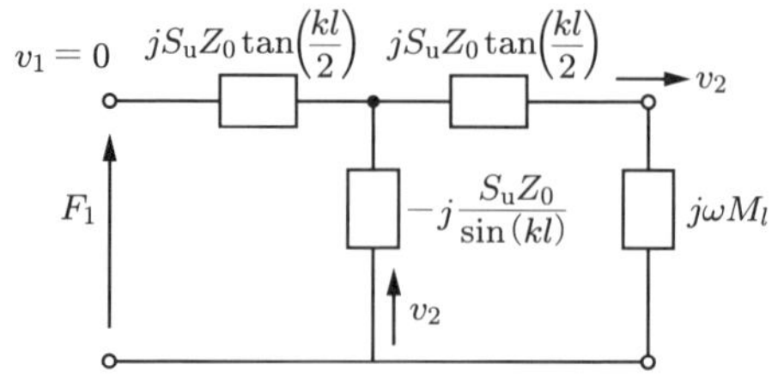

図 4.16　境界条件が片端固定で片端に集中質量 M_l を付与させた場合の等価回路

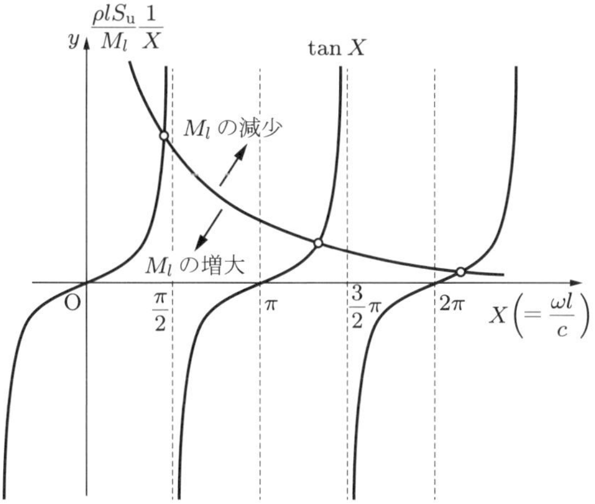

図 4.17 $y = \tan X$ と $y = \dfrac{\rho l S_u}{M_l}\dfrac{1}{X}$ のグラフ

$\dfrac{\rho l S_u}{M_l}\dfrac{1}{X}$ のグラフを描き，その交点を求めればよい．集中質量 M_l が細棒の質量 $\rho l S_u$ に比べて十分小さいと，基本モードの角周波数について，$X = \dfrac{\omega l}{c}$ は $\dfrac{\pi}{2}$ に近づくから，$\omega \to \dfrac{\pi c}{2l}$ となり，振動モードは $\sin\left(\dfrac{\pi}{2l}x\right)$ となる．これは単なる細棒の片端固定，片端自由の場合と同じである．その一方で，集中質量 M_l が大きくなると，$X = \dfrac{\omega l}{c}$ は 0 に近づき，$\omega \to 0$ であるから，波長が ∞ に発散するので，振動モードの形は直線に近づいていく．集中質量によって変化する振動モードの変化の様子を図 4.18 に示す．

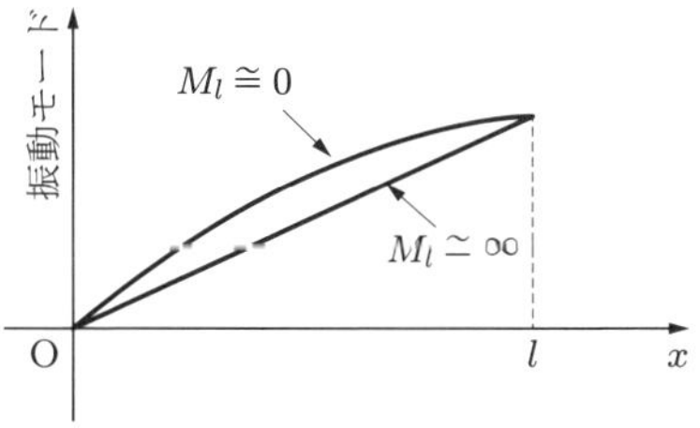

図 4.18 集中定数 M_l を変化させたときの基本振動モードの形

図 4.15(b) のように，バネ K_l が細棒右端に接続された場合，細棒右端の変位を u_2 とすると，細棒右端は左側に $K_l u_2$ の力を受けるから，

$$K_l u_2 = F_2 \tag{4.116}$$

の関係が成り立つ．細棒右端の振動速度と変位の関係は $v_2 = j\omega u_2$ であるから，

$$\frac{K_l}{j\omega}v_2 = F_2 \tag{4.117}$$

となる．したがって，左端が固定されているという境界条件 $v_1 = 0$ を考慮すると，伝達マトリックスは，

$$\begin{pmatrix} F_1 \\ 0 \end{pmatrix} = \begin{pmatrix} \cos(kl) & -\dfrac{S_\mathrm{u}Z_0}{j}\sin(kl) \\ -\dfrac{1}{jS_\mathrm{u}Z_0}\sin(kl) & \cos(kl) \end{pmatrix} \begin{pmatrix} \dfrac{K_l}{j\omega}v_2 \\ v_2 \end{pmatrix} \tag{4.118}$$

となる．式 (4.118) の第 2 行の関係から

$$0 = -\frac{1}{jS_\mathrm{u}Z_0}\sin(kl)\left(\frac{K_l}{j\omega}v_2\right) + v_2\cos(kl) \tag{4.119}$$

となるから，

$$\tan(kl) = -\frac{\omega S_\mathrm{u}Z_0}{K_l} \tag{4.120}$$

である．これは，図 4.19 の等価回路で，右側閉回路の電圧降下からも同じ結果を得ることになる．

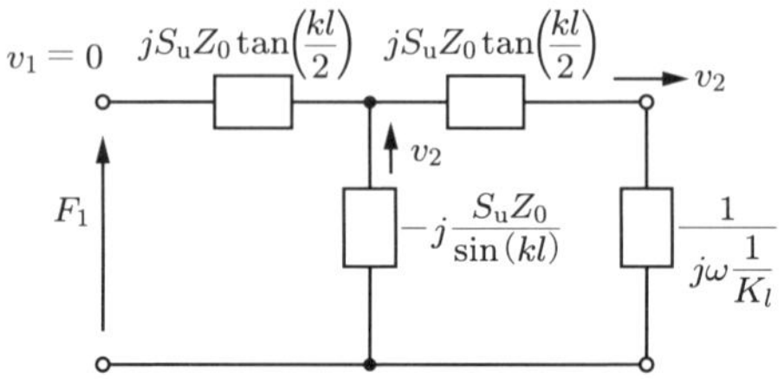

図 4.19　境界条件が片端固定で片端に集中定数系バネを付与させた場合の等価回路

式 (4.120) を変形すると，

$$\tan\left(\frac{\omega l}{c}\right) = -\frac{ES_\mathrm{u}}{K_l l}\frac{\omega l}{c} \tag{4.121}$$

となる．ただし，$Z_0 = \dfrac{E}{c}$, $k = \dfrac{\omega}{c}$ である．式（4.121）が成り立つ角周波数 ω で振動モードが励振されることになる．

集中質量をつけた場合と同じように，角周波数 ω を求めるためには $X = \dfrac{\omega l}{c}$ とし

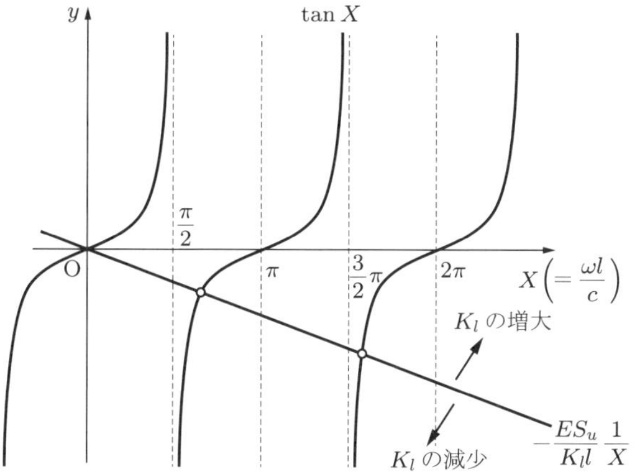

図 4.20　$y=\tan X$ と $y=-\dfrac{ES_u}{K_l l}X$ のグラフ

て，図 4.20 のような $\tan X$ と $-\dfrac{ES_u}{K_l l}\dfrac{1}{X}$ のグラフの交点を求める．ただし，$\omega>0$ である．

集中バネ定数 K_l が細棒のバネ定数 $\dfrac{ES_u}{l}$ に比べて十分小さいと，基本モードの角周波数は $X=\dfrac{\omega l}{c}$ が $\dfrac{\pi}{2}$ に近づくから，$\omega\to\dfrac{\pi c}{2l}$ で振動モードは $\sin\left(\dfrac{\pi}{2l}x\right)$ となり，単なる細棒の片端固定，片端自由の場合と同じである．その一方で，集中バネ定数 K_l が大きくなり硬くなると $X=\dfrac{\omega l}{c}$ が π となり，$\omega\to\dfrac{\pi c}{l}$ であるから，振動モードの形は $\sin\left(\dfrac{\pi}{l}x\right)$ に近づいていく．これは両端固定の振動モードに等しい．集中バネ定数 K の変化にともなう振動モードの変化の様子を図 4.21 に示す．

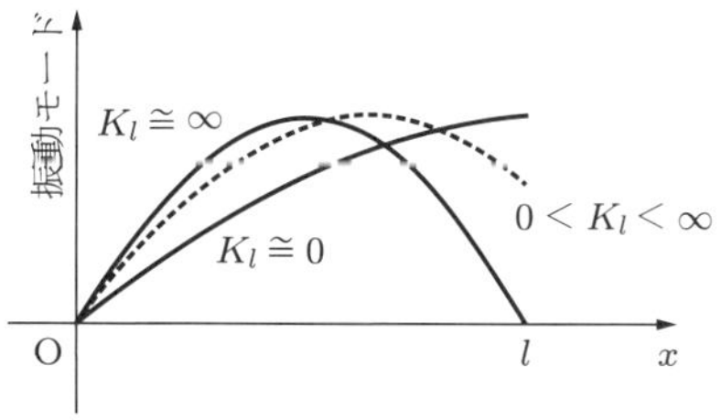

図 4.21　集中定数 K_l を変化させたときの基本振動モード

4.8.4 Mason の等価回路での振動モード表現

Mason の等価回路での境界条件として，右端面に右向きに外力 $F\cos(\omega t)$ を与え，左端を固定端とした図 4.22(a) の場合を考えてみる．これは，片端固定，片端自由として計算した LCR 等価回路の境界条件と同じで，自由端側に外力を与えた状態である．この外力は，押されるほうを正にとる力の定義から考えると，$F_2 = -F\cos(\omega t)$ とすればよい．

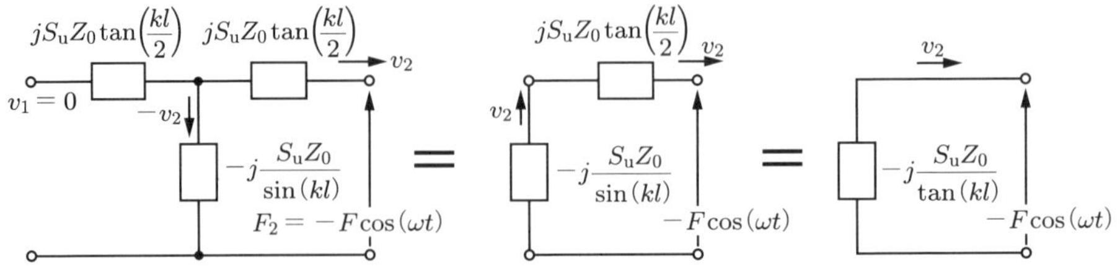

（a）各条件を与えたもの　（b）$v_1 = 0$ を考慮したもの　（c）二つのインピーダンスをまとめたもの

図 4.22　片端固定縦振動の Mason の等価回路

左端を固定するということは，左端速度 v_1 は常に 0 で電流が流れない状況であるから，Mason の等価回路における左上側の $jS_\mathrm{u}Z_0\tan\left(\dfrac{kl}{2}\right)$ のインピーダンスでの電圧降下はない．つまり，電気的に開放した状態なので，回路の左半分はないものとしてよいから，$jS_\mathrm{u}Z_0\tan\left(\dfrac{kl}{2}\right)$ と $-j\dfrac{S_\mathrm{u}Z_0}{\sin(kl)}$ が直列接続された状態になる．ここで，この二つのインピーダンスに流れる電流 v_2 の向きを一致させるために，$-j\dfrac{S_\mathrm{u}Z_0}{\sin(kl)}$ に流れる電流を $-v_2$ から v_2 へと符号を反転させて向きを反転させることで図 4.22(b) のようにする．このときの，合成インピーダンスは，

$$jS_\mathrm{u}Z_0\tan\left(\frac{kl}{2}\right) - j\frac{S_\mathrm{u}Z_0}{\sin(kl)} = -jS_\mathrm{u}Z_0\frac{1-2\sin^2\left(\dfrac{kl}{2}\right)}{2\sin\left(\dfrac{kl}{2}\right)\cos\left(\dfrac{kl}{2}\right)} = -j\frac{S_\mathrm{u}Z_0}{\tan(kl)} \tag{4.122}$$

となり，図 (c) のようになる．

したがって，外力として $F_2 = -F\cos(\omega t)$ を加えたときの速度 v_2 は，

$$v_2 = -\frac{-F\cos(\omega t)}{-j\dfrac{S_{\mathrm{u}}Z_0}{\tan(kl)}} = -j\frac{\tan(kl)}{S_{\mathrm{u}}Z_0}\{-F\cos(\omega t)\} = -j\frac{\tan(kl)}{S_{\mathrm{u}}Z_0}F_2 \tag{4.123}$$

となる．この関係は，式 (4.108) の伝達マトリックスで $v_1 = 0$ として，

$$\begin{pmatrix} F_1 \\ 0 \end{pmatrix} = \begin{pmatrix} \cos(kl) & -\dfrac{S_{\mathrm{u}}Z_0}{j}\sin(kl) \\ -\dfrac{1}{jS_{\mathrm{u}}Z_0}\sin(kl) & \cos(kl) \end{pmatrix} \begin{pmatrix} F_2 \\ v_2 \end{pmatrix} \tag{4.124}$$

の 2 行目の式から

$$v_2 = \frac{1}{jS_{\mathrm{u}}Z_0\dfrac{1}{\tan(kl)}}F_2 = -j\frac{\tan(kl)}{S_{\mathrm{u}}Z_0}\{-F\cos(\omega t)\} \tag{4.125}$$

となっていることからも確認できる．

ここで，振動速度 v_2 の角周波数特性を調べてみる．$\tan(kl) = \tan\left(\dfrac{\omega}{c}l\right)$ であるから，これを Laurent 展開すると，

$$\tan\left(\frac{\omega}{c}l\right) = \sum_{n=1}^{\infty}\frac{1}{(2n-1)^2\dfrac{\pi^2}{8}\dfrac{c}{\omega l} - \dfrac{\omega l}{2c}} \tag{4.126}$$

となる（Laurent 展開については，付録 F で説明する）．したがって，式 (4.126) を式 (4.123) に適応させて，

$$\begin{aligned} v_2 &= j\frac{F\cos(\omega t)}{S_{\mathrm{u}}Z_0}\sum_{n=1}^{\infty}\frac{1}{(2n-1)^2\dfrac{\pi^2}{8}\dfrac{c}{\omega l} - \dfrac{\omega l}{2c}} \\ &= F\cos(\omega t)\sum_{n=1}^{\infty}\frac{1}{(2n-1)^2\dfrac{\pi^2}{8}\dfrac{S_{\mathrm{u}}Z_0 c}{j\omega l} + jS_{\mathrm{u}}Z_0\dfrac{\omega l}{2c}} \\ &= F\cos(\omega t)\sum_{n=1}^{\infty}\frac{1}{\dfrac{1}{j\omega\dfrac{8}{(2n-1)^2\pi^2}\dfrac{l}{S_{\mathrm{u}}E}} + j\omega\dfrac{\rho S_{\mathrm{u}}l}{2}} \\ &= F\cos(\omega t)\left(\frac{1}{j\omega L_1 + \dfrac{1}{j\omega C_1}} + \frac{1}{j\omega L_3 + \dfrac{1}{j\omega C_3}} + \frac{1}{j\omega L_5 + \dfrac{1}{j\omega C_5}}\cdots\right) \end{aligned} \tag{4.127}$$

となる．ただし，$Z_0 = \rho c$, $c = \sqrt{\dfrac{E}{\rho}}$, $L_{2n-1} = \dfrac{\rho S_{\mathrm{u}} l}{2}$, $C_{2n-1} = \dfrac{8}{(2n-1)^2\pi^2}\dfrac{l}{S_{\mathrm{u}}E}$ である．この結果，各振動モードの等価インダクタ L_{2n-1} と等価キャパシタ C_{2n-1} は，

$$L_{2n-1} = \frac{1}{2}\rho S_{\mathrm{u}} l \ (= M_{2n-1}) \tag{4.128}$$

$$C_{2n-1} = \frac{8}{(2n-1)^2\pi^2}\frac{l}{S_{\mathrm{u}}E}\left(= \frac{1}{K_{2n-1}}\right) \tag{4.129}$$

と求められる．式 (4.127) から，図 4.23 のように LC 直列回路が並列に接続した等価回路で表現できることが示され，図 4.6(b) に示した等価回路と各パラメータの値も含めて同じインピーダンスをもつことがわかる．また，LC 等価回路を LCR 等価回路に拡張したときと同様に，Mason の等価回路に減衰項を含める場合には，ヤング率に虚数成分を含ませて Q 値が細棒の振動と同じになるようにすればよい（分布定数系の振動損失については付録 E で説明する）．

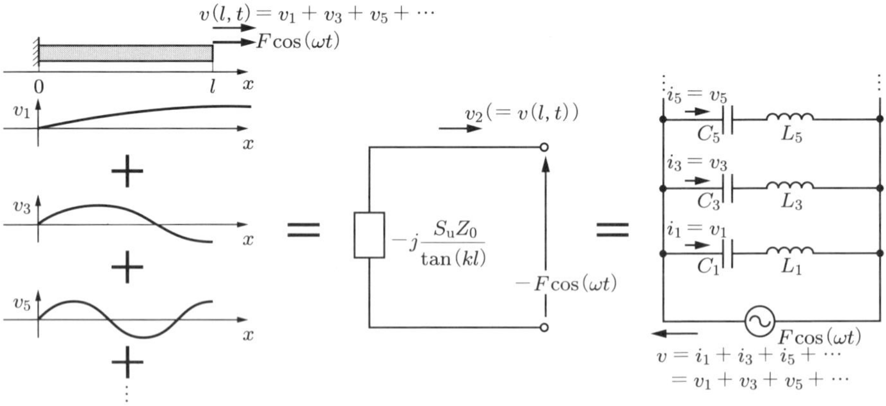

図 4.23　片端固定縦振動と Mason の等価回路，LC 等価回路の関係

5章 圧電横効果の振動

圧電振動には，縦振動，たわみ振動，ねじり振動，弾性表面波振動など，さまざまなものがある．これらの振動を理解するためには，波動方程式と圧電方程式を組み合わせて行う計算から，機械振動や電気特性を調べる必要がある．本章では，最も基本的で重要な振動となる1次元の圧電横効果の振動を取りあげる．また，圧電横効果と圧電縦効果を比較することにより，電界一定や電束密度一定といった境界条件が，圧電振動にどのような影響を及ぼすかを説明する．圧電縦効果については，7章で詳しく説明する．

5.1 圧電横効果の圧電方程式

図5.1に示す細棒圧電振動子のように，分極処理した厚さ方向に電界をかけ，長手方向に縦振動させることを考える．一般に圧電材料の座標のとり方は，分極方向を z 軸方向（3軸方向）とする．この例では，振動方向を x 軸方向（1軸方向）にとるので，31効果，あるいは圧電横効果とよぶ．振動子は，長さ l，幅 b，厚さ h とし，境界条件は，両端自由とする．電界を分極と同じ上向きに正にとるため，上部電極を電気的に接地し，下部電極に角周波数 ω の電圧 $V = V_0 e^{j\omega t}$ を入力として与える．

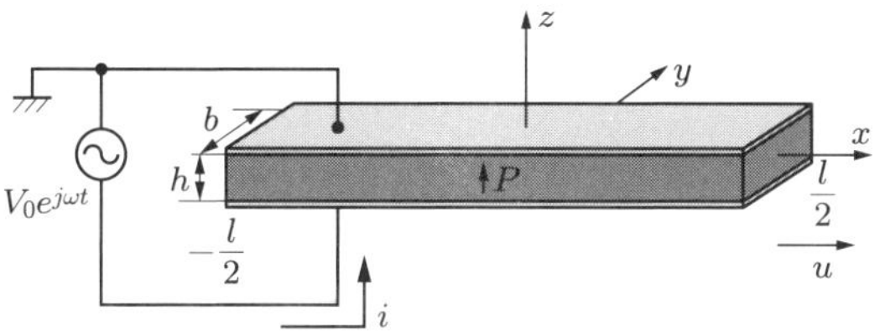

図5.1 細棒圧電振動子（圧電横効果）

圧電振動子の電気特性評価には，アドミッタンス測定が最もよく用いられる．これは，圧電振動子の場合には，圧電体の電気特性（容量性）と，機械特性を表現する等価回路が並列接続されるので，インピーダンスよりもアドミッタンス評価とするのが，見通しがよいからである．

図5.2に圧電横効果の典型的なアドミッタンス特性を示す．振動子が共振特性を示

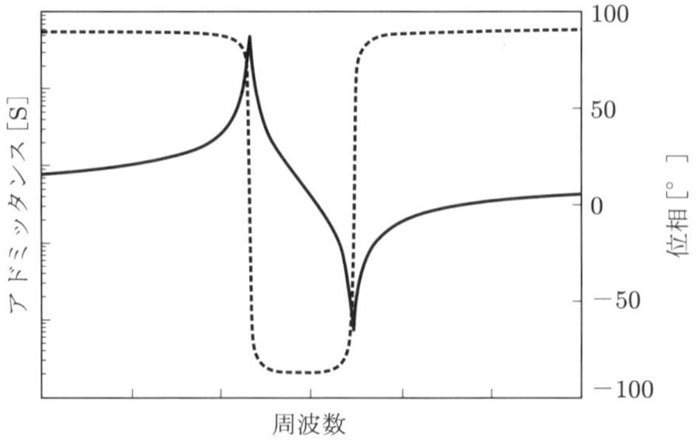

図 5.2　圧電振動の典型的なアドミッタンス特性

すところでアドミッタンスが極大となり，その後に極小となる（反共振）．また，位相に関しては，周波数が十分小さいときの 90° からはじまり，共振での位相が 0°，さらに −90° になった後，反共振で 90° に戻る．このようなアドミッタンス特性は，3 章で扱った LC 直列回路と C_{d} が並列接続した回路特性に対応している．

圧電横効果の機械特性，電気特性を等価回路で考察することにより，共振だけでなく，直流的な入力電圧が与えられたときの電気機械変換のメカニズムが明確になる．すなわち，電気機械結合係数や，境界条件の違いによる誘電率やコンプライアンスの変化の起源を見出すことが容易になる．

3 次元での圧電方程式において，振動子が 3 軸方向に分極処理された圧電セラミックの圧電 e 形式は，

$$\begin{pmatrix} T_1 \\ T_2 \\ T_3 \\ T_4 \\ T_5 \\ T_6 \end{pmatrix} = \begin{pmatrix} c_{11}^E & c_{12}^E & c_{13}^E & 0 & 0 & 0 \\ c_{12}^E & c_{11}^E & c_{13}^E & 0 & 0 & 0 \\ c_{13}^E & c_{13}^E & c_{33}^E & 0 & 0 & 0 \\ 0 & 0 & 0 & c_{44}^E & 0 & 0 \\ 0 & 0 & 0 & 0 & c_{44}^E & 0 \\ 0 & 0 & 0 & 0 & 0 & c_{66}^E \end{pmatrix} \begin{pmatrix} S_1 \\ S_2 \\ S_3 \\ S_4 \\ S_5 \\ S_6 \end{pmatrix} - \begin{pmatrix} 0 & 0 & e_{31} \\ 0 & 0 & e_{31} \\ 0 & 0 & e_{33} \\ 0 & e_{15} & 0 \\ e_{15} & 0 & 0 \\ 0 & 0 & 0 \end{pmatrix} \begin{pmatrix} E_1 \\ E_2 \\ E_3 \end{pmatrix} \tag{5.1}$$

$$\begin{pmatrix} D_1 \\ D_2 \\ D_3 \end{pmatrix} = \begin{pmatrix} 0 & 0 & 0 & 0 & e_{15} & 0 \\ 0 & 0 & 0 & e_{15} & 0 & 0 \\ e_{31} & e_{31} & e_{33} & 0 & 0 & 0 \end{pmatrix} \begin{pmatrix} S_1 \\ S_2 \\ S_3 \\ S_4 \\ S_5 \\ S_6 \end{pmatrix} + \begin{pmatrix} \varepsilon_{11}^S & 0 & 0 \\ 0 & \varepsilon_{11}^S & 0 \\ 0 & 0 & \varepsilon_{33}^S \end{pmatrix} \begin{pmatrix} E_1 \\ E_2 \\ E_3 \end{pmatrix} \tag{5.2}$$

である（3 次元の圧電方程式については，付録 A で説明する）．ただし，$c_{66}^E = \dfrac{c_{11}^E - c_{12}^E}{2}$ である．圧電振動ではこの形式が式展開しやすい．

細棒振動子の圧電横効果の場合を考え，振動成分は 1 軸方向のみの S_1 のみとして，これとの垂直成分や，せん断成分がないものとしてみる．また，応力に関しても，T_1 以外はすべて 0 で，電界，電束密度については，E_3, D_3 以外は 0 とできる．この結果，式 (5.1)，(5.2) 中の有効成分は，

$$\begin{cases} T_1 = c_{11}^E S_1 - e_{31} E_3 \\ D_3 = e_{31} S_1 + \varepsilon_{33}^S E_3 \end{cases} \tag{5.3}$$

の二つのみとなる．式 (5.3) で用いられている圧電定数 e_{31} の符号は負である（$e_{31} < 0$）．これは，分極方向（3 軸方向）と同方向に電界を与えたとき，圧電材料は 3 軸方向に伸び，それと垂直な 1 軸方向には縮むことに対応する．たとえば，応力 0 の条件で，3 軸方向に電界を加えた場合の 1 軸方向のひずみ S_1 は，式 (5.3) の第 1 式に $T_1 = 0$ を 代入することで $S_1 = \dfrac{e_{31}}{c_{11}^E} E_3$ となり，3 軸方向と同じ向きの電界 $E_3 > 0$ を加えると $e_{31} < 0$ より，$S_1 < 0$ となるから，1 軸方向に縮むことになる．

また，式 (5.3) の第 2 式における誘電率は ε_{33}^S となっており，ひずみを全方向に許さない条件での値となっている．しかし，以後の計算は振動方向である 1 軸方向のみの振動を考えるので，ひずみを許さないということは S_1 を一定にすることを指す．したがって，ε_{33}^S ではなく $\varepsilon_{33}^{S_1}$ として，

$$\begin{cases} T_1 = c_{11}^E S_1 - e_{31} E_3 \\ D_3 = e_{31} S_1 + \varepsilon_{33}^{S_1} E_3 \end{cases} \tag{5.4}$$

の二つを圧電方程式として用いる．

5.2 圧電 d 形式からの導出

式 (5.4) の第 1 式の圧電方程式は，ひずみを振動方向の S_1 のみを考え，それ以外は 0 として導出されている．しかし，実際には縦振動する方向と垂直方向の S_2, S_3 は 0 ではないから，式 (5.4) の第 1 式は，式 (5.1) のスティフネス $[c^E]$（6 行 6 列）における対角成分 c_{12}^E, c_{13}^E を 0 にするという無理のある近似のもとで成立していることになる．応力に関しては，細棒の長手方向に対する垂直方向の長さが十分小さいので

変位は 0 として，$T_2 = T_3 = 0$ とできる（それぞれの方向の波動方程式で加速度が 0 になることを考えればよい）．

そこで，式 (5.1)，(5.2) をもとにして，S_2，S_3 を含めて計算してみると，

$$\begin{cases} T_1 = c_{11}^E S_1 + c_{12}^E S_2 + c_{13}^E S_3 - e_{31} E_3 \\ 0 = c_{12}^E S_1 + c_{11}^E S_2 + c_{13}^E S_3 - e_{31} E_3 \\ 0 = c_{13}^E S_1 + c_{13}^E S_2 + c_{33}^E S_3 - e_{33} E_3 \end{cases} \tag{5.5}$$

$$D_3 = e_{31} S_1 + e_{31} S_2 + e_{33} S_3 + \varepsilon_{33}^S E_3 \tag{5.6}$$

で，式 (5.5)，(5.6) から

$$\begin{cases} S_2 = \dfrac{(c_{13}^E)^2 - c_{12}^E c_{33}^E}{c_{11}^E c_{33}^E - (c_{13}^E)^2} S_1 + \dfrac{e_{31} c_{33}^E - e_{33} c_{13}^E}{c_{11}^E c_{33}^E - (c_{13}^E)^2} E_3 \\ S_3 = \dfrac{c_{13}^E (c_{12}^E - c_{11}^E)}{c_{11}^E c_{33}^E - (c_{13}^E)^2} S_1 + \dfrac{e_{33} c_{11}^E - e_{31} c_{13}^E}{c_{11}^E c_{33}^E - (c_{13}^E)^2} E_3 \end{cases}$$

となる．これらをまとめなおすと，

$$\begin{cases} T_1 = \dfrac{\left(c_{11}^E - c_{12}^E\right)\left\{c_{11}^E c_{33}^E + c_{12}^E c_{33}^E - 2(c_{13}^E)^2\right\}}{c_{11}^E c_{33}^E - (c_{13}^E)^2} S_1 - \dfrac{\left(c_{11}^E - c_{12}^E\right)\left(-c_{13}^E e_{33} + c_{33}^E e_{31}\right)}{c_{11}^E c_{33}^E - (c_{13}^E)^2} E_3 \\ \quad = \overline{c_{11}^E} S_1 - \overline{e_{31}} E_3 \\ D_3 = \dfrac{\left(c_{11}^E - c_{12}^E\right)\left(-c_{13}^E e_{33} + c_{33}^E e_{31}\right)}{c_{11}^E c_{33}^E - (c_{13}^E)^2} S_1 + \left\{\varepsilon_{33}^S + \dfrac{{e_{31}}^2 c_{33}^E + {e_{33}}^2 c_{11}^E - 2 e_{33} e_{31} c_{13}^E}{c_{11}^E c_{33}^E - (c_{13}^E)^2}\right\} E_3 \\ \quad = \overline{e_{31}} S_1 - \overline{\varepsilon_{33}^S} E_3 \end{cases} \tag{5.7}$$

とできる．ただし，

$$\overline{c_{11}^E} = \frac{\left(c_{11}^E - c_{12}^E\right)\left\{c_{11}^E c_{33}^E + c_{12}^E c_{33}^E - 2(c_{13}^E)^2\right\}}{c_{11}^E c_{33}^E - (c_{13}^E)^2}$$

$$\overline{e_{31}} = \frac{\left(c_{11}^E - c_{12}^E\right)\left(-c_{13}^E e_{33} + c_{33}^E e_{31}\right)}{c_{11}^E c_{33}^E - (c_{13}^E)^2}$$

$$\overline{\varepsilon_{33}^S} = \varepsilon_{33}^S + \frac{{e_{31}}^2 c_{33}^E + {e_{33}}^2 c_{11}^E - 2 e_{33} e_{31} c_{13}^E}{c_{11}^E c_{33}^E - (c_{13}^E)^2}$$

である．つまり，式 (5.5), (5.6) から S_2, S_3 を消去することで，式 (5.4) と同じ式の形になり，新たなパラメータ，$\overline{c_{11}^E}$，$\overline{e_{31}}$，$\overline{\varepsilon_{33}^S}$ を用いればよいことがわかる．

一方，これらのパラメータは，圧電 d 形式での圧電方程式を用いた

$$\begin{cases} \begin{pmatrix} S_1 \\ S_2 \\ S_3 \\ S_4 \\ S_5 \\ S_6 \end{pmatrix} = \begin{pmatrix} s_{11}^E & s_{12}^E & s_{13}^E & 0 & 0 & 0 \\ s_{12}^E & s_{11}^E & s_{13}^E & 0 & 0 & 0 \\ s_{13}^E & s_{13}^E & s_{33}^E & 0 & 0 & 0 \\ 0 & 0 & 0 & s_{44}^E & 0 & 0 \\ 0 & 0 & 0 & 0 & s_{44}^E & 0 \\ 0 & 0 & 0 & 0 & 0 & s_{66}^E \end{pmatrix} \begin{pmatrix} T_1 \\ T_2 \\ T_3 \\ T_4 \\ T_5 \\ T_6 \end{pmatrix} + \begin{pmatrix} 0 & 0 & d_{31} \\ 0 & 0 & d_{31} \\ 0 & 0 & d_{33} \\ 0 & d_{15} & 0 \\ d_{15} & 0 & 0 \\ 0 & 0 & 0 \end{pmatrix} \begin{pmatrix} E_1 \\ E_2 \\ E_3 \end{pmatrix} \\ \begin{pmatrix} D_1 \\ D_2 \\ D_3 \end{pmatrix} = \begin{pmatrix} 0 & 0 & 0 & 0 & d_{15} & 0 \\ 0 & 0 & 0 & d_{15} & 0 & 0 \\ d_{31} & d_{31} & d_{33} & 0 & 0 & 0 \end{pmatrix} \begin{pmatrix} T_1 \\ T_2 \\ T_3 \\ T_4 \\ T_5 \\ T_6 \end{pmatrix} + \begin{pmatrix} \varepsilon_{11}^T & 0 & 0 \\ 0 & \varepsilon_{11}^T & 0 \\ 0 & 0 & \varepsilon_{33}^T \end{pmatrix} \begin{pmatrix} E_1 \\ E_2 \\ E_3 \end{pmatrix} \end{cases} \tag{5.8}$$

からも求めることができる．ただし，$s_{66}^E = 2(s_{11}^E - s_{12}^E)$ である．T_1 以外の応力，D_3 以外の電束密度，E_3 以外の電界は 0 という条件のもとで，$S_2 = S_3 = 0$ という近似を用いなくても，

$$\begin{cases} S_1 = s_{11}^E T_1 + d_{31} E_3 \\ D_3 = d_{31} T_1 + \varepsilon_{33}^T E_3 \end{cases} \tag{5.9}$$

の関係が得られる．圧電 e 形式と同様に，圧電 d 形式の式 (5.9) を左辺が応力 T_1 と電束密度 D_3 となるように変形すると，

$$\begin{cases} T_1 = \dfrac{1}{s_{11}^E} S_1 - \dfrac{d_{31}}{s_{11}^E} E_3 \\ D_3 = d_{31} \left(\dfrac{1}{s_{11}^E} S_1 - \dfrac{d_{31}}{s_{11}^E} E_3 \right) + \varepsilon_{33}^T E_3 = \dfrac{d_{31}}{s_{11}^E} S_1 + \left(\varepsilon_{33}^T - \dfrac{{d_{31}}^2}{s_{11}^E} \right) E_3 \end{cases} \tag{5.10}$$

となる．したがって，式 (5.7) と式 (5.10) の第 1 式どうし，第 2 式どうしがそれぞれ

等しいとおくことによって，

$$\begin{cases} \overline{c_{11}^E} = \dfrac{1}{s_{11}^E} \\ \overline{e_{31}} = \dfrac{d_{31}}{s_{11}^E} \\ \overline{\varepsilon_{33}^S} = \varepsilon_{33}^T - \dfrac{{d_{31}}^2}{s_{11}^E} \end{cases} \tag{5.11}$$

とすればよい．

これは，式 (2.17) で行ったように，圧電方程式の各形式を 3 次元で相互変換するときの諸定数の関係，たとえば $\left[c^E\right] = \left[s^E\right]^{-1}$ や，$[e_t] = \left[s^E\right]^{-1}[d_t]$，$\left[\varepsilon^S\right] = \left[\varepsilon^T\right] - [e]\left[c^E\right][e_t]$ を使うことによっても得られる．たとえば，

$$s_{11}^E = \frac{c_{11}^E c_{33}^E - (c_{13}^E)^2}{\left(c_{11}^E - c_{12}^E\right)\left\{c_{11}^E c_{33}^E + c_{12}^E c_{33}^E - 2(c_{13}^E)^2\right\}} = \frac{1}{\overline{c_{11}^E}} \tag{5.12}$$

などが成り立っていることが計算でき，式 (5.7) との整合性が確認できる．

以後の計算では，振動方向と垂直のひずみ成分である S_2, S_3 を考慮して，各パラメータを c_{11}^E, e_{31}, $\varepsilon_{33}^{S_1}$ ではなく，次式のように $\overline{c_{11}^E}$, $\overline{e_{31}}$, $\overline{\varepsilon_{33}^{S_1}}$ とした圧電方程式を用いる．

$$\begin{cases} T_1 = \overline{c_{11}^E} S_1 - \overline{e_{31}} E_3 \\ D_3 = \overline{e_{31}} S_1 + \overline{\varepsilon_{33}^{S_1}} E_3 \end{cases} \tag{5.13}$$

ただし，誘電率に関しては，1 軸方向の振動を考えていることを考慮して，$\overline{\varepsilon_{33}^{S_1}} = \varepsilon_{33}^T - \dfrac{{d_{31}}^2}{s_{11}^E}$ とした．

5.3　波動方程式の導出

4 章での非圧電材料の縦振動の場合と同様に，微小体積の運動方程式から波動方程式を求める．微小部分 $\mathrm{d}x$ の質量は $\rho(bh)\mathrm{d}x$ であり，各位置における 1 軸方向の変位を $u(x,t)$ とおくと，

$$\rho(bh)\mathrm{d}x \frac{\partial^2 u}{\partial t^2} = bh\left(T_1\left(x + \mathrm{d}x\right) - T_1(x)\right) = bh\frac{\partial T_1}{\partial x}\mathrm{d}x$$

より，

$$\rho \frac{\partial^2 u}{\partial t^2} = \frac{\partial T_1}{\partial x} \tag{5.14}$$

となる．非圧電材料の場合には，ひずみと応力は比例関係が成り立つが，圧電材料に電界が加わっている場合，式 (5.13) の第 1 式のように応力は電界の関数でもある．したがって，式 (5.13) の第 1 式を式 (5.14) に代入して

$$\rho \frac{\partial^2 u}{\partial t^2} = \frac{\partial T_1}{\partial x} = \overline{c_{11}^E} \frac{\partial S_1}{\partial x} - \overline{e_{31}} \frac{\partial E_3}{\partial x} = \overline{c_{11}^E} \frac{\partial S_1}{\partial x} = \overline{c_{11}^E} \frac{\partial^2 u}{\partial x^2}$$

より，

$$\frac{\partial^2 u}{\partial t^2} = c^2 \frac{\partial^2 u}{\partial x^2} \tag{5.15}$$

である．ただし，$c = \sqrt{\dfrac{\overline{c_{11}^E}}{\rho}}$ である．ここで，電界 E_3 は 1 軸方向に関して一定であること $\left(\dfrac{\partial E_3}{\partial x} = 0\right)$ を用いた．式 (5.15) の微分方程式の形は，非圧電材料の場合と同様に，波動方程式となっている．

5.4 電気的条件

圧電体は誘電体であるので，その内部に孤立した電荷は存在しないものとして，Gauss の発散定理より

$$\mathrm{div} \begin{pmatrix} D_1 \\ D_2 \\ D_3 \end{pmatrix} = 0$$

が成り立つ．いま，電束密度は 3 軸方向にのみ成分をもつので，$\dfrac{\partial D_3}{\partial z} = 0$ を式 (5.13) の第 2 式の圧電方程式に適応させると，

$$\frac{\partial D_3}{\partial z} = \overline{e_{31}} \frac{\partial S_1}{\partial z} + \overline{\varepsilon_{33}^{S_1}} \frac{\partial E_3}{\partial z} = \overline{\varepsilon_{33}^{S_1}} \frac{\partial E_3}{\partial z} = 0 \tag{5.16}$$

となる．この式変形には，ひずみ S_1 が z に依存していないこと $\left(\dfrac{\partial S_1}{\partial z} = 0\right)$ を用いた．式 (5.16) の結果，$\dfrac{\partial E_3}{\partial z} = 0$ となり，電界 E_3 は z に依存しないで一定であるこ

とがわかる．下部電極に $V_0e^{j\omega t}$ を加えていることを考慮して電界と入力電圧との関係を求めると，

$$0 - V_0e^{j\omega t} = -\int_{-\frac{h}{2}}^{\frac{h}{2}} E_3 dz \tag{5.17}$$

であるから，

$$E_3 = \frac{V_0}{h}e^{j\omega t} \tag{5.18}$$

と電界が求められる．このように，電界 E_3 は位置に依存しないが，電束密度 D_3 は，振動モードの影響を受けるので位置 x の関数となる（電束密度については 5.6 節で説明する）．

5.5　振動モードの導出

式 (5.15) の波動方程式は，非圧電体における細棒の縦振動に関する波動方程式と同形であるから，その一般解は，A, B を定数として，

$$u(x,t) = \left\{A\cos\left(\frac{\omega}{c}x\right) + B\sin\left(\frac{\omega}{c}x\right)\right\}e^{j\omega t} \tag{5.19}$$

とおける．ただし，$c = \sqrt{\dfrac{\overline{c_{11}^E}}{\rho}} = \sqrt{\dfrac{1}{\rho s_{11}^E}}$ である．ここで，両端自由という境界条件を用いて定数 A, B を求めればよいが，式 (5.13) の第 1 式のように，応力 T_1 が電界 E_3 の関数になっていることに注意しなくてはならない．つまり，式 (5.19) で $x = \pm\dfrac{l}{2}$ を代入して，時間 t によらず常に応力 $T_1 = 0$ となるように定数を求める際に，式 (5.13) の第 1 式の圧電方程式に，式 (5.18), (5.19) を代入する．これにより，応力 T_1 は，

$$\begin{aligned} T_1 &= \overline{c_{11}^E}S_1 - \overline{e_{31}}E_3 = \overline{c_{11}^E}\frac{\partial u}{\partial x} - \overline{e_{31}}\frac{V_0}{h}e^{j\omega t} \\ &= \overline{c_{11}^E}\left\{-A\frac{\omega}{c}\sin\left(\frac{\omega}{c}x\right) + B\frac{\omega}{c}\cos\left(\frac{\omega}{c}x\right)\right\}e^{j\omega t} - \overline{e_{31}}\frac{V_0}{h}e^{j\omega t} \end{aligned} \tag{5.20}$$

である．最終項の $-\overline{e_{31}}\dfrac{V_0}{h}e^{j\omega t}$ が加わることが，圧電振動の特徴である．式 (5.20) に $x = \pm\dfrac{l}{2}$ を代入して求められる左右両端面での応力 T_1 は，

$$\begin{cases} T_1|_{x=-\frac{l}{2}} = \left[\overline{c_{11}^E}\dfrac{\omega}{c}\left\{A\sin\left(\dfrac{\omega l}{2c}\right) + B\cos\left(\dfrac{\omega l}{2c}\right)\right\} - \overline{e_{31}}\dfrac{V_0}{h}\right]e^{j\omega t} = 0 \\ T_1|_{x=\frac{l}{2}} = \left[\overline{c_{11}^E}\dfrac{\omega}{c}\left\{-A\sin\left(\dfrac{\omega l}{2c}\right) + B\cos\left(\dfrac{\omega l}{2c}\right)\right\} - \overline{e_{31}}\dfrac{V_0}{h}\right]e^{j\omega t} = 0 \end{cases} \tag{5.21}$$

である．式 (5.21) は，時間 t に依存せずに恒等的に成立しなくてはならないので，

$$\begin{cases} A = 0 \\ B = \overline{e_{31}}\dfrac{cV_0}{\overline{c_{11}^E}\omega h\cos\left(\dfrac{\omega l}{2c}\right)} \end{cases} \tag{5.22}$$

と，各定数が計算できる．A, B の値を式 (5.19) に代入すると，

$$u(x,t) = \left\{\overline{e_{31}}\frac{c}{\overline{c_{11}^E}\omega h\cos\left(\dfrac{\omega l}{2c}\right)}\sin\left(\frac{\omega}{c}x\right)\right\}V_0e^{j\omega t} \tag{5.23}$$

が変位分布を表す式となる．この結果からわかるように，両端自由の境界条件のもとでは，式 (5.19) で示される一般解のうち，奇数次モード（sin）のみが励振され，中心 $x = 0$ において常に振幅が 0 で節点（ノード）になる．

式 (5.23) から振動子の振動振幅は，入力電圧 $V_0e^{j\omega t}$ および圧電定数 $\overline{e_{31}}$ に比例することがわかる．$\overline{e_{31}} < 0$ であることを考慮すると，駆動角周波数が十分低い周波数（$\omega \cong 0$）においては，$\sin\left(\dfrac{\omega}{c}x\right) = \dfrac{\omega}{c}x$ および $\cos\left(\dfrac{\omega l}{2c}\right) = 1$ とできるから，

$$u(x,t)|_{\omega\cong 0} = \frac{\overline{e_{31}}}{\overline{c_{11}^E}}\frac{V_0e^{j\omega t}}{h}x \tag{5.24}$$

と圧電変位を表すことができる．このときのひずみ $\dfrac{\partial u}{\partial x}$ は位置 x に依存せず，一定になっている．入力電圧の符号が正（電界が上向きで分極と同じ方向）のときに，振動子は振動方向に縮んでいる（$e_{31} < 0$）．

この直流駆動の状態から駆動角周波数 ω を大きくしていくと，式 (5.23) において，

$$\cos\left(\frac{\omega l}{2c}\right) = 0 \tag{5.25}$$

が成り立つ角周波数

$$\omega_{\mathrm{r}} = (2n-1)\pi\frac{c}{l} \tag{5.26}$$

で変位が ∞ に発散し，共振する．ただし，n は自然数である．また，この角周波数は，式 (5.21) において，入力電圧振幅を $V_0 = 0$ としたときの解であり，電気端子を短絡して初期変位や初期速度を与えたときに励振可能な固有振動モードを与えるものである．

5.6　アドミッタンスの導出

電気特性のアドミッタンスを考察するために，圧電方程式の一つである式 (5.13) の第 2 式に，電界の式 (5.18) を代入すると，電束密度は

$$D_3 = \overline{e_{31}}S_1 + \overline{\varepsilon_{33}^{S_1}}\frac{V_0}{h}e^{j\omega t} \tag{5.27}$$

となる．式 (5.27) に式 (5.23) で求めた変位を表す式を代入すると，

$$\begin{aligned} D_3 &= \overline{e_{31}}\frac{\partial u}{\partial x} + \overline{\varepsilon_{33}^{S_1}}\frac{V_0}{h}e^{j\omega t} \\ &= \left\{\overline{e_{31}}^2\frac{1}{\overline{c_{11}^E}h\cos\left(\dfrac{\omega l}{2c}\right)}\cos\left(\frac{\omega}{c}x\right) + \overline{\varepsilon_{33}^{S_1}}\frac{1}{h}\right\}V_0e^{j\omega t} \end{aligned} \tag{5.28}$$

を得る．いまのように平行平板で構成されるキャパシタの場合には，電束密度は電極に蓄えられる単位面積あたりの電荷量に等しい．式 (5.28) をみると電荷分布は位置 x の関数となっており，5.4 節で説明したように，電界 E_3 が時間だけの関数で位置に無関係であるのと対照的である．7 章で説明する圧電縦効果では，この関係が逆転する．入力交流電圧の角周波数が共振角周波数に等しいとき（式 (5.26) が成り立っているとき），電束密度の分母 $\cos\left(\dfrac{\omega l}{2c}\right)$ が 0 になるので，発散して ∞ の振幅をもつようになる．

アドミッタンスは，単位入力電圧に対する電流の振幅と位相である．電源から供給される電流 i は，式 (5.28) の電束密度を電極範囲内で面積分した後に時間微分したものであるから，

$$i = \frac{\partial}{\partial t}\int_{-\frac{b}{2}}^{\frac{b}{2}}\int_{-\frac{l}{2}}^{\frac{l}{2}} D_3\mathrm{d}x\mathrm{d}y$$

$$= j\omega \int_{-\frac{b}{2}}^{\frac{b}{2}} \int_{-\frac{l}{2}}^{\frac{l}{2}} \left\{ \overline{e_{31}}^2 \frac{1}{\overline{c_{11}^E} h \cos\left(\frac{\omega l}{2c}\right)} \cos\left(\frac{\omega}{c} x\right) + \overline{\varepsilon_{33}^{S_1}} \frac{1}{h} \right\} \mathrm{d}x \mathrm{d}y V_0 e^{j\omega t}$$

$$= \left\{ j \frac{2\overline{e_{31}}^2 b}{\rho c h} \tan\left(\frac{\omega l}{2c}\right) + j\omega \overline{\varepsilon_{33}^{S_1}} \frac{bl}{h} \right\} V_0 e^{j\omega t} \tag{5.29}$$

となる．ただし，$\overline{c_{11}^E} = \rho c^2$ である．したがって，アドミッタンス Y は

$$Y = \frac{i}{V} = \frac{i}{V_0 e^{j\omega t}} = j \frac{2\overline{e_{31}}^2 b}{\rho c h} \tan\left(\frac{\omega l}{2c}\right) + j\omega \overline{\varepsilon_{33}^{S_1}} \frac{bl}{h} = Y_{\mathrm{m}} + j\omega C_{\mathrm{d}} \tag{5.30}$$

として得られる．ここで，$Y_{\mathrm{m}} = j \frac{2\overline{e_{31}}^2 b}{\rho c h} \tan\left(\frac{\omega l}{2c}\right)$ は機械特性を表したもので動アドミッタンス，もう一方の $C_{\mathrm{d}} = \overline{\varepsilon_{33}^{S_1}} \frac{bl}{h}$ は制動容量とよばれる．制動容量は，誘電率と電極面積 bl をかけ，厚さ h で割った形であるから，一般的な容量成分と同じ形である．このときの誘電率は，振動方向である 1 軸方向にひずみを許容しないで測定した値 $\overline{\varepsilon_{33}^{S_1}}$ となる．

5.7 共振角周波数および反共振角周波数

アドミッタンスの計算結果には，$\tan\left(\frac{\omega l}{2c}\right)$ が含まれており，先に示した振動振幅 $u(x,t)$ が発散する（共振する）条件，つまり $\cos\left(\frac{\omega l}{2c}\right) = 0$ となる駆動角周波数において，アドミッタンスも発散する．動アドミッタンス Y_{m} が極大になる角周波数 ω_{r} は，

$$\omega_{\mathrm{r}} = (2n-1)\frac{\pi c}{l} \tag{5.31}$$

である．ただし，n は自然数である．

圧電横振動子のアドミッタンス特性は，駆動角周波数を大きくしていくに従い，共振点でアドミッタンスが極大になった後に極小値を迎える．このアドミッタンスが極小を示す現象を反共振とよび，損失を考えていない場合にはアドミッタンスは反共振で 0 となる．反共振周波数 ω_{a} は，$Y = 0$ として，

$$j \frac{2\overline{e_{31}}^2 b}{\rho c h} \tan\left(\frac{\omega_{\mathrm{a}} l}{2c}\right) + j\omega_{\mathrm{a}} \overline{\varepsilon_{33}^{S_1}} \frac{bl}{h} = 0 \tag{5.32}$$

を満たす．式 (5.32) を式変形すると，

$$\frac{\tan\left(\dfrac{\omega_{\mathrm{a}} l}{2c}\right)}{\omega_{\mathrm{a}}} = -\frac{\overline{\varepsilon_{33}^{S_1}}\rho c l}{2\overline{e_{31}}^2} \tag{5.33}$$

すなわち，

$$\frac{\tan\left(\dfrac{\omega_{\mathrm{a}} l}{2c}\right)}{\dfrac{\omega_{\mathrm{a}} l}{2c}} = -\frac{\overline{c_{11}^E}\,\overline{\varepsilon_{33}^{S_1}}}{\overline{e_{31}}^2} \tag{5.34}$$

が成り立つ．ただし，$\rho \mathrm{c}^2 = \overline{c_{11}^E}$ である．式 (5.34) は，$\dfrac{\omega_{\mathrm{a}} l}{2c} = X$ とおき換えると，

$$\tan X = -\frac{\overline{c_{11}^E}\,\overline{\varepsilon_{33}^{S_1}}}{\overline{e_{31}}^2} X \tag{5.35}$$

となるので，図 5.3 のようなグラフの交点から X を求めて，反共振角周波数 ω_{a} を得ることができる．

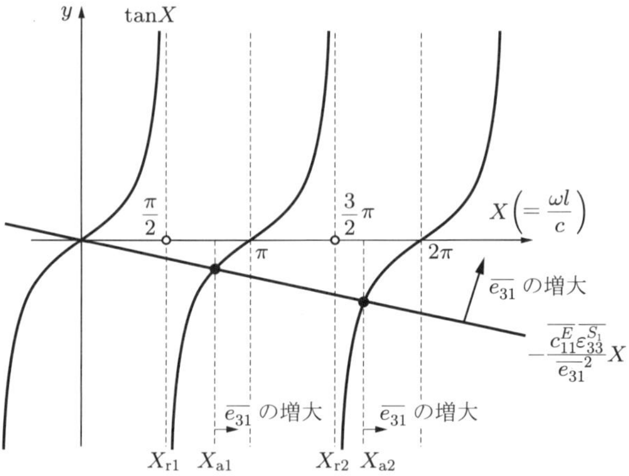

図 5.3　アドミッタンスから求められる圧電横効果の共振・反共振角周波数

式 (5.31) で示す最低次 $n = 1$ を代入して得られる共振角周波数 $\omega_{\mathrm{r}} = \dfrac{\pi c}{l}$ に対応する $X = \dfrac{\omega l}{2c}$ は $X_{\mathrm{r}} = \dfrac{\pi}{2}$ となり，これを X_{r1} とした．この値は，圧電定数 $\overline{e_{31}}$ に依存しない．一方，この ω_{r} の対となる反共振周波数 ω_{a} を示す X を求めるには $y = \tan X$

と直線 $y = -\dfrac{\overline{c_{11}^{E}}\,\overline{\varepsilon_{33}^{S_1}}}{\overline{e_{31}}^2}X$ の交点を求めればよく，$\dfrac{\pi}{2} < X_{\mathrm{a}} < \pi$ の範囲となり，図中の黒丸で表した点となる．ここで，直線の傾き $-\dfrac{\overline{c_{11}^{E}}\,\overline{\varepsilon_{33}^{S_1}}}{\overline{e_{31}}^2}$ は，圧電定数 $\overline{e_{31}}$ が大きくなるに従って傾きが変化して X 軸に近づいていく．ここで，k_{31} を電気機械結合係数として $-\dfrac{\overline{c_{11}^{E}}\,\overline{\varepsilon_{33}^{S_1}}}{\overline{e_{31}}^2} = 1 - \dfrac{1}{{k_{31}}^2}$ である（この関係については式 (6.19) で詳しく示す）．この結果，圧電性能が高い材料では，$y = \tan X$ と直線 $y = -\dfrac{\overline{c_{11}^{E}}\,\overline{\varepsilon_{33}^{S_1}}}{\overline{e_{31}}^2}X$ の交点 X_{a1} は大きくなる方向に移動していくので，共振周波数に対応する $X_{\mathrm{r1}} = \dfrac{\pi}{2}$ と X_{a1} の間隔が広くなっていく．ただし，X_{a1} が π を超えることはない．

このように，圧電効果が高くなると，共振周波数と反共振周波数の差は大きくなっていく．また，高次モードに対応する共振周波数と反共振周波数についてみると，低次モードに比べて両者の差が小さいことがわかる．

5.8　電気機械結合係数

反共振角周波数は式 (5.34) から，

$$\frac{\tan\left(\dfrac{\omega_{\mathrm{a}} l}{2c}\right)}{\dfrac{\omega_{\mathrm{a}} l}{2c}} = -\frac{\overline{c_{11}^{E}}\,\overline{\varepsilon_{33}^{S_1}}}{\overline{e_{31}}^2} \tag{5.36}$$

を満たす角周波数 ω_{a} として求めることができた．ここで，電気機械結合係数 k_{31} に関する

$$-\frac{\overline{c_{11}^{E}}\,\overline{\varepsilon_{33}^{S_1}}}{\overline{c_{31}}^2} = 1 - \frac{1}{{k_{31}}^2} \tag{5.37}$$

の関係を利用する（式 (5.37) の詳しい求め方は 6.2.3 項で説明する）．式 (5.36), (5.37) から

$$\frac{\tan\left(\dfrac{\omega_{\mathrm{a}} l}{2c}\right)}{\dfrac{\omega_{\mathrm{a}} l}{2c}} = 1 - \frac{1}{{k_{31}}^2} \tag{5.38}$$

となる．

この関係を用いることで，圧電横振動子のアドミッタンス測定結果から共振角周波数と反共振角周波数を得て，電気機械結合係数 k_{31} が求められる．なお，電気機械結合係数は，直流的な入力エネルギーに対して電気機械変換されるエネルギーの割合で定義されるものであり，共振しているときのエネルギーで定義されるものではない．共振と反共振角周波数から，直流で定義される電気機械結合係数を求められるということである．

式 (5.26) から，$c = \dfrac{\omega_\mathrm{r} l}{(2n-1)\pi}$ としたものを式 (5.38) に代入すると

$$1 - \frac{1}{{k_{31}}^2} = \frac{\tan\left(\dfrac{\omega_\mathrm{a} l}{2c}\right)}{\dfrac{\omega_\mathrm{a} l}{2c}} = \frac{2}{\pi}\frac{\tan\left(\dfrac{2n-1}{2}\pi\dfrac{\omega_\mathrm{a}}{\omega_\mathrm{r}}\right)}{(2n-1)\dfrac{\omega_\mathrm{a}}{\omega_\mathrm{r}}} \tag{5.39}$$

である．とくに，最低次モードのときは，$n = 1$ を代入して，

$$1 - \frac{1}{{k_{31}}^2} = \frac{2}{\pi}\frac{\tan\left(\dfrac{\pi}{2}\dfrac{\omega_\mathrm{a}}{\omega_\mathrm{r}}\right)}{\dfrac{\omega_\mathrm{a}}{\omega_\mathrm{r}}} \tag{5.40}$$

より，

$$k_{31} = \sqrt{\frac{1}{1 - \dfrac{2}{\pi}\dfrac{\omega_\mathrm{r}}{\omega_\mathrm{a}}\tan\left(\dfrac{\pi}{2}\dfrac{\omega_\mathrm{a}}{\omega_\mathrm{r}}\right)}} \tag{5.41}$$

となる．同様にして，電気機械結合係数 k_{31} は，各モードの共振角周波数 ω_r と反共振角周波数 ω_a から導出できる．また，式 (5.41) に現れる $\dfrac{\omega_\mathrm{a}}{\omega_\mathrm{r}}$ を一つのパラメータとみると，先の反共振周波数を求める図 5.3 のグラフで明らかになったように，1 次モードでは $1 \leq \dfrac{\omega_\mathrm{a}}{\omega_\mathrm{r}} \leq 2$ である．$\dfrac{\omega_\mathrm{a}}{\omega_\mathrm{r}}$ と k_{31} の関係は図 5.4 のようになり，共振周波数と反共振周波数の比率が大きくなるほど，電気機械結合係数は大きくなる．角周波数の差を $\Delta\omega = \omega_\mathrm{a} - \omega_\mathrm{r}$ として式 (5.41) を書き直すと，

$$k_{31} = \sqrt{\frac{1}{1 - \dfrac{2}{\pi}\dfrac{\omega_\mathrm{r}}{\omega_\mathrm{r} + \Delta\omega}\tan\left(\dfrac{\pi}{2}\dfrac{\omega_\mathrm{r} + \Delta\omega}{\omega_\mathrm{r}}\right)}}$$

$$= \sqrt{\frac{1}{1 + \dfrac{2}{\pi}\dfrac{1}{\left(1 + \dfrac{\Delta\omega}{\omega_{\mathrm{r}}}\right)\tan\left(\dfrac{\pi}{2}\dfrac{\Delta\omega}{\omega_{\mathrm{r}}}\right)}}} \tag{5.42}$$

となる．ただし，$\tan\left(\dfrac{\pi}{2} + \theta\right) = -\dfrac{1}{\tan\theta}$ である．図 5.4 には横軸を $\dfrac{\omega_{\mathrm{a}}}{\omega_{\mathrm{r}}}$ から $\dfrac{\Delta\omega}{\omega_{\mathrm{r}}}$ に取り直した軸も示した．

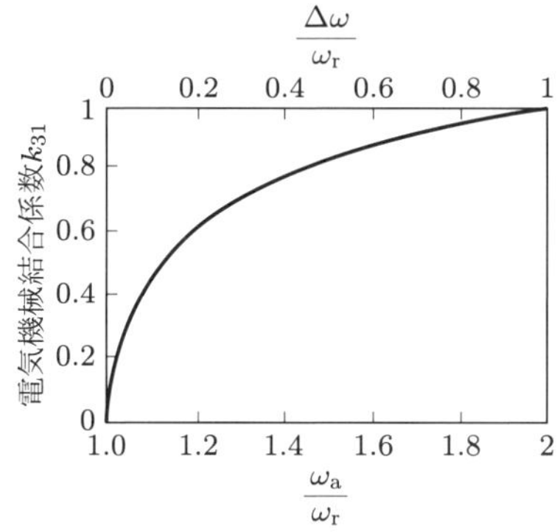

図 5.4　共振・反共振角周波数と電気機械結合係数の関係

5.9　機械的に励振したときの振動モード

圧電横効果の場合，圧電方程式と微小部分の運動方程式から，波動方程式

$$\frac{\partial^2 u}{\partial t^2} = c^2 \frac{\partial^2 u}{\partial x^2} \tag{5.43}$$

が導出されて，

$$u(x,t) = \left\{A\cos\left(\frac{\omega}{c}x\right) + B\sin\left(\frac{\omega}{c}x\right)\right\} e^{j\omega t} \tag{5.44}$$

が一般解として与えられた．ただし，$c = \sqrt{\dfrac{c_{11}^E}{\rho}}$ である．ここでの角周波数 ω は，電気的および機械的な境界条件によって決められるものである．ここまでは，主に入力電圧を与えて共振駆動させる場合を中心に説明してきた．このような駆動時の振動モードの一般解は，

$$u(x,t) = B\sin\left(\frac{\omega_{\mathrm{r}}}{c}x\right) e^{j\omega_{\mathrm{r}} t} \tag{5.45}$$

となり，離散的な角周波数として $\omega_\mathrm{r} = (2n-1)\dfrac{\pi c}{l}$ しか許容されない．ただし，n は自然数である．また，この角周波数は，電気端子を短絡して外部から力を加えたり，初期変位や初期速度を与えたりして励振できる振動モードと合致する．応力分布については，

$$T_1 = \overline{c_{11}^E} S_1 - \overline{e_{31}} E_3 = \overline{c_{11}^E} \frac{\partial u}{\partial x} - \overline{e_{31}} \frac{V_0}{h} e^{j\omega t} \tag{5.46}$$

が圧電方程式から与えられ，共振角周波数 ω_r においては $\overline{c_{11}^E}\dfrac{\partial u}{\partial x} \gg \overline{e_{31}}\dfrac{V_0}{h}e^{j\omega t}$ であるから，

$$T_1 = \overline{c_{11}^E} \frac{\partial u}{\partial x} = B\overline{c_{11}^E} \frac{\omega_\mathrm{r}}{c} \cos\left(\frac{\omega_\mathrm{r}}{c} x\right) e^{j\omega_\mathrm{r} t} \tag{5.47}$$

とできる．この変位と応力に関する1次の振動モードは，図5.5, 5.6のようになる．なお振幅は正規化している．

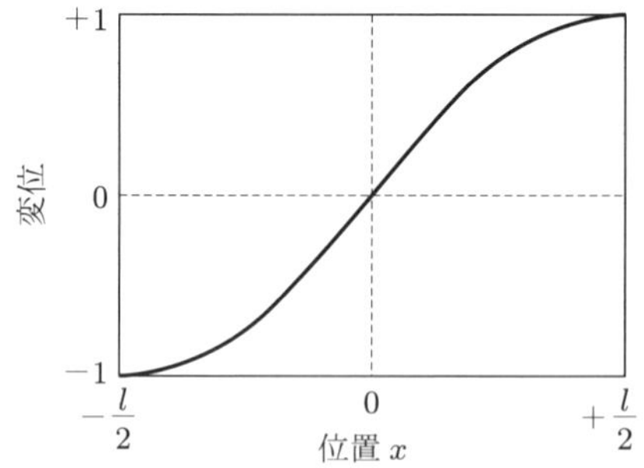

図5.5　共振周波数 ω_r における変位の1次振動モード

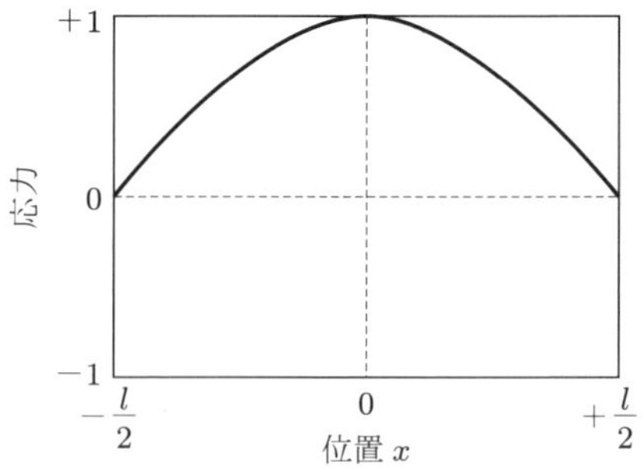

図5.6　共振周波数 ω_r における応力の1次振動モード

一方，電気的に開放した境界条件において，式(5.43)の波動方程式を満たす振動モードを与える角周波数について考えてみる．この境界条件のときには，圧電効果によって生じる電位は電極の存在によって位置 x に依存しない一定値であるから，これを $V_0 e^{j\omega t}$ とする．圧電方程式に電界 $\dfrac{V_0}{h}e^{j\omega t}$ と $u(x,t) = \left\{B\sin\left(\dfrac{\omega}{c}x\right)\right\}e^{j\omega t}$ を代入することで，電束密度は

$$D_3 = \overline{e_{31}} S_1 + \overline{\varepsilon_{33}^{S_1}} E_3 = \left\{B\overline{e_{31}}\frac{\omega}{c}\cos\left(\frac{\omega}{c}x\right) + \overline{\varepsilon_{33}^{S_1}}\frac{V_0}{h}\right\}e^{j\omega t} \tag{5.48}$$

となる．電気端子を開放している境界条件の計算を行っているので，電束密度を電極

面積で積分すると 0 でなくてはならない．したがって，

$$\int_{-\frac{b}{2}}^{\frac{b}{2}}\int_{-\frac{l}{2}}^{\frac{l}{2}} D_3 \mathrm{d}x\mathrm{d}y = be^{j\omega t}\int_{-\frac{l}{2}}^{\frac{l}{2}}\left\{B\overline{e_{31}}\frac{\omega}{c}\cos\left(\frac{\omega}{c}x\right)+\overline{\varepsilon_{33}^{S_1}}\frac{V_0}{h}\right\}\mathrm{d}x$$
$$= be^{j\omega t}\left\{2B\overline{e_{31}}\sin\left(\frac{\omega l}{2c}\right)+\overline{\varepsilon_{33}^{S_1}}\frac{V_0 l}{h}\right\}=0 \tag{5.49}$$

が時間 t によらず恒等的に成り立つ．これより，

$$B = -\frac{\overline{\varepsilon_{33}^{S_1}}V_0 l}{2\overline{e_{31}}h\sin\left(\dfrac{\omega l}{2c}\right)} \tag{5.50}$$

と変位振幅が求められる．この振幅には，圧電効果によって生じる電位 V_0 が含まれている．

この結果と，境界条件として与えられている両端自由の条件を用いて，角周波数が満たす関係式を求める．応力に関する圧電方程式と，いま求めた振幅を一般解に代入した変位の式

$$u(x) = -\frac{\overline{\varepsilon_{33}^{S_1}}V_0 l}{2\overline{e_{31}}h\sin\left(\dfrac{\omega l}{2c}\right)}\sin\left(\frac{\omega}{c}x\right)e^{j\omega t}$$

によって，

$$T_1 = \overline{c_{11}^E}S_1 - \overline{e_{31}}E_3 = \left\{-\frac{\overline{c_{11}^E}\,\overline{\varepsilon_{33}^{S_1}}V_0 l}{2\overline{e_{31}}h\sin\left(\dfrac{\omega l}{2c}\right)}\frac{\omega}{c}\cos\left(\frac{\omega}{c}x\right)-\overline{e_{31}}\frac{V_0}{h}\right\}e^{j\omega t} \tag{5.51}$$

という応力分布が求められるから，$x=\dfrac{l}{2}$ での応力として，

$$T_1\big|_{x=\frac{l}{2}} = \left\{-\frac{\overline{c_{11}^E}\,\overline{\varepsilon_{33}^{S_1}}l}{2\overline{e_{31}}h\sin\left(\dfrac{\omega l}{2c}\right)}\frac{\omega}{c}\cos\left(\frac{\omega l}{2c}\right)-\overline{e_{31}}\frac{1}{h}\right\}V_0 e^{j\omega t}=0 \tag{5.52}$$

が成り立っている．いまの場合，すでに一般解の奇数次項のみとしているので，$x=\dfrac{l}{2}$，

$-\dfrac{l}{2}$ のどちらを代入しても同じ結果となる．式 (5.52) を満たす角周波数の解は，

$$\frac{\tan\left(\dfrac{\omega l}{2c}\right)}{\dfrac{\omega l}{2c}} = -\frac{\overline{c_{11}^E}\,\overline{\varepsilon_{33}^{S_1}}}{\overline{e_{31}}^2} \tag{5.53}$$

の関係をもつ．この角周波数を決める関係式は，反共振角周波数を決める式 (5.34) と一致している．逆にいえば，反共振角周波数とは，電気端子を開放した状態での振動モードに対応する．5.7 節で説明したように，この角周波数 ω_a は，対応する共振角周波数 ω_r に対して必ず $\omega_\mathrm{a} > \omega_\mathrm{r}$ の関係があり，図 5.3, 5.4 で説明したように，電気機械結合係数 k_{31} が大きくなるにつれてその差が大きくなる．

電気端子を短絡した状態で決まる角周波数については，

$$\omega_\mathrm{r} = (2n-1)\frac{\pi c}{l} \tag{5.54}$$

であったから，たとえば $n=1$ のときの波長 λ は，

$$\lambda = \frac{2\pi c}{\omega_\mathrm{r}} = 2l \tag{5.55}$$

で，図 5.5 に示すように細棒には $\dfrac{\lambda}{2}$ の波が含まれることになる．角周波数 ω_a は ω_r よりも大きいので，波長は短くなり，その違いは，図 5.4 に示すように電気機械結合係数 k_{31} によって決まる．$k_{31}=0.7$ の場合に，電気端子を開放した際に励振される変位の振動モードの様子を図 5.7 に示す．ここでは，振動分布の様子がよくわかるように $k_{31}=0.7$ としたが，一般に k_{31} は 0.5 以下であることが多い．

このように，角周波数 ω_a での振動モードは，電気的に励振したり，電気端子を短絡したりした境界条件での図 5.5, 5.6 のようなモード図とは異なり，半波長以上の波が細棒に励振される．つまり，電気端子を開放して振動に伴う圧電効果で生じる電極間の電圧差によって，圧電体は短絡した場合よりも硬くなる．このときの振動モードは図 5.7 のようになり，その端面での傾きは 0 にはならない．これは次に示すように，応力がひずみからだけでなく，圧電効果によって生じる電圧の影響を受けるためである．図 5.4 で示される電気機械結合係数と $\dfrac{\omega_\mathrm{a}}{\omega_\mathrm{r}}$ の関係からわかるように，電気機械結合係数が 0.5 以上になると $\dfrac{\omega_\mathrm{a}}{\omega_\mathrm{r}}$ が急激に大きくなり，それに伴って電気端子の境界条件による振動モードの形の違いが大きくなる．

このような角周波数 ω_a によって与えられる振動モードでの応力分布は，式 (5.51)

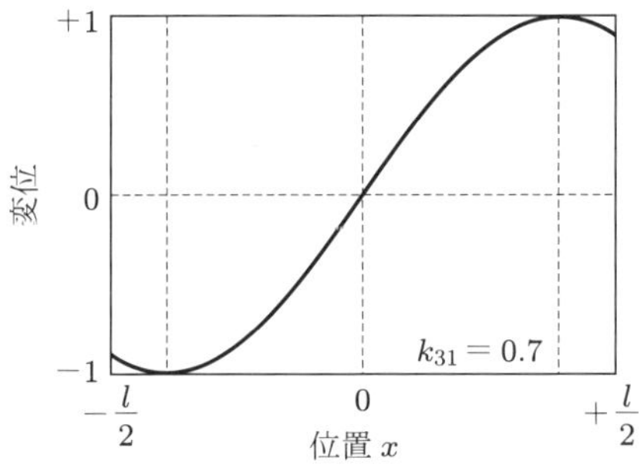

図 5.7　電気端子開放の境界条件で励振される角周波数 ω_a における変位の 1 次振動モード

となるから，

$$T_1 = \overline{c_{11}^E} S_1 - \overline{e_{31}} E_3 = \overline{c_{11}^E} \frac{\partial u}{\partial x} - \overline{e_{31}} E_3 \tag{5.56}$$

であり，両端自由の境界条件から $x = \pm\frac{l}{2}$ での応力は 0 となっている．これは図 5.8 に示すように，応力がひずみによって生じるものと，圧電効果によって生じた電界によって生じたもの（$-\overline{e_{31}}E_3$）で構成されていることを示している．この電界は，位置 x に依存せずに一定である．

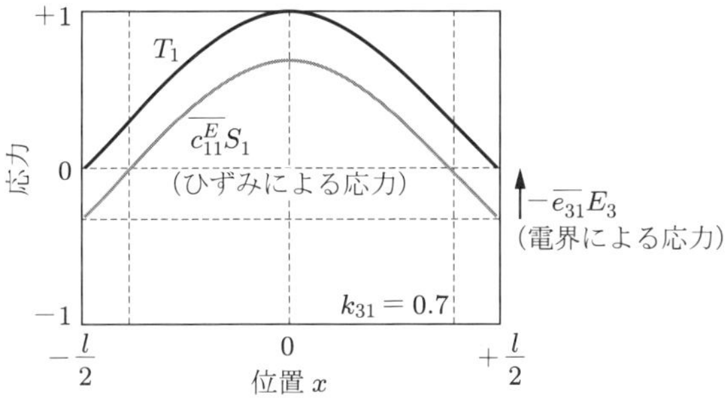

図 5.8　電気端子開放の境界条件で励振される角周波数 ω_a における応力の 1 次振動モード

なお，ここで注意しなくてはならないのは，ω_a で励振される振動モードは，あくまで電気端子を開放した状態での振動モードであることである．したがって，たとえば電気端子から駆動電圧を入力して，励振する角周波数を ω_a に一致させても，このような振動モードは励振できない．また，この角周波数 ω_a では，駆動電源側からみたアドミッタンスが 0 になるだけで，機械端子側には影響はなく，非共振となる．

6章
等価回路による圧電効果の理解

5章で説明したように，波動方程式と圧電方程式を組み合わせることによって，圧電横効果振動の機械的変位と電気特性（アドミッタンス）の一般解を求めることができた．また，電気機械結合係数が，共振角周波数と反共振角周波数から計算できることも示した．本章では，これらの知見をもとにして，圧電横効果振動のMasonの等価回路と伝達マトリックスを導出する．圧電効果は電気機械変換をするものであるから，得られた方程式を等価回路に変換することで，圧電効果の直感的理解を助けるものとなる．

6.1 LCR 直列回路による等価回路表現

圧電横効果の振動について，振動変位と電気特性に関する一般解は，5章で求めたように，

$$u(x,t) = \overline{e_{31}} \frac{c}{\overline{c_{11}^{E}} \omega h \cos\left(\dfrac{\omega l}{2c}\right)} \sin\left(\frac{\omega}{c}x\right) V_0 e^{j\omega t} \tag{6.1}$$

$$Y = \frac{i}{V} = j\frac{2\overline{e_{31}}^2 b}{\rho c h} \tan\left(\frac{\omega l}{2c}\right) + j\omega\overline{\varepsilon_{33}^{S_1}} \frac{bl}{h} = Y_{\mathrm{m}} + j\omega C_{\mathrm{d}} \tag{6.2}$$

である．式(6.1), (6.2)から等価回路を導出する．アドミッタンスを表す式(6.2)の右辺第1項は，圧電定数 $\overline{e_{31}}$ や密度 ρ，音速 c などの機械的なパラメータによって構成されている．この項は，圧電素子の機械的振動特性に起因する現象を示しており，動アドミッタンス Y_{m} $\left(= j\dfrac{2\overline{e_{31}}^2 b}{\rho c h} \tan\left(\dfrac{\omega l}{2c}\right)\right)$ といわれる．右辺第2項は，面積 bl で厚さ h，誘電率 $\overline{\varepsilon_{33}^{S_1}}$ のキャパシタ容量によるアドミッタンスと等しい．ここで誘電率 $\overline{\varepsilon_{33}^{S_1}}$ の右上にひずみを一定にした場合に測定したことを示す S_1 があることから，圧電素子を純電気的にみた場合，つまり振動子を機械的に拘束して1軸方向の振動変位が0になるようにした場合のキャパシタ容量に等しい．これを制動容量 C_{d} とよぶ．非圧電材料の場合には，圧電定数 $\overline{e_{31}}$ が0であるから式(6.2)の右辺第1項はなくなり，制動容量は純電気的なキャパシタに流れる場合のアドミッタンスを示すこと

になる．

圧電変位を表す式 (6.1) の分母が 0 となるのが共振状態であるから，これは

$$\cos\left(\frac{\omega l}{2c}\right) = 0 \tag{6.3}$$

が成り立つ場合である．したがって，共振角周波数は

$$\omega_{\mathrm{r}} = (2n-1)\pi\frac{c}{l} \tag{6.4}$$

である．ただし，n は自然数である．

ここで，式 (6.2) のアドミッタンスに含まれる $\tan\left(\dfrac{\omega l}{2c}\right)$ の部分を Laurent 展開すると，

$$\tan\left(\frac{\omega l}{2c}\right) = \sum_{n=1}^{\infty}\frac{1}{-\dfrac{\omega l}{4c} + (2n-1)^2\dfrac{\pi^2}{8}\dfrac{2c}{\omega l}} \tag{6.5}$$

より，

$$\begin{aligned}
Y &= j\frac{2\overline{e_{31}}^2 b}{\rho c h}\tan\left(\frac{\omega l}{2c}\right) + j\omega\overline{\varepsilon_{33}^{S_1}}\frac{bl}{h} \\
&= j\frac{2\overline{e_{31}}^2 b}{\rho c h}\sum_{n=1}^{\infty}\frac{1}{-\dfrac{\omega l}{4c} + (2n-1)^2\dfrac{\pi^2}{8}\dfrac{2c}{\omega l}} + j\omega C_{\mathrm{d}} \\
&= \sum_{n=1}^{\infty}\frac{1}{j\omega\dfrac{\rho h l}{8\overline{e_{31}}^2 b} + \dfrac{1}{j\omega\dfrac{8\overline{e_{31}}^2 bl}{(2n-1)^2\pi^2\rho c^2 h}}} + j\omega C_{\mathrm{d}} \\
&= (2\overline{e_{31}}b)^2\sum_{n=1}^{\infty}\frac{1}{j\omega\dfrac{\rho bhl}{2} + \dfrac{1}{j\omega\dfrac{2l}{(2n-1)^2\pi^2 c_{11}^E bh}}} + j\omega C_{\mathrm{d}} \\
&= A^2\left(\frac{1}{j\omega L_1 + \dfrac{1}{j\omega C_1}} + \frac{1}{j\omega L_3 + \dfrac{1}{j\omega C_3}} + \frac{1}{j\omega L_5 + \dfrac{1}{j\omega C_5}} + \cdots\right) + j\omega C_{\mathrm{d}}
\end{aligned} \tag{6.6}$$

と計算できる（Laurent 展開については，付録 F で説明する）．ただし，$\rho c^2 = \overline{c_{11}^E}$ で

ある．ここで，パラメータ $A\ (=2\overline{e_{31}}b)$ は力係数とよばれ，圧電定数 $\overline{e_{31}}$ を含んでおり，圧電効果によって入力電圧を発生力に変換する役割をもつ．

この式 (6.6) の計算結果から，等価回路は各モードに対応する LC 直列回路 $\left(L_{2n-1}=\dfrac{\rho bhl}{2},\ C_{2n-1}=\dfrac{2l}{(2n-1)^2\pi^2\overline{c_{11}^E}bh}\right)$ が並列にならび，これと制動容量 $C_\mathrm{d}\ \left(=\overline{\varepsilon_{33}^{S_1}}\dfrac{bl}{h}\right)$ が理想トランス A を挟んで並列接続されている等価回路となる．式 (6.6) における式変形で 3 行目の

$$Y=\sum_{n=1}^{\infty}\frac{1}{j\omega\dfrac{\rho hl}{8\overline{e_{31}}^2b}+\dfrac{1}{j\omega\dfrac{8\overline{e_{31}}^2bl}{(2n-1)^2\pi^2\rho c^2h}}}+j\omega C_\mathrm{d} \tag{6.7}$$

に着目すると，$A=2\overline{e_{31}}b$, $L_{2n-1}=\dfrac{\rho bhl}{2}$ (= 一定), $C_{2n-1}=\dfrac{2l}{(2n-1)^2\pi^2\overline{c_{11}^E}bh}$, $C_\mathrm{d}=\overline{\varepsilon_{33}^{S_1}}\dfrac{bl}{h}$ と書き直すことで，

$$Y=\sum_{n=1}^{\infty}\frac{1}{j\omega\dfrac{L_{2n-1}}{A^2}+\dfrac{1}{j\omega A^2C_{2n-1}}}+j\omega C_\mathrm{d} \tag{6.8}$$

とできる．したがって，等価回路は図 6.1 のようになる．

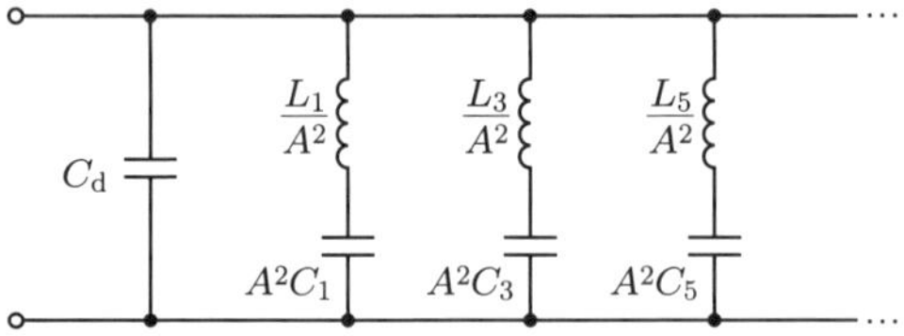

図 6.1　力係数が各パラメータに含まれる LC 等価回路

この等価回路においては，LC 直列回路の各パラメータは力係数 A を含んだ形である．たとえば，等価インダクタは，非圧電体の細棒の場合のように質量の半分 L_{2n-1} となっているわけではなく，$\dfrac{L_{2n-1}}{A^2}$ であるから，この等価回路の LC 直列回路に流れる電流は，機械系の速度を等価的に表すものではない．その一方で，アドミッタンスの式を式 (6.6) のように

$$Y = A^2 \sum_{n=1}^{\infty} \frac{1}{j\omega L_{2n-1} + \dfrac{1}{j\omega C_{2n-1}}} + j\omega C_{\mathrm{d}} \tag{6.9}$$

として，力係数をくくりだした式にすると，図 6.2 のような等価回路になる．図 6.1, 6.2 の二つの回路は等価でアドミッタンスは等しいので，電気端子側からみると両者を区別することはできない．

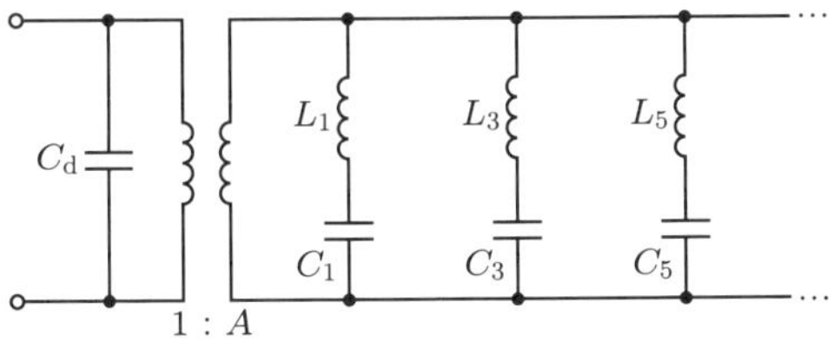

図 6.2 力係数をトランスとして表した LC 等価回路

図 6.2 への等価変換は，あるインピーダンス Z をトランス A を介してみた Z' に等しいと考えれば，Z と Z' の関係が得られることに対応している．トランス A は，1 次側から 2 次側に向かっての変換において，電圧は A 倍，電流は $\dfrac{1}{A}$ 倍とする．図 6.3(a) のようなインピーダンスは $Z = \dfrac{V}{i}$ であり，図 (b) では，

$$\frac{V}{i} (= Z) = \frac{\dfrac{F}{A}}{Av} = \frac{1}{A^2}\frac{F}{v} = \frac{Z'}{A^2} \tag{6.10}$$

である．したがって，

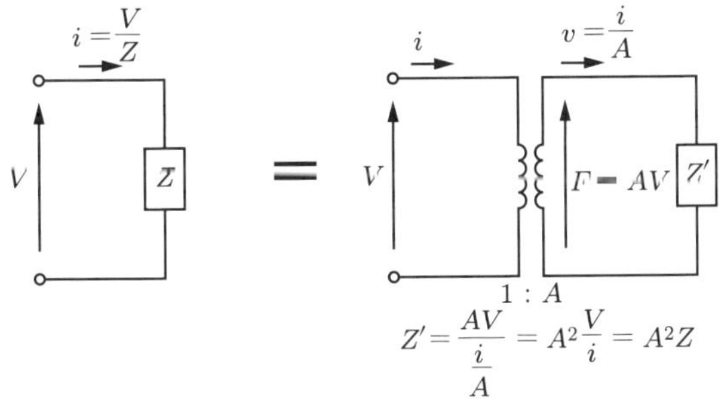

（a）インピーダンスを一つにまとめたもの

（b）トランス A を介したインピーダンス

図 6.3 力係数によるインピーダンスの変換について

$$Z' = A^2 Z$$

とできることからも説明できる（詳しくは付録 B で説明する）．

図 6.2 の等価回路では，等価インダクタ L_{2n-1} は，細棒の質量の半分 $\dfrac{\rho bhl}{2}$ となっており，LC 直列回路に流れる電流は，各振動モードにおける細棒先端の振動速度を等価的に表現する．

図 6.2 の等価回路において，電気端子に加える駆動電圧の振幅を一定にして，角周波数を 0 から大きくしていくことを考える．各モードの $L_{2n-1}C_{2n-1}$ 直列回路のインピーダンスが 0 となる共振周波数と一致すると，機械端子側に大電流が流れるとともに，対応する容量 C_{n-1} に大振幅の電荷変化が生じる．これは，振動子先端の速度，変位振幅が発振することに対応し，そのときの駆動周波数は次式のようになる．

$$\omega_{\mathrm{r}} = \sqrt{\frac{1}{L_{2n-1}C_{2n-1}}} \tag{6.11}$$

この共振の状態からさらに駆動周波数を上げていくと，機械端子側の LC 直列回路全体と制動容量が並列共振を起こすため，今度は駆動周波数がその振動モードの反共振周波数 ω_{a} と一致するようになり，電気端子側からみたインピーダンスが ∞ になる．すでに，反共振角周波数 ω_{a} では，$L_{2n-1}C_{2n-1}$ 直列回路のインピーダンスは 0 ではなくなっており，すべてのモードの LC 直列回路に電流が流れることによって振動変位分布が決定される．たとえば，1 次モードの反共振周波数の振動分布では，各モードの重ね合わせによって，振動分布は図 5.7 のように 1/2 波長よりも長い波となる．これに対応した共振角周波数における振動分布は，図 5.5 に示すように，細棒内でちょうど 1/2 波長となる．ただし，ここで混乱してはいけないのは，反共振角周波数 ω_{a} で駆動される振動分布は，機械的には共振状態ではないことである．機械的には非共振での駆動状態で，振幅は極めて小さい．入力電圧を加えて駆動する場合の反共振周波数は，3.2.5 項で説明したように，単に，制動容量に流れる電流と機械端子に流れる電流の絶対値が等しく，向きが逆になる状況になっているために，電源から流れ出る電流が 0 となっているという状況にすぎない．

一方，この境界条件とは異なり，電気端子を電源からはずして開放し，外部から機械的に駆動した場合には，圧電効果によって制動容量が機械的な役割を果たす．これによって，圧電体が硬くなるため，共振する角周波数は，反共振角周波数 ω_{a} に一致する．また，そのときの振動モードも図 5.7 のようになる．このときには共振状態であるから，十分大きな振動振幅を得ることになる．この境界条件によって圧電体が硬くなるのは，制動容量 C_{d} が機械端子側のインピーダンスと直列接続し，全体のキャパシタ容量が小さくなること，つまりその逆数のバネ定数が大きくなることから理解できる．これは，4.8.3 項で説明した細棒振動子の先端に集中定数系のバネを接続する現象と同じである．$\dfrac{A^2}{C_\mathrm{d}}$ の大きさをもつバネを音速 c の細棒先端に接続することで，励振可能な振動モードの形は変化し，その角周波数は大きくなる．

圧電横効果の場合には電気機械結合係数が k_{31} がそれほど大きくなく，反共振角周波数 ω_a におけるほかのモードの影響も小さいため，1 次モードを例にして，図 6.4 のように機械端子側は注目する共振モードの L_1C_1 直列回路だけで構成されるものとしてみる．このとき，3 章で説明したように，A^2C_1 と C_d が直列接続されて合成キャパシタ容量は $\dfrac{A^2C_1C_\mathrm{d}}{A^2C_1+C_\mathrm{d}}$ となり，もとの A^2C_1 よりも小さくなって機械的に硬くなるので，反共振角周波数 ω_a は共振角周波数 ω_r よりも大きくなる．

$$\omega_\mathrm{a} = \sqrt{\frac{1}{L_1\dfrac{A^2C_1C_\mathrm{d}}{A^2C_1+C_\mathrm{d}}}} > \omega_\mathrm{r}\left(=\sqrt{\frac{1}{L_1(A^2C_1)}}\right) \tag{6.12}$$

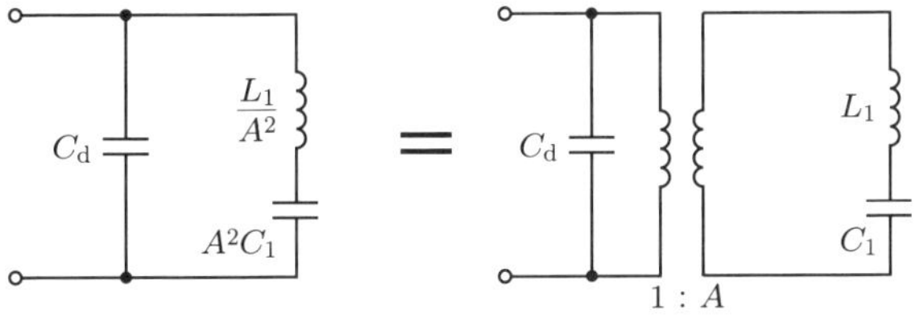

（a）機械端子側に力係数を含めた場合　（b）力係数を独立させた場合

図 6.4　力係数をトランスとして表した LC 直列回路への等価変換

この電気特性は，機械端子側に振動減衰成分 R を加えることで，

$$Y = j\omega C_\mathrm{d} + \frac{A^2}{R + j\omega L + \dfrac{1}{j\omega C}} \tag{6.13}$$

と近似的に表される．この近似は，1 次モード以外の高次モードを無視しているが，共振特性についてはとくに問題にならない．7 章で説明する圧電縦効果の場合には，電気機械結合係数 k_{33} が大きいために，高次モードの影響が顕著になる．もし，圧電横効果についても厳密にモデル化したい場合は，圧電縦効果と同じ方法で検討すればよい．

図 6.4 に示す回路は，機械端子側に振動減衰成分を加えると 3 章で示したアドミッタンスループを描く回路であり，アドミッタンス特性から Q 値や電気機械結合係数などのさまざまな特性を得ることができる．

6.2　直流入力による圧電効果

6.1 節で求めたアドミッタンスの式において，駆動角周波数 ω を十分小さくして直流的な変化をさせる場合，つまり，圧電振動子を準静的に駆動した場合を考える．これにより，直流入力時の等価回路を求めて，これが 2 章で示した等価回路と同じであることを示す．また，LC 直列回路で表される交流入力時の等価回路を変形して直流入力時の形にしたものと，アドミッタンスの式から求めたものが一致することを確認する．

6.2.1　アドミッタンスの式からの準静的（直流的）圧電等価回路

圧電横効果のアドミッタンスは，式 (6.2) を再掲すると，

$$Y = j\frac{2\overline{e_{31}}^2 b}{\rho c h}\tan\left(\frac{\omega l}{2c}\right) + j\omega\,\overline{\varepsilon_{33}^{S_1}}\frac{bl}{h} \tag{6.14}$$

であり，駆動角周波数 ω を十分小さくしたときの動アドミッタンス Y_{m} は，式 (6.14) で $\tan\left(\dfrac{\omega l}{2c}\right) \to \dfrac{\omega l}{2c}$ とすればよい．いままでの交流入力の場合には，波動方程式の一般解として計算した変位 $u(x)$ において先端の値，つまり $u\left(\dfrac{l}{2}\right)$ を等価回路上で q としていた．両端自由の振動子に直流的に駆動した場合には，図 6.5(a) のような変位分布となる．

しかし，直流入力をした場合には，片端を固定してもう一端の変位を取り出すほうが直感的に理解をしやすいし，2 章での境界条件と合致するので，図 6.5(b) に示すように，座標軸をとり直して原点 $x = 0$ で振動子を固定し，$x = l$ における変位 $u(l) = 2q = q'$ として等価回路定数の定義をし直す．この場合には，q' は細棒全体の変位を表すことになるから，いままでの先端変位の 2 倍を表現することになる．

この長さ l の細棒のバネ定数は $K' = \dfrac{\overline{c_{11}^{E}}\ bh}{l}$ であるから，式 (6.14) において $\tan\left(\dfrac{\omega l}{2c}\right) \to \dfrac{\omega l}{2c}$ とした後に，K'^{-1} をくくりだして，

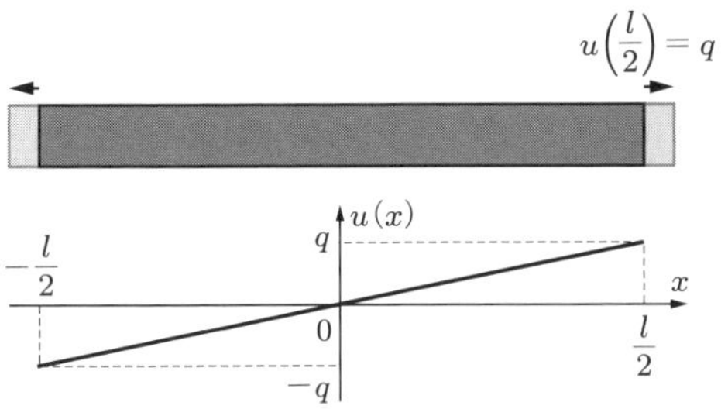

(a) 両端自由として考えた場合

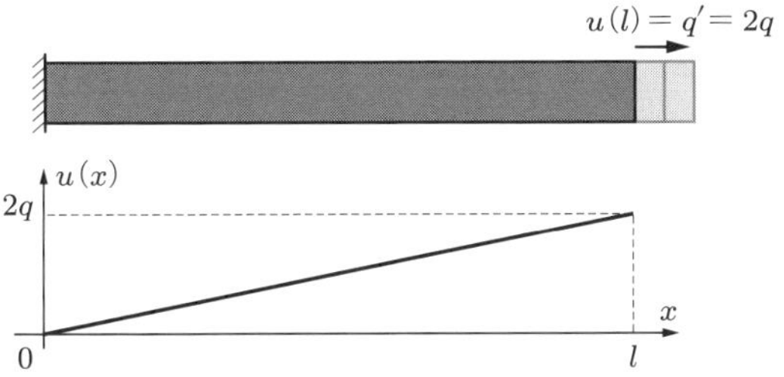

(b) 片端自由として考えた場合

図 6.5 直流入力の場合の振動子の変形

$$
\begin{aligned}
Y &= j\omega\frac{\overline{e_{31}}^2 bl}{\overline{c_{11}^E}\ h} + j\omega\ \overline{\varepsilon_{33}^{S_1}}\frac{bl}{h} = j\omega\left\{(\overline{e_{31}}b)^2\ \frac{l}{\overline{c_{11}^E}bh} + \overline{\varepsilon_{33}^{S_1}}\frac{bl}{h}\right\} \\
&= j\omega\left(A'^2\frac{1}{K'} + C_\mathrm{d}\right) \qquad (6.15)
\end{aligned}
$$

とできる．ただし，$\overline{c_{11}^E} = \rho c^2$, $C_\mathrm{d} = \overline{\varepsilon_{33}^{S_1}}\dfrac{bl}{h}$, $A' = \overline{e_{31}}b$ である．いまの場合には，厚さ方向（3 軸方向）に電界を加えて，それと垂直となる長手方向（1 軸方向）の変位を取り出している 31 効果であるが，2 章で求めた 33 効果の等価回路と同じ式 (2.52) の形になっていることがわかり，図 6.6 のようにモデル化ができる．

力係数に注目すると，いま求めた直流的な変位の場合には力係数が $A' = \overline{e_{31}}b$ であり，圧電横効果の式 (6.6) で求めた $A = 2\overline{e_{31}}b$ に比べて半分になっている．これは，図 6.5 で示したように，細棒先端部分の変位 q，もしくは細棒全体の変位 $q'(=2q)$ を考えるかの違いによるものである．

q が先端変位を示すと考える場合，細棒を図 6.7 のように中心から分割して，その側面どうしを接続した圧電体を考えればよい．このとき，バネ定数はもとの振動子の長

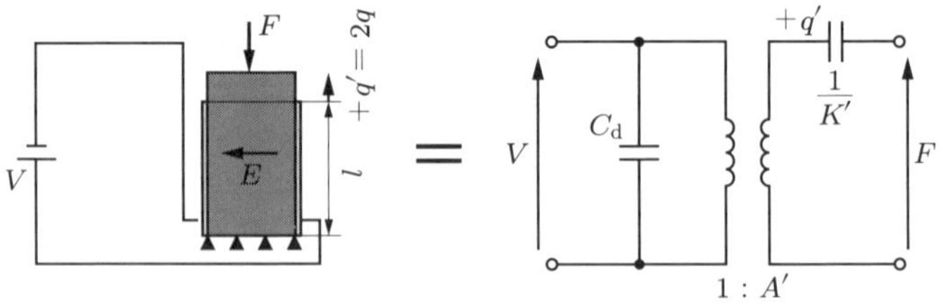

（a）駆動している様子　　（b）等価回路

図 6.6　直流的入力における等価回路（$A' = \overline{e_{31}}b$, q' は細棒全体の変位）

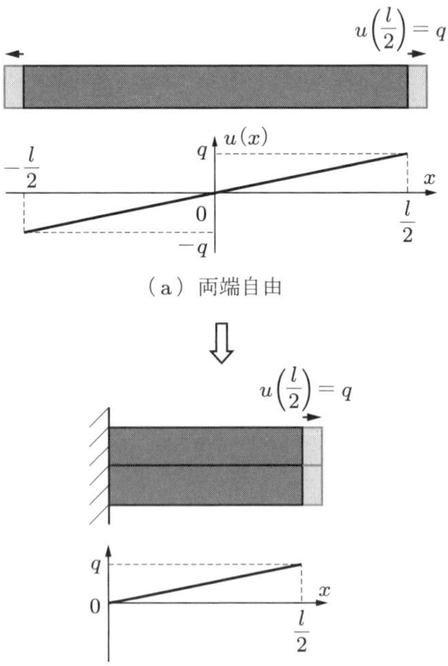

（b）片端固定，長さ $\frac{l}{2}$，断面積 2 倍

図 6.7　直流入力の場合の振動子の変形を等価変換した様子

さの半分となる $\dfrac{l}{2}$ で，断面積が 2 倍の $2bh$ となるから，$K^{-1} = \left(4\dfrac{\overline{c_{11}^E}\ bh}{l}\right)^{-1}$ がキャパシタ容量となる．したがって，式 (6.15) の式変形において $K'^{-1} = \left(\dfrac{\overline{c_{11}^E}\ bh}{l}\right)^{-1}$ ではなく，K^{-1} をくくりだすと，

$$Y = j\omega \frac{\overline{e_{31}}^2 bl}{c_{11}^E\ h} + j\omega\ \overline{\varepsilon_{33}^{S_1}} \frac{bl}{h} = j\omega \left\{ (2\overline{e_{31}}b)^2 \frac{l}{4c_{11}^E bh} + \overline{\varepsilon_{33}^{S_1}} \frac{bl}{h} \right\}$$
$$= j\omega \left(A^2 \frac{1}{K} + C_{\rm d} \right) \tag{6.16}$$

となって，$C_{\rm d} = \overline{\varepsilon_{33}^{S_1}} \dfrac{bl}{h}$, $A = 2\overline{e_{31}}b$ となり，圧電横効果を考えたときの図 6.2 における等価回路の力係数と同じになる．この結果をもとに，等価回路を導出すると，図 6.8 のようになり，実際に細棒端面にはたらいている F は等価回路上では 2 倍されて $2F$ となる．これは，図 6.7(a) のような構成に対して，断面積を 2 倍にして，片方向の変位 q のみを等価表現していることに対応している．

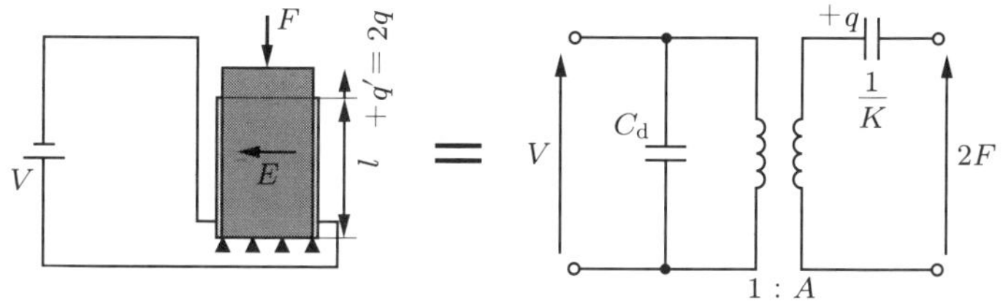

（a）駆動している様子　（b）等価回路

図 6.8　直流的入力における等価回路

6.2.2　LC 等価回路を変形した準静的（直流的）圧電等価回路

細棒振動子を直流的に駆動する場合に，$\tan\left(\dfrac{\omega l}{2c}\right) \to \dfrac{\omega l}{2c}$ とするのとは別の方法で，すなわち，各モードに対応するキャパシタに蓄えられる電荷の合計として圧電変位を求めてみる．等価回路は，式 (6.2) で示したアドミッタンスの式に含まれる tan 関数を Laurent 展開して求めた図 6.9(a) を用いる．この等価回路では，$A = 2\overline{e_{31}}b$, $L_{2n-1} = \dfrac{\rho bhl}{2}$, $C_{2n-1} = \dfrac{2l}{(2n-1)^2\pi^2 c_{11}^E bh}$, $C_{\rm d} = \overline{\varepsilon_{33}^{S_1}} \dfrac{bl}{h}$ として，各キャパシタに蓄

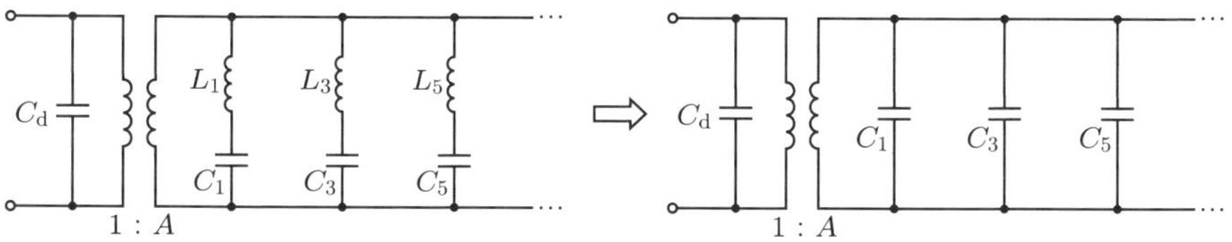

（a）一般的な場合　（b）準静的(直流的)な場合

図 6.9　力係数をトランスとして表した LC 直列回路

えられる電荷は，細棒振動子の先端変位 q に対応する．つまり，図 6.5(b) に示したように片端を固定したものとして細棒の全変位を q_{total} とする場合には，先端変位 q を 2 倍する必要がある．

この等価回路での機械端子側の各モードに対する LC 直列回路は，各モードに対するバネマス系のインピーダンスを表す．準静的な場合には $\omega \to 0$ であるから，ここに含まれる等価質量のインピーダンス $j\omega L_{2n-1}$ は 0 とできて，各振動モードに対応するバネ定数の逆数と等価な関係にあるキャパシタ C_{2n-1} により図 6.9(b) のように構成される．入力電圧 V は理想トランスで力係数 $A\ (= 2\overline{e_{31}}b)$ 倍されて駆動力 AV に変換されるから，各モードに対応する先端変位 q_{2n-1} は，6.1 節を参考にすると，

$$q_{2n-1} = C_{2n-1}(AV) = \frac{2l}{(2n-1)^2\pi^2\overline{c_{11}^E}bh}AV \tag{6.17}$$

であり，各モードに対応する直流的変位をすべて合計して細棒先端変位を求め，さらに 2 倍したものが，振動子先端の変位 q_{total} になる．したがって，

$$\begin{aligned} q_{\mathrm{total}} &= 2\sum_{n=1}^{\infty} q_{2n-1} = 2\frac{2l}{\pi^2\overline{c_{11}^E}\ bh}\left(\frac{1}{1^2}+\frac{1}{3^2}+\frac{1}{5^2}+\cdots\right)AV = \frac{l}{2\overline{c_{11}^E}\ bh}AV \\ &= \frac{l}{2\overline{c_{11}^E}\ bh}2\overline{e_{31}}bV = \frac{l}{\overline{c_{11}^E}\ bh}(\overline{e_{31}}b)V = (\overline{e_{31}}b)\frac{1}{K'}V = A'\frac{1}{K'}V \end{aligned} \tag{6.18}$$

となる．ただし，$\dfrac{1}{1^2}+\dfrac{1}{3^2}+\dfrac{1}{5^2}+\cdots = \dfrac{\pi^2}{8}$, $A' = \overline{e_{31}}b$, $K' = \overline{c_{11}^E}\dfrac{bh}{l}$ である．ここで導出された力係数 A' とバネ定数 K' は，先に図 6.5(b) に示したように細棒全体の変位についての等価回路（図 6.6）を表す式 (6.15) での力係数とバネ定数と同じ値となっている．

6.2.3 電気機械結合係数

電気機械結合係数は，静的にエネルギー変換を行ったときの入力エネルギーと変換されたエネルギーの変換配分比の平方根であるから，図 6.6 の等価回路からこれを求めてみる．機械的に自由状態を境界条件としたとき，$F = 0$ だから，等価回路上では機械端子を短絡すればよい．この状態で電気端子に入力電圧 V を加えたとき，機械側の $\dfrac{1}{K'}$ と電気側の C_{d} に並列に電圧がかかるから，入力された全電気エネルギーのうち，機械エネルギーに変換された比率 ${k_{31}}^2$ は，

$$\frac{\dfrac{1}{2}\dfrac{(A'V)^2}{K'}}{\dfrac{1}{2}C_{\mathrm{d}}V^2+\dfrac{1}{2}\dfrac{(A'V)^2}{K'}}=\frac{\dfrac{A'^2}{K'}}{C_{\mathrm{d}}+\dfrac{A'^2}{K'}}=\frac{\dfrac{\overline{e_{31}}^2bl}{\overline{c_{11}^E}\,h}}{\overline{\varepsilon_{33}^{S_1}}\dfrac{bl}{h}+\dfrac{\overline{e_{31}}^2bl}{\overline{c_{11}^E}\,h}}=\frac{\dfrac{\overline{e_{31}}^2}{\overline{c_{11}^E}\,\overline{\varepsilon_{33}^{S_1}}}}{1+\dfrac{\overline{e_{31}}^2}{\overline{c_{11}^E}\,\overline{\varepsilon_{33}^{S_1}}}}={k_{31}}^2$$

となるから，

$$-\frac{\overline{c_{11}^E}\,\overline{\varepsilon_{33}^{S_1}}}{\overline{e_{31}}^2}=1-\frac{1}{{k_{31}}^2} \tag{6.19}$$

とできる．各パラメータは，5.2 節に定義したように，$\overline{c_{11}^E}=\dfrac{1}{s_{11}^E}$，$\overline{e_{31}}=\dfrac{d_{31}}{s_{11}^E}$，$\overline{\varepsilon_{33}^{S_1}}=\varepsilon_{33}^T-\dfrac{{d_{31}}^2}{s_{11}^E}$ であるから，

$$\frac{\overline{e_{31}}^2}{\overline{c_{11}^E}\,\overline{\varepsilon_{33}^{S_1}}}=\frac{s_{11}^E\left(\dfrac{d_{31}}{s_{11}^E}\right)^2}{\varepsilon_{33}^T-\dfrac{{d_{31}}^2}{s_{11}^E}}=\frac{\dfrac{{d_{31}}^2}{\varepsilon_{33}^Ts_{11}^E}}{1-\dfrac{{d_{31}}^2}{\varepsilon_{33}^Ts_{11}^E}}$$

の関係を用いると，

$$\frac{{d_{31}}^2}{\varepsilon_{33}^Ts_{11}^E}={k_{31}}^2 \tag{6.20}$$

が求められる．これは，2 章で求めた 33 効果での $\dfrac{{d_{33}}^2}{\varepsilon_{33}^Ts_{33}^E}={k_{33}}^2$ の形と同じである．

一方，今度は，電気端子を開放した状態で機械端子側から外力 F を振動子に加えて機械入力エネルギーを与え，制動容量 C_{d} への電気エネルギーとしてエネルギー変換を行ったときを考える．電気端子側を短絡すると，電気エネルギーは蓄えられないから，開放状態とする．入力全エネルギーに対する出力電気エネルギーの割合の平方根が電気機械結合係数である．等価回路は，図 6.10 のように，機械端子側からみるとキャパシタが直列接続した形になるので，エネルギーは電圧ではなく電荷で表すほうが見通しよく考察できる．

直列キャパシタの結合容量 C_{total} を

$$C_{\mathrm{total}}=\frac{1}{\left(\dfrac{C_{\mathrm{d}}}{A'^2}\right)^{-1}+\left(\dfrac{1}{K'}\right)^{-1}}=\frac{\dfrac{1}{K'}C_{\mathrm{d}}}{\dfrac{A'^2}{K'}+C_{\mathrm{d}}}$$

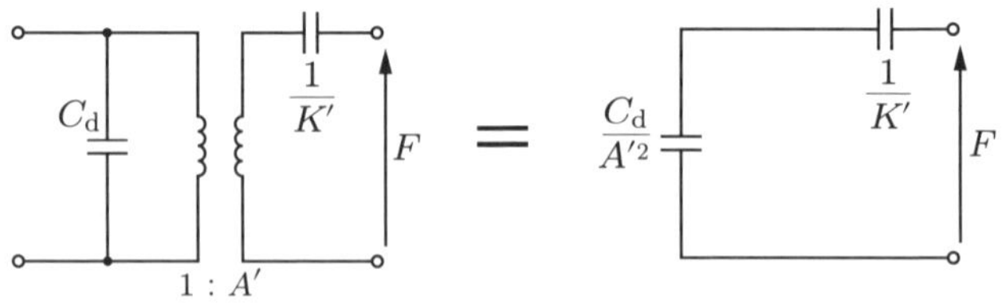

（a）力係数を独立させた場合　　（b）電気端子側に力係数を含めた場合

図 6.10　圧電横振動子に静的な外力を与えた場合の等価回路 $\left(A' = \overline{e_{31}}b,\ K' = \overline{c_{11}^E}\dfrac{bh}{l}\right)$

として，外力 F によって蓄えられる電荷を q（細棒全体の変位：$F > 0$ で押し付ける場合は縮むので負となる）とすると，入力された全エネルギーに対する変換された電気エネルギーの比率は，

$$\frac{\dfrac{1}{2}\dfrac{q^2}{C_\mathrm{d}/A'^2}}{\dfrac{1}{2}\dfrac{q^2}{C_\mathrm{total}}} = \frac{A'^2}{C_\mathrm{d}}\frac{\dfrac{1}{K'}C_\mathrm{d}}{\dfrac{A'^2}{K'} + C_\mathrm{d}} = \frac{\dfrac{A'^2}{K'}}{\dfrac{A'^2}{K'} + C_\mathrm{d}} = \frac{\dfrac{\overline{e_{31}}^2}{\overline{c_{11}^E}\,\overline{\varepsilon_{33}^{S_1}}}}{1 + \dfrac{\overline{e_{31}}^2}{\overline{c_{11}^E}\,\overline{\varepsilon_{33}^{S_1}}}} = {k_{31}}^2 \tag{6.21}$$

となり，式 (6.19) の変換と等しくなる．ただし，$A' = \overline{e_{31}}b$, $K' = \overline{c_{11}^E}\dfrac{bh}{l}$, $C_\mathrm{d} = \overline{\varepsilon_{33}^{S_1}}\dfrac{bl}{h}$ である．つまり，2 章での 33 効果の場合と同様に，電気エネルギーと機械エネルギーの相互変換の比率の平方根（電気機械結合係数）は等しく，2 乗の形で

$$\begin{cases} {k_{31}}^2 = \dfrac{{d_{31}}^2}{\varepsilon_{33}^T s_{11}^E} \\ {k_{33}}^2 = \dfrac{{d_{33}}^2}{\varepsilon_{33}^T s_{33}^E} \end{cases} \tag{6.22}$$

であり，一般に 33 効果も含めて，

$$k^2 = \frac{d^2}{\varepsilon^T s^E} \tag{6.23}$$

の形で表すことができる．

6.3　Mason の等価回路表現

4.8 節で説明した非圧電体の振動伝播と同様に，圧電体の左右両端面の速度や力の伝播や圧電効果における電気端子側と機械端子側との関係を，Mason の等価回路に

よって表現する方法について説明する.

6.3.1 伝達マトリックス

長さ l の圧電横振動子の振動変位が，両端自由の境界条件という条件のもとで

$$u(x,t) = \overline{e_{31}} \frac{c}{\overline{c_{11}^E} \omega h \cos\left(\dfrac{\omega l}{2c}\right)} \sin\left(\frac{\omega}{c}x\right) V_0 e^{j\omega t} \tag{6.24}$$

となることを 5.5 節で圧電方程式と波動方程式から求めた．式 (6.24) は，両端自由の境界条件から導出したものであり，境界条件が変わって振動モードが変化する場合などには対応できない.

そこで，振動解析をする際に柔軟に対応できるように，圧電横振動子の Mason の等価回路を導出する．まず，圧電方程式を用いることにより，圧電振動子の左右端の力 F_1，F_2 と速度 v_1，v_2 の関係を結び付ける伝達マトリックスを計算して，これから，Mason の等価回路を求める．各パラメータの向きは図 6.11 のように定義する.

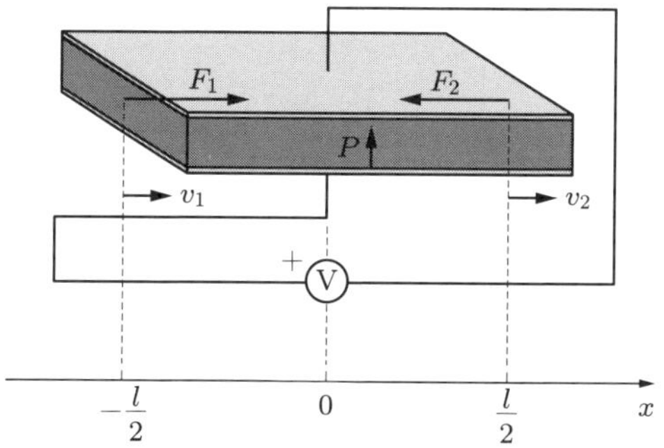

図 6.11 圧電横効果の伝達マトリックスの各パラメータの定義（P は分極方向を示す）

力の大きさは左右両端の先端応力に断面積をかけたものに等しく，その向きは応力とは逆に内向きを正にとるので，圧電方程式（$T_1 = c_{11}^E S_1 - \overline{e_{31}} E_3$）と断面積 bh から，振動子左面の力 F_1 は,

$$F_1 = -bhT_1 = -bh\left(\overline{c_{11}^E} S_1 - \overline{e_{31}} E_3\right) = -bh\left(\overline{c_{11}^E} \left.\frac{\partial u}{\partial x}\right|_{x=-\frac{l}{2}} - \overline{e_{31}} \frac{V_0}{h} e^{j\omega t}\right) \tag{6.25}$$

となる．ここで，振動変位の一般解として,

$$u(x,t) = \left\{ A\cos\left(\frac{\omega}{c}x\right) + B\sin\left(\frac{\omega}{c}x\right) \right\} e^{j\omega t} \tag{6.26}$$

とおくと，

$$\begin{aligned}
F_1 - bh\overline{e_{31}}\frac{V_0}{h}e^{j\omega t} &= -bh\overline{c_{11}^E}\left.\frac{\partial u}{\partial x}\right|_{x=-\frac{l}{2}} \\
&= -bh\overline{c_{11}^E}\frac{\omega}{c}\left\{ -A\sin\left(-\frac{\omega l}{2c}\right) + B\cos\left(-\frac{\omega l}{2c}\right) \right\} e^{j\omega t} \\
&= -bh\overline{c_{11}^E}\frac{\omega}{c}\left\{ A\sin\left(\frac{\omega l}{2c}\right) + B\cos\left(\frac{\omega l}{2c}\right) \right\} e^{j\omega t}
\end{aligned} \tag{6.27}$$

である．いま求めようとしているのは，振動子両端の力である F_1, F_2 と速度 v_1, v_2 を関係付ける行列であるから，式 (6.27) に含まれる定数 A, B を速度 v_1, v_2 で消去する．振動速度分布は，変位分布の式 (6.26) を時間微分すればよいから，

$$v(x,t) = \frac{\partial u}{\partial t} = j\omega\left\{ A\cos\left(\frac{\omega}{c}x\right) + B\sin\left(\frac{\omega}{c}x\right) \right\} e^{j\omega t} \tag{6.28}$$

なので，両端面の速度は，

$$\begin{cases}
v_1 = v\left(-\dfrac{l}{2}, t\right) = j\omega\left\{ A\cos\left(-\dfrac{\omega l}{2c}\right) + B\sin\left(-\dfrac{\omega l}{2c}\right) \right\} e^{j\omega t} \\
\quad = j\omega\left\{ A\cos\left(\dfrac{\omega l}{2c}\right) - B\sin\left(\dfrac{\omega l}{2c}\right) \right\} e^{j\omega t} \\
v_2 = v\left(\dfrac{l}{2}, t\right) = j\omega\left\{ A\cos\left(\dfrac{\omega l}{2c}\right) + B\sin\left(\dfrac{\omega l}{2c}\right) \right\} e^{j\omega t}
\end{cases} \tag{6.29}$$

である．したがって，v_1, v_2 と A, B の関係は，

$$\begin{pmatrix} v_1 \\ v_2 \end{pmatrix} = j\omega \begin{pmatrix} \cos\left(\dfrac{\omega l}{2c}\right) & -\sin\left(\dfrac{\omega l}{2c}\right) \\ \cos\left(\dfrac{\omega l}{2c}\right) & \sin\left(\dfrac{\omega l}{2c}\right) \end{pmatrix} \begin{pmatrix} A \\ B \end{pmatrix} e^{j\omega t} \tag{6.30}$$

となり，逆に $\begin{pmatrix} A \\ B \end{pmatrix}$ を $\begin{pmatrix} v_1 \\ v_2 \end{pmatrix}$ で表すことにより，

$$\begin{pmatrix} A \\ B \end{pmatrix} = \frac{1}{2j\omega\cos\left(\dfrac{\omega l}{2c}\right)\sin\left(\dfrac{\omega l}{2c}\right)} \begin{pmatrix} \sin\left(\dfrac{\omega l}{2c}\right) & \sin\left(\dfrac{\omega l}{2c}\right) \\ -\cos\left(\dfrac{\omega l}{2c}\right) & \cos\left(\dfrac{\omega l}{2c}\right) \end{pmatrix} \begin{pmatrix} v_1 \\ v_2 \end{pmatrix} e^{-j\omega t} \tag{6.31}$$

と定数項である A, B を両端面の速度により消去できる．この関係を用いると，F_1 については，式 (6.27) から

$$F_1 - bh\overline{e_{31}}\frac{V_0}{h}e^{j\omega t} = -bh\overline{c_{11}^E}\frac{\omega}{c}\left\{A\sin\left(\frac{\omega l}{2c}\right) + B\cos\left(\frac{\omega l}{2c}\right)\right\}e^{j\omega t}$$

$$= -\frac{bh\overline{c_{11}^E}}{2j\omega\cos\left(\frac{\omega l}{2c}\right)\sin\left(\frac{\omega l}{2c}\right)}\frac{\omega}{c}\left\{(v_1+v_2)\sin^2\left(\frac{\omega l}{2c}\right) + (-v_1+v_2)\cos^2\left(\frac{\omega l}{2c}\right)\right\}$$

$$= j\frac{bh\overline{c_{11}^E}}{2\cos\left(\frac{\omega l}{2c}\right)\sin\left(\frac{\omega l}{2c}\right)}\frac{1}{c}\left[(v_1+v_2)\sin^2\left(\frac{\omega l}{2c}\right) + (-v_1+v_2)\left\{1-\sin^2\left(\frac{\omega l}{2c}\right)\right\}\right]$$

$$= j\frac{bh\overline{c_{11}^E}}{2\cos\left(\frac{\omega l}{2c}\right)\sin\left(\frac{\omega l}{2c}\right)}\frac{1}{c}\left\{2v_1\sin^2\left(\frac{\omega l}{2c}\right) + (-v_1+v_2)\right\}$$

$$= j\frac{bh\overline{c_{11}^E}}{c}\left\{v_1\tan\left(\frac{\omega l}{2c}\right) - \frac{1}{\sin\left(\frac{\omega l}{c}\right)}(-v_2+v_1)\right\} \tag{6.32}$$

であるから，$V = V_0 e^{j\omega t}$ として，

$$F_1 - bh\overline{e_{31}}\frac{V}{h} = j\frac{bh\overline{c_{11}^E}}{c}\left\{v_1\tan\left(\frac{\omega l}{2c}\right) - \frac{1}{\sin\left(\frac{\omega l}{c}\right)}(-v_2+v_1)\right\} \tag{6.33}$$

である．振動子の右端における力 F_2 においても同じように計算して，

$$F_2 - bh\overline{e_{31}}\frac{V}{h} = j\frac{bh\overline{c_{11}^E}}{c}\left\{-v_2\tan\left(\frac{\omega l}{2c}\right) - \frac{1}{\sin\left(\frac{\omega l}{c}\right)}(-v_2+v_1)\right\} \tag{6.34}$$

と求められる．波数 $k = \dfrac{\omega}{c}$，力係数 $A = \overline{e_{31}}b$，および固有音響インピーダンス $Z_0 = \rho c = \dfrac{\overline{c_{11}^E}}{c}$，断面積 $S_{\mathrm{u}} = bh$ などを用いて，式 (6.33), (6.34) を書き直すと，

$$\begin{cases} F_1 - AV = jS_\mathrm{u}Z_0 \left\{ v_1 \tan\left(\dfrac{kl}{2}\right) - \dfrac{1}{\sin(kl)}(-v_2 + v_1) \right\} \\ F_2 - AV = jS_\mathrm{u}Z_0 \left\{ -v_2 \tan\left(\dfrac{kl}{2}\right) - \dfrac{1}{\sin(kl)}(-v_2 + v_1) \right\} \end{cases} \tag{6.35}$$

となる．ここで，集中定数系の LC 直列回路とは異なり，2端子出力することを想定しているので，力係数は $2\overline{e_{31}}b$ ではなく $\overline{e_{31}}b$ としている．

式 (6.35) から伝達マトリックスを求める．$\dfrac{1}{\sin(kl)} - \tan\left(\dfrac{kl}{2}\right) = \dfrac{1}{\tan(kl)}$ などを利用して変形すると，

$$\begin{cases} F_1 = jS_\mathrm{u}Z_0 \left\{ v_1 \tan\left(\dfrac{kl}{2}\right) - \dfrac{1}{\sin(kl)}(-v_2 + v_1) \right\} + AV \\ \quad = -\dfrac{jS_\mathrm{u}Z_0}{\tan(kl)}v_1 + \dfrac{jS_\mathrm{u}Z_0}{\sin(kl)}v_2 + AV \\ F_2 = jS_\mathrm{u}Z_0 \left\{ -v_2 \tan\left(\dfrac{kl}{2}\right) - \dfrac{1}{\sin(kl)}(-v_2 + v_1) \right\} + AV \\ \quad = -\dfrac{jS_\mathrm{u}Z_0}{\sin(kl)}v_1 + \dfrac{jS_\mathrm{u}Z_0}{\tan(kl)}v_2 + AV \end{cases} \tag{6.36}$$

であるから，

$$\begin{pmatrix} F_1 \\ F_2 \\ V \end{pmatrix} = \begin{pmatrix} -\dfrac{jS_\mathrm{u}Z_0}{\tan(kl)} & \dfrac{jS_\mathrm{u}Z_0}{\sin(kl)} & A \\ -\dfrac{jS_\mathrm{u}Z_0}{\sin(kl)} & \dfrac{jS_\mathrm{u}Z_0}{\tan(kl)} & A \\ 0 & 0 & 1 \end{pmatrix} \begin{pmatrix} v_1 \\ v_2 \\ V \end{pmatrix} \tag{6.37}$$

とできる．電気端子側を開放し，両端から準静的（$v_1 = v_2 = 0$）に振動子を押し付けたとき（$F_1 = F_2 > 0$），式 (6.37) において

$$V = \frac{F_1}{A} = \frac{F_2}{A} \tag{6.38}$$

となる．$\overline{e_{31}} = \dfrac{d_{31}}{s_{11}^E} < 0$ より $A = \overline{e_{31}}b < 0$ であるから，圧電効果で生じる電圧 V の振幅の符号は負となる．これは，左右から押し付けられることにより，それと反発する方向に駆動するように圧電効果による電圧が生じていることを示している．

式 (6.37) に含まれる F_1 の式から v_1 を消去して，F_2, v_2 で表すと，

$$F_1 = \cos(kl)F_2 + jS_\mathrm{u}Z_0 \sin(kl)v_2 + \{1 - \cos(kl)\}AV \tag{6.39}$$

であり，v_1 を F_2, v_2 で表すと，

$$v_1 = -\frac{\sin(kl)}{jS_\mathrm{u}Z_0}F_2 + \cos(kl)v_2 + \frac{\sin(kl)}{jS_\mathrm{u}Z_0}AV \tag{6.40}$$

となるので，

$$\begin{pmatrix} F_1 \\ v_1 \\ V \end{pmatrix} = \begin{pmatrix} \cos(kl) & -\dfrac{S_\mathrm{u}Z_0}{j}\sin(kl) & \{1-\cos(kl)\}A \\ -\dfrac{1}{jS_\mathrm{u}Z_0}\sin(kl) & \cos(kl) & \dfrac{\sin(kl)}{jS_\mathrm{u}Z_0}A \\ 0 & 0 & 1 \end{pmatrix} \begin{pmatrix} F_2 \\ v_2 \\ V \end{pmatrix} \tag{6.41}$$

と行列表示して伝達マトリックスを得ることができる．この伝達マトリックスにおいて，圧電性を 0 とした非圧電体のものを求めてみると，力係数 $A = 0$ とすればよいから，

$$\begin{pmatrix} F_1 \\ v_1 \\ V \end{pmatrix} = \begin{pmatrix} \cos(kl) & -\dfrac{S_\mathrm{u}Z_0}{j}\sin(kl) & 0 \\ -\dfrac{1}{jS_\mathrm{u}Z_0}\sin(kl) & \cos(kl) & 0 \\ 0 & 0 & 1 \end{pmatrix} \begin{pmatrix} F_2 \\ v_2 \\ V \end{pmatrix} \tag{6.42}$$

となり，右辺の左上の 2 行 2 列の部分が，式 (4.108) の非圧電体の場合と同じ形になっている．圧電体を含む，複数の振動体を直列に接続した場合の振動解析は，4 章で説明したように，これらの伝達マトリックスをかけ合わせていけばよい．

6.3.2 Mason の等価回路と *LC* 等価回路の関係

力と速度の関係を表す式 (6.36) から Mason の等価回路が得られる．しかし，この計算は，変位の一般解から求めた力と速度の関係を用いているので，電気端子側に入力電圧と並列に挿入されるべき制動容量成分 C_d の情報が入っていない．そこで，この制動容量を含めた形の等価回路を図 6.12 に示す．

この Mason の等価回路は，振動子の左右境界面の境界条件を変化させることで広範に解析に用いることができる．4 章の非圧電体を表す Mason の等価回路で説明したように，さまざまな部材によって構成される 1 次元振動を表す場合には，左右両端の機械端子を接続していけばよい．このときの角周波数についての条件はなく，共振周波数付近に限定されるようなことはない．

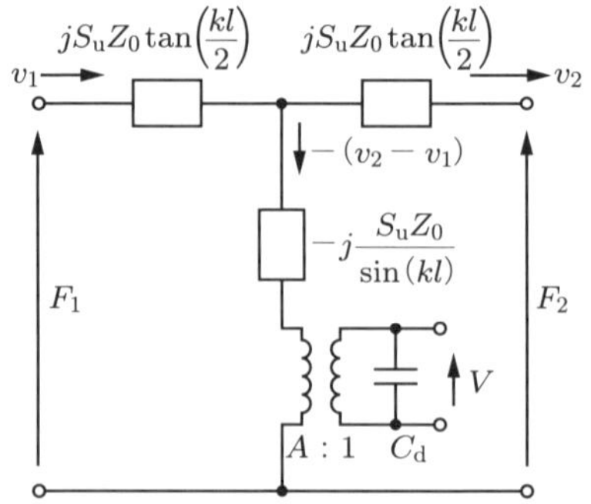

図 6.12　圧電横効果の Mason の等価回路（$A=\overline{e_{31}}b$）

その一方で，集中定数系による一つのモードのみに関する LC 等価回路は理解がしやすいものの，両端が自由もしくは固定といった限定した境界条件のもとで成り立つだけで，複数振動子を接続した場合などに応用することはできない．LC 等価回路は，Mason の等価回路が表現する振動状態の一形態にすぎない．

両端自由の境界条件における圧電横効果の LC 等価回路を表す式 (6.6) を再掲すると，

$$
\begin{aligned}
Y &= j\frac{2\overline{e_{31}}^2 b}{\rho c h}\tan\left(\frac{\omega l}{2c}\right)+j\omega\overline{\varepsilon_{33}^{S_1}}\frac{bl}{h}\\
&= A^2\left(\frac{1}{j\omega L_1+\dfrac{1}{j\omega C_1}}+\frac{1}{j\omega L_3+\dfrac{1}{j\omega C_3}}+\frac{1}{j\omega L_5+\dfrac{1}{j\omega C_5}}+\cdots\right)+j\omega C_\mathrm{d}
\end{aligned}
\tag{6.43}
$$

と計算できる．ただし，$\rho c^2=\overline{c_{11}^E}$，$A=2\overline{e_{31}}b$，$L_{2n-1}=\dfrac{\rho S l}{2}$，$C_{2n-1}=\dfrac{2l}{(2n-1)^2\pi^2\overline{c_{11}^E}bh}$，$C_\mathrm{d}=\overline{\varepsilon_{33}^{S_1}}\dfrac{bl}{h}$ である．この等価回路は図 6.13 のようになる．

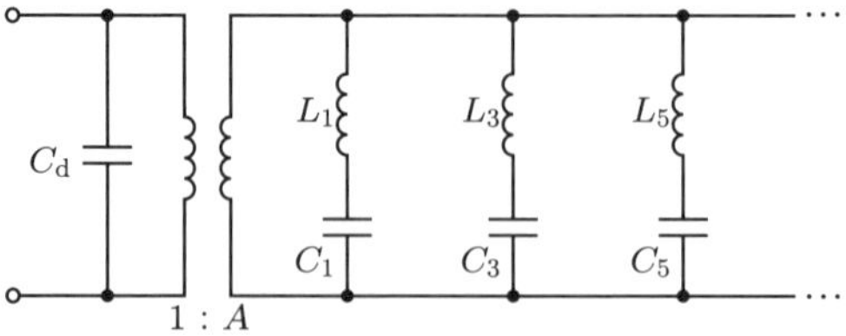

図 6.13　力係数をトランスとして表した LC 直列回路

このように，LC 等価回路における力係数が $2\overline{e_{31}}b$ であったのに対して，図 6.7 の Mason の等価回路では $\overline{e_{31}}b$ と計算されたので，2 倍の違いが生じている．ここでは，Mason の等価回路を変形していくことで，LC 等価回路との整合性を確認してみる．

式 (6.43) で表される LC 等価回路では，境界条件が両端自由で左右対称振動モードを表しているので，Mason の等価回路の両端端子を短絡し，左右端面の速度の絶対値が等しく向きが逆方向であるという対称性から $v_2 = -v_1$ とする．このとき，図 6.14 のように，二つの $jS_\mathrm{u}Z_0\tan\left(\dfrac{kl}{2}\right)$ という並列インピーダンスをまとめて $j\dfrac{S_\mathrm{u}Z_0}{2}\tan\left(\dfrac{kl}{2}\right)$ とすることができる．

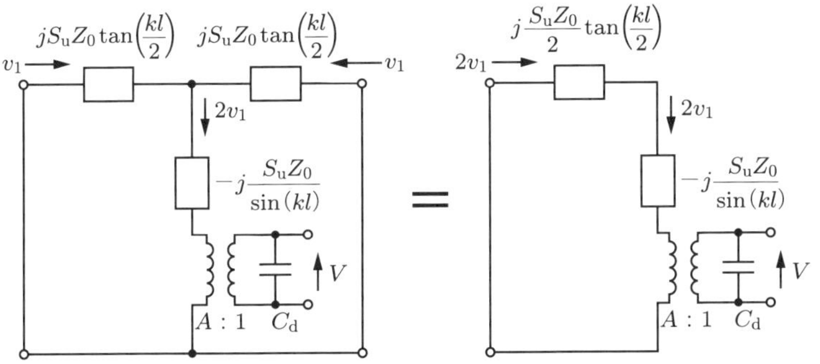

（a）基本の形　（b）並列インピーダンスの結合

図 6.14　両端自由境界条件での Mason の等価回路の変形（並列インピーダンスの結合）

図 6.14(b) の状態であると，力係数のトランス A に向かって流れ込む電流（速度）が $2v_1$ で，$j\dfrac{S_\mathrm{u}Z_0}{2}\tan\left(\dfrac{kl}{2}\right)$ と $-j\dfrac{S_\mathrm{u}Z_0}{\sin(kl)}$ が直列接続しているので，全体のインピーダンスは，

$$j\frac{S_\mathrm{u}Z_0}{2}\tan\left(\frac{kl}{2}\right) - j\frac{S_\mathrm{u}Z_0}{\sin(kl)} = -j\frac{S_\mathrm{u}Z_0}{2}\frac{1}{\tan\left(\dfrac{kl}{2}\right)} \tag{6.44}$$

のように計算される．その結果，図 6.15(b) のような等価回路に変形できる．

集中定数系の LC 等価回路に流れる電流が表現するのは左右端面の速度 v_1 であるのに対して，図 6.15(b) において機械端子に流れる電流が表しているのは，その 2 倍の $2v_1$ である．そこで，機械端子側に流れる電流を $2v_1$ から v_1 に変更し，電気端子側からみたインピーダンスが変化しないようにしながら，この回路を図 (b) から図 (c) に示すように等価変換する．この変換は，電気端子側からみたインピーダンスに

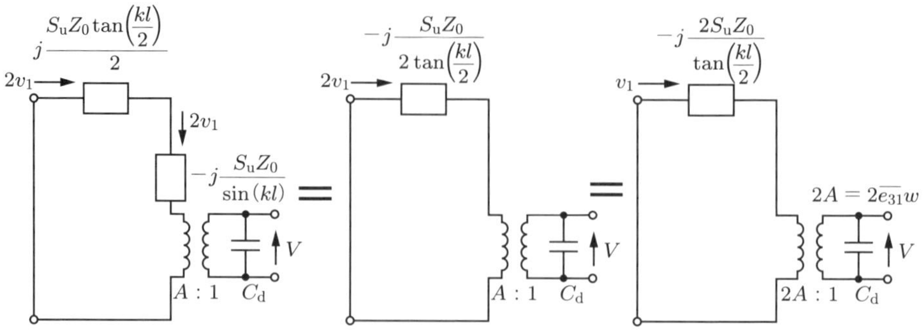

（a）図6.14（a）と同形　（b）直列インピーダンスの結合　（c）力係数のおき換え

図 6.15　両端自由境界条件での Mason の等価回路の変形（直列インピーダンスの結合）

ついて，

$$\frac{\dfrac{(2v_1)\left\{-j\dfrac{S_{\mathrm{u}}Z_0}{2\tan\left(\dfrac{kl}{2}\right)}\right\}}{A}}{2v_1A} = \frac{\dfrac{v_1\left\{-j\dfrac{2S_{\mathrm{u}}Z_0}{\tan\left(\dfrac{kl}{2}\right)}\right\}}{2A}}{v_1(2A)} \tag{6.45}$$

の関係を成り立たせている．ただし，$A=\overline{e_{31}}b$ である．式 (6.45) から，この等価変換は，力係数を A から $2A$ にして，機械端子側のインピーダンスを 4 倍に変更すればよいことがわかる．変換した図 (c) のインピーダンス $-j\dfrac{2S_{\mathrm{u}}Z_0}{\tan(kl/2)}$ を力係数のトランス $2A$ を介して電気端子側からみると，そのアドミッタンスとして

$$j\frac{(2A)^2}{2S_{\mathrm{u}}Z_0}\tan\left(\frac{\omega l}{2c}\right) = j\frac{(2\overline{e_{31}}b)^2}{2S_{\mathrm{u}}Z_0}\tan\left(\frac{\omega l}{2c}\right)$$

と表現できる．この動アドミッタンスと制動アドミッタンス $j\omega C_{\mathrm{d}}$ が並列接続されて，全体としては $j\dfrac{(2\overline{e_{31}}b)^2}{2S_{\mathrm{u}}Z_0}\tan\left(\dfrac{\omega l}{2c}\right)+j\omega C_{\mathrm{d}}$ である．集中係数系の LC 等価回路を求めるときのもととなるアドミッタンスの式 (6.2) と比較してみると，

$$Y = j\frac{(2\overline{e_{31}}b)^2}{2S_{\mathrm{u}}Z_0}\tan\left(\frac{\omega l}{2c}\right)+j\omega C_{\mathrm{d}} = j\frac{2\overline{e_{31}}^2b}{\rho ch}\tan\left(\frac{\omega l}{2c}\right)+j\omega\,\overline{\varepsilon_{33}^{S_1}}\frac{bl}{h} \tag{6.46}$$

とできることがわかる．したがって，ここで求めた Mason の等価回路を変換して得られた回路が式 (6.43) の LC 等価回路（高次モードをすべて含むもの）と同じものであることが確認できる．

7章 圧電縦効果の振動

実際の圧電効果を用いた振動デバイスでは，分極方向と電界方向，および駆動方向が平行となる圧電縦効果が用いられている場合が多い．5 章で説明した圧電横効果では，振動方向の各点で電界一定となる条件があったから，波動方程式に含まれる音速は電界一定という条件のものであった．これに対して，本章で扱う圧電縦効果は振動方向と分極方向，駆動電界方向が平行であり，電束密度一定での音速による波動方程式で式展開を行う．圧電縦効果の場合には，分極方向に振動が励振されて反電界が生じ，電界分布はひずみの関数になる．この結果，等価回路上に負の容量をもち，大きさが制動容量と等しい要素が現れ，反電界に起因する電位差の変化を補償する役割を担う．本章では，圧電横効果との違いを中心に，圧電縦効果の説明を行う．また，圧電縦効果の振動を準静的な運動とみなせば，2 章で考えた圧電駆動の状況と同じになることを確認する．

7.1 波動方程式の導出と電気端子側を開放した境界条件の振動モード

細棒振動子の分極方向を長手方向として，分極方向と平行な交流電界により縦振動を励振させる圧電縦効果を取りあげる．圧電横効果と同じ細棒振動子の縦振動であるが，電気的条件が異なる．圧電横効果では，振動方向の各点において電界一定という条件が成り立ち，振動分布に依存した電束密度分布が得られた．これに対して，圧電縦効果は電束密度一定のもとで励振されることになり，電界分布が位置 z の関数になる．また，圧電縦効果では，振動に伴う圧電体内部の反電界の影響が生じる．

座標のとり方は，圧電振動を考える一般的な規則に則り，分極方向を z 軸方向（3 軸方向）にとる．振動子のサイズは，長さ l，幅 a，厚さ b とし，機械的な境界条件は，両端自由とする．圧電横効果の場合には，3 軸方向に電界を加えて，これと垂直な x 軸方向（1 軸方向）のひずみを考えたので 31 効果であるが，圧電縦効果の場合には，33 効果となる．

入力電圧 V の符号が正のときに電界 E_3 の符号も正になるようにするため，電気的境界条件は $z=\dfrac{l}{2}$ にある上部電極を電気的に接地し，$z=-\dfrac{l}{2}$ の下部電極に角周波数 ω の電圧 $V=V_0e^{j\omega t}$ を入力する．

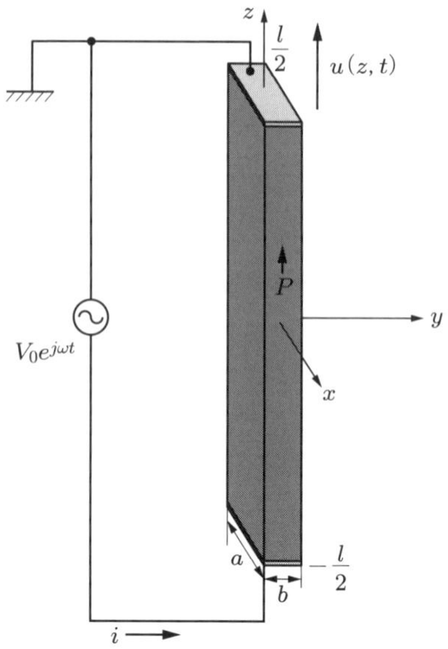

図 7.1　圧電縦効果

圧電縦効果の場合にも圧電方程式として圧電 e 形式を用いて，左辺に応力 $[T]$，電束密度 $[D]$ をとると，計算展開が簡便になる．しかし，圧電 e 形式だと応力 T_3 の式中に，S_3 以外の S_1, S_2 が入るために，煩雑になってしまう．そこで，圧電横効果と同様に，まず圧電 d 形式を取りあげてみると，

$$\begin{pmatrix} S_1 \\ S_2 \\ S_3 \\ S_4 \\ S_5 \\ S_6 \end{pmatrix} = \begin{pmatrix} s_{11}^E & s_{12}^E & s_{13}^E & 0 & 0 & 0 \\ s_{12}^E & s_{11}^E & s_{13}^E & 0 & 0 & 0 \\ s_{13}^E & s_{13}^E & s_{33}^E & 0 & 0 & 0 \\ 0 & 0 & 0 & s_{44}^E & 0 & 0 \\ 0 & 0 & 0 & 0 & s_{44}^E & 0 \\ 0 & 0 & 0 & 0 & 0 & s_{66}^E \end{pmatrix} \begin{pmatrix} T_1 \\ T_2 \\ T_3 \\ T_4 \\ T_5 \\ T_6 \end{pmatrix} + \begin{pmatrix} 0 & 0 & d_{31} \\ 0 & 0 & d_{31} \\ 0 & 0 & d_{33} \\ 0 & d_{15} & 0 \\ d_{15} & 0 & 0 \\ 0 & 0 & 0 \end{pmatrix} \begin{pmatrix} E_1 \\ E_2 \\ E_3 \end{pmatrix} \tag{7.1}$$

$$\begin{pmatrix} D_1 \\ D_2 \\ D_3 \end{pmatrix} = \begin{pmatrix} 0 & 0 & 0 & 0 & d_{15} & 0 \\ 0 & 0 & 0 & d_{15} & 0 & 0 \\ d_{31} & d_{31} & d_{33} & 0 & 0 & 0 \end{pmatrix} \begin{pmatrix} T_1 \\ T_2 \\ T_3 \\ T_4 \\ T_5 \\ T_6 \end{pmatrix} + \begin{pmatrix} \varepsilon_{11}^T & 0 & 0 \\ 0 & \varepsilon_{11}^T & 0 \\ 0 & 0 & \varepsilon_{33}^T \end{pmatrix} \begin{pmatrix} E_1 \\ E_2 \\ E_3 \end{pmatrix} \tag{7.2}$$

である．ただし，$s_{66}^E = 2(s_{11}^E - s_{12}^E)$ である．細棒の縦振動であるから，電界，電束密度，応力については，振動方向（3 軸方向）以外の成分をすべて 0 として，E_3，D_3，T_3 だけを残す．ひずみについて，S_1〜S_3 が値をもつとしても，式 (7.1) の第 3 式には S_3 以外は含まれないということが重要である．

つまり，式 (7.1) の第 3 式と式 (7.2) の第 3 式の 2 式において $T_1 = T_2 = 0$ を代入し，左辺が応力 T_3 と電束密度 D_3 になるように変形すればよいから，

$$T_3 = \frac{1}{s_{33}^E} S_3 - \frac{d_{33}}{s_{33}^E} E_3 = \overline{c_{33}^E} S_3 - \overline{e_{33}} E_3 \tag{7.3}$$

$$\begin{aligned} D_3 &= d_{33} T_3 + \varepsilon_{33}^T E_3 = d_{33} \left(\frac{1}{s_{33}^E} S_3 - \frac{d_{33}}{s_{33}^E} E_3 \right) + \varepsilon_{33}^T E_3 \\ &= \frac{d_{33}}{s_{33}^E} S_3 + \left(\varepsilon_{33}^T - \frac{{d_{33}}^2}{s_{33}^E} \right) E_3 = \overline{e_{33}} S_3 + \overline{\varepsilon_{33}^{S_3}} E_3 \end{aligned} \tag{7.4}$$

が基礎方程式となる．ただし，$\overline{c_{33}^E} = \dfrac{1}{s_{33}^E}$，$\overline{e_{33}} = \dfrac{d_{33}}{s_{33}^E}$，$\overline{\varepsilon_{33}^{S_3}} = \varepsilon_{33}^T - \dfrac{{d_{33}}^2}{s_{33}^E}$ とおいた（$\overline{c_{33}^E} \neq c_{33}^E$，$\overline{e_{33}} \neq e_{33}$，$\overline{\varepsilon_{33}^{S_3}} \neq \varepsilon_{33}^S$ であることに注意）．圧電横効果の場合の圧電定数 $\overline{e_{31}}$ は負であったが，圧電縦効果の場合には応力が 0 の境界条件で 3 軸方向に電界を加えると圧電素子は伸びるので，圧電定数 $\overline{e_{33}}$ は正である．また，これらの定数を用いると，2 章で求めた電気機械結合係数の結果と比較することで，$\dfrac{\overline{e_{33}}^2}{\overline{c_{33}^E}\,\overline{\varepsilon_{33}^{S_3}}} = \dfrac{{k_{33}}^2}{1 - {k_{33}}^2}$ や $\dfrac{\overline{e_{33}}^2}{\overline{c_{33}^D}\,\overline{\varepsilon_{33}^{S_3}}} = {k_{33}}^2$ の関係が得られる．

3 軸方向に微小区分 $\mathrm{d}z$ をとったときの微小質量 $\rho ab\mathrm{d}z$ に関する運動方程式は，各位置 z での 3 軸方向の変位を $u(z,t)$ とおいて，

$$\rho ab \mathrm{d}z \frac{\partial^2 u}{\partial t^2} = ab \left(T_3 \left(z + \mathrm{d}z \right) - T_3(z) \right) = ab \frac{\partial T_3}{\partial z} \mathrm{d}z \tag{7.5}$$

$$\rho \frac{\partial^2 u}{\partial t^2} = \frac{\partial T_3}{\partial z} \tag{7.6}$$

である．応力 T_3 は式 (7.3) の圧電方程式で示すように，ひずみだけではなく，電界の関数であるから，運動方程式は

$$\rho \frac{\partial^2 u}{\partial t^2} = \frac{\partial T_3}{\partial z} = \overline{c_{33}^E} \frac{\partial S_3}{\partial z} - \overline{e_{33}} \frac{\partial E_3}{\partial z} \tag{7.7}$$

となる．また，圧電体は内部に電荷をもたないことから

$$\mathrm{div}\begin{pmatrix} D_1 \\ D_2 \\ D_3 \end{pmatrix} = 0$$

であり，かつ電束密度の成分は D_3 のみだから，$\dfrac{\partial D_3}{\partial z} = 0$ が与えられる．そこで，式 (7.4) の両辺を z で微分してみると，

$$\frac{\partial D_3}{\partial z} = \overline{e_{33}}\frac{\partial S_3}{\partial z} + \overline{\varepsilon_{33}^{S_3}}\frac{\partial E_3}{\partial z} = 0 \tag{7.8}$$

となるから，電界についての条件として

$$\frac{\partial E_3}{\partial z} = -\frac{\overline{e_{33}}}{\overline{\varepsilon_{33}^{S_3}}}\frac{\partial S_3}{\partial z} \tag{7.9}$$

が得られる．圧電縦効果においては電界がひずみの関数になっており，これが反電界の起源となる．

式 (7.9) の $\dfrac{\partial E_3}{\partial z}$ を式 (7.7) の運動方程式に代入することで，次式のように，変位 $u(z,t)$ に関する波動方程式を得る．

$$\rho\frac{\partial^2 u}{\partial t^2} = \overline{c_{33}^E}\frac{\partial S_3}{\partial z} - \overline{e_{33}}\frac{\partial E_3}{\partial z} = \overline{c_{33}^E}\frac{\partial S_3}{\partial z} + \frac{\overline{e_{33}}^2}{\overline{\varepsilon_{33}^{S_3}}}\frac{\partial S_3}{\partial z} = \overline{c_{33}^E}\left(1 + \frac{\overline{e_{33}}^2}{\overline{c_{33}^E}\,\overline{\varepsilon_{33}^{S_3}}}\right)\frac{\partial S_3}{\partial z}$$

$$= \frac{\overline{c_{33}^E}}{1-{k_{33}}^2}\frac{\partial S_3}{\partial z} = \overline{c_{33}^D}\frac{\partial S_3}{\partial z} = \overline{c_{33}^D}\frac{\partial^2 u}{\partial z^2}$$

$$\frac{\partial^2 u}{\partial t^2} = c^2\frac{\partial^2 u}{\partial z^2} \tag{7.10}$$

ただし，$\dfrac{\overline{e_{33}}^2}{\overline{c_{33}^E}\,\overline{\varepsilon_{33}^{S_3}}} = \dfrac{{k_{33}}^2}{1-k_{33}^2}$，$s_{33}^E\left(1-{k_{33}}^2\right) = s_{33}^D$ より $\dfrac{1}{\overline{c_{33}^E}}\left(1-{k_{33}}^2\right) = \dfrac{1}{\overline{c_{33}^D}}$ なので $\overline{c_{33}^D} = \dfrac{\overline{c_{33}^E}}{1-{k_{33}}^2}$，$c = \sqrt{\dfrac{\overline{c_{33}^D}}{\rho}}$ である．

圧電横効果の場合には，各点における電界が一定という条件で波動方程式が導出された．つまり，音速 $c = \sqrt{\dfrac{\overline{c_{11}^E}}{\rho}}$ を表すスティフネスは $\overline{c_{11}^E}$ であったのに対して，圧電縦効果では電束密度一定として測定した $\overline{c_{33}^D}$ による音速 $c = \sqrt{\dfrac{\overline{c_{33}^D}}{\rho}}$ を用いて波動方程

式が構成される．圧電横効果と圧電縦効果では，まずこの点が大きく異なる．境界条件に伴うスティフネスについては，$\overline{c_{33}^D} = \dfrac{\overline{c_{33}^E}}{1-{k_{33}}^2}$ の関係から，$\overline{c_{33}^D} > \overline{c_{33}^E}$ であるので，電束密度一定の場合のほうが電界一定の場合よりも硬くなる．

式 (7.10) で示される微分方程式は波動方程式の形であるから，いままでと同様に変数分離法によって一般解は次式のようになる．

$$u(z,t) = \left\{ A\cos\left(\frac{\omega}{c}z\right) + B\sin\left(\frac{\omega}{c}z\right) \right\} e^{j\omega t} \tag{7.11}$$

ただし，A, B は定数，$c = \sqrt{\dfrac{\overline{c_{33}^D}}{\rho}}$ である．

機械的境界条件は両端面自由であるから，式 (7.11) の一般解において $z = \pm\dfrac{l}{2}$ を代入したとき，時間 t によらず，常に応力 $T_3 = 0$ でなくてはならない．非圧電体の場合には，応力とひずみは比例するので，応力が 0 という境界条件は $\dfrac{\partial u}{\partial z} = 0$ に等しかったが，圧電性をもつ場合には，圧電方程式から応力を求めなくてはならない．すなわち，応力はひずみと電束密度の関数になっているから，式 (7.3), (7.4) の二つの圧電方程式より，

$$\begin{aligned} T_3 &= \overline{c_{33}^E}S_3 - \overline{e_{33}}E_3 = \overline{c_{33}^E}S_3 - \overline{e_{33}}\left(\frac{1}{\overline{\overline{\varepsilon_{33}^{S_3}}}}D_3 - \frac{\overline{e_{33}}}{\overline{\overline{\varepsilon_{33}^{S_3}}}}S_3\right) \\ &= \overline{c_{33}^E}\left(1 + \frac{\overline{e_{33}}^2}{\overline{c_{33}^E}\,\overline{\overline{\varepsilon_{33}^{S_3}}}}\right)S_3 - \frac{\overline{e_{33}}}{\overline{\overline{\varepsilon_{33}^{S_3}}}}D_3 = \overline{c_{33}^D}S_3 - \frac{\overline{e_{33}}}{\overline{\overline{\varepsilon_{33}^{S_3}}}}D_3 \end{aligned} \tag{7.12}$$

である．ただし，$\overline{c_{33}^E}\left(1 + \dfrac{\overline{e_{33}}^2}{\overline{c_{33}^E}\,\overline{\overline{\varepsilon_{33}^{S_3}}}}\right) = \dfrac{1}{s_{33}^E}\dfrac{1}{1-{k_{33}}^2} = \dfrac{1}{s_{33}^D} = \overline{c_{33}^D}$ である．式 (7.12), (7.11) の $u(z,t)$ に関する一般解から，$z = \pm\dfrac{l}{2}$ において $T_3 = 0$ という境界条件を満たすために，D_3 は位置によらずに一定であることから，

$$\begin{cases} T_3|_{x=-\frac{l}{2}} = \overline{c_{33}^D}\left(\dfrac{\omega}{c}\right)\left\{ A\sin\left(\dfrac{\omega l}{2c}\right) + B\cos\left(\dfrac{\omega l}{2c}\right) \right\} e^{j\omega t} - \dfrac{\overline{e_{33}}}{\overline{\overline{\varepsilon_{33}^{S_3}}}}D_3 = 0 \\ T_3|_{x=\frac{l}{2}} = \overline{c_{33}^D}\left(\dfrac{\omega}{c}\right)\left\{ -A\sin\left(\dfrac{\omega l}{2c}\right) + B\cos\left(\dfrac{\omega l}{2c}\right) \right\} e^{j\omega t} - \dfrac{\overline{e_{33}}}{\overline{\overline{\varepsilon_{33}^{S_3}}}}D_3 = 0 \end{cases} \tag{7.13}$$

の二つの関係を得る．式 (7.13) から

$$\begin{cases} A = 0 \\ B\cos\left(\dfrac{\omega l}{2c}\right)e^{j\omega t} = \dfrac{c}{\omega}\dfrac{\overline{e_{33}}}{\overline{c^{D}_{33}}\,\overline{\varepsilon^{S_3}_{33}}}D_3 \end{cases} \tag{7.14}$$

となり，$u(z,t)$ の一般解には奇関数の係数となる B のみが残る．これは，非圧電体の場合に，両端自由の境界条件での一般解が奇数次モードのみで構成されることに対応する．

いま考えている境界条件は，入力電圧を与えて振動子を駆動する条件であるが，ここで少し見方を変えて，電気端子を開放したときに式 (7.14) の第 2 式における条件がどのようになるのかを考えてみる．圧電横効果の場合には，駆動方向である 1 軸方向に電束密度分布が生じていたので，電気端子側を開放するという境界条件は，電束密度 D_3 を yz 電極面で積分して得られる全電荷を 0 とすることに対応していた．しかし，圧電縦効果の場合には，振動子内部の電束密度は $z = \pm\dfrac{l}{2}$ に存在する電極内の電荷密度と同じで一定であるから，電気端子を開放した場合には式 (7.14) の第 2 式で $D_3 = 0$ とすればよい．したがって，このときは式 (7.14) の第 2 式と $B \neq 0$ から

$$\cos\left(\frac{\omega l}{2c}\right) = 0 \tag{7.15}$$

を満たすものが励振可能な振動モードの角周波数に対応する．つまり，電気端子を開放した状態で励振可能な振動モードの角周波数は，

$$\omega_{\mathrm{a}} = (2n-1)\pi\frac{c}{l} \tag{7.16}$$

となる．ただし，n は自然数，$c = \sqrt{\dfrac{\overline{c^{D}_{33}}}{\rho}}$ である．この角周波数は反共振周波数に一

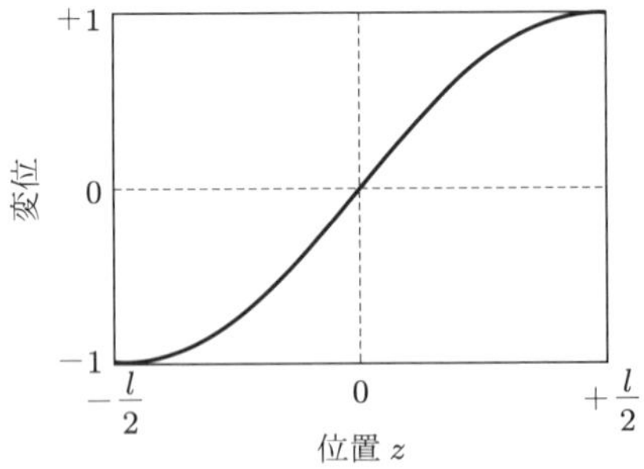

図 7.2　圧電縦効果において電気端子側を開放したときの振動変位の基本モード

致する（詳しい求め方は 7.7 節で説明する）．一番低次の $n = 1$ としたとき角周波数では，波長 $\lambda = \dfrac{2\pi c}{\omega_{\mathrm{a}}} = 2l$ となるから，振動子には 1/2 波長の波が含まれ，振動モードは図 7.2 のようになる．これは，圧電横効果において，電気端子側を短絡した場合の基本振動モードに相当する．

7.2　電気端子側を短絡した境界条件での角周波数

さて，ここで境界条件をもとに戻して，入力電圧を与えた場合について考えてみる．圧電縦効果の場合には，電束密度 D_3 が励振される振動モードの変位振幅 B に依存しているため，式 (7.14) の第 2 式から共振角周波数 ω_{r} を求めることができない．そこで，まず電界分布 E_3 と電束密度 D_3 を求めてみる．式 (7.8) で示したように，圧電材料の内部には電荷が存在しないことから，電束密度が一定であることを示す $\dfrac{\partial D_3}{\partial z} = 0$ を用いることで，式 (7.4) の圧電方程式は

$$D_3 = \overline{e_{33}} S_3 + \overline{\varepsilon_{33}^{S_3}} E_3$$

より，

$$\frac{\partial D_3}{\partial z} = \overline{e_{33}} \frac{\partial S_3}{\partial z} + \overline{\varepsilon_{33}^{S_3}} \frac{\partial E_3}{\partial z} = 0 \tag{7.17}$$

と変形できる．したがって，電界と変位には

$$\frac{\partial E_3}{\partial z} = -\frac{\overline{e_{33}}}{\overline{\varepsilon_{33}^{S_3}}} \frac{\partial S_3}{\partial z} = -\frac{\overline{e_{33}}}{\overline{\varepsilon_{33}^{S_3}}} \frac{\partial^2 u}{\partial z^2} \tag{7.18}$$

という関係がある．この両辺を z で積分すると，積分定数を G_1 として，

$$E_3 = -\frac{\overline{e_{33}}}{\overline{\varepsilon_{33}^{S_3}}} \frac{\partial u}{\partial z} + G_1 \tag{7.19}$$

となり，積分定数 G_1 は電極間の電位差で決まる．いまの場合，下部電極 $\left(z = -\dfrac{l}{2}\right)$ に電圧 $+V_0 e^{j\omega t}$ を与えているので，$z = -\dfrac{l}{2}$ から $z = \dfrac{l}{2}$ までの電位差は $-V_0 e^{j\omega t}$ となるから，積分の向きに注意して $u(z,t) = B \sin\left(\dfrac{\omega}{c} z\right) e^{j\omega t}$ と式 (7.19) を用いて，

$$0 - V_0 e^{j\omega t} = -\int_{-\frac{l}{2}}^{\frac{l}{2}} E_3 \mathrm{d}z = \int_{-\frac{l}{2}}^{\frac{l}{2}} \left(\frac{\overline{e_{33}}}{\overline{\varepsilon_{33}^{S_3}}} \frac{\partial u}{\partial z} - G_1 \right) \mathrm{d}z$$

$$= \frac{\overline{e_{33}}}{\overline{\varepsilon_{33}^{S_3}}}\left(u\left(\frac{l}{2},t\right) - u\left(-\frac{l}{2},t\right)\right) - G_1 l$$

$$= 2B\frac{\overline{e_{33}}}{\overline{\varepsilon_{33}^{S_3}}}\sin\left(\frac{\omega l}{2c}\right)e^{j\omega t} - G_1 l \tag{7.20}$$

となる．この電位条件によって，積分定数 G_1 は

$$G_1 = \left\{\frac{V_0}{l} + 2B\frac{\overline{e_{33}}}{\overline{\varepsilon_{33}^{S_3}}l}\sin\left(\frac{\omega l}{2c}\right)\right\}e^{j\omega t} \tag{7.21}$$

と求められる．この定数によって，式 (7.19) によって示される電界 E_3 は $u(z,t) = B\sin\left(\frac{\omega}{c}z\right)e^{j\omega t}$ を用いて，

$$E_3 = -\frac{\overline{e_{33}}}{\overline{\varepsilon_{33}^{S_3}}}\frac{\partial u}{\partial z} + \left\{\frac{V_0}{l} + 2B\frac{\overline{e_{33}}}{\overline{\varepsilon_{33}^{S_3}}l}\sin\left(\frac{\omega l}{2c}\right)\right\}e^{j\omega t}$$

$$= \left[-B\frac{\overline{e_{33}}}{\overline{\varepsilon_{33}^{S_3}}}\frac{\omega}{c}\cos\left(\frac{\omega}{c}z\right) + \left\{\frac{V_0}{l} + 2B\frac{\overline{e_{33}}}{\overline{\varepsilon_{33}^{S_3}}l}\sin\left(\frac{\omega l}{2c}\right)\right\}\right]e^{j\omega t}$$

$$= \left\{\frac{V_0}{l} - B\frac{\overline{e_{33}}}{\overline{\varepsilon_{33}^{S_3}}}\frac{\omega}{c}\cos\left(\frac{\omega}{c}z\right) + 2B\frac{\overline{e_{33}}}{\overline{\varepsilon_{33}^{S_3}}l}\sin\left(\frac{\omega l}{2c}\right)\right\}e^{j\omega t} \tag{7.22}$$

と表される．式 (7.22) の右辺第 2 項は圧電振動分布に依存した位置の関数になっており，第 3 項は位置に依存しない値となっている．この第 3 項は反電界の補正項の意味をもつ（詳しくは，7.4 節で説明する）．

さらに，式 (7.4) の圧電方程式に，ひずみの一般解 $u(z,t) = B\sin\left(\frac{\omega}{c}z\right)e^{j\omega t}$ と，電界分布 E_3 を表す式 (7.22) を代入して，電束密度 D_3 を求めてみると，

$$D_3 = \overline{e_{33}}S_3 + \overline{\varepsilon_{33}^{S_3}}E_3$$

$$= \overline{e_{33}}\frac{\partial u}{\partial z} + \overline{\varepsilon_{33}^{S_3}}E_3$$

$$= B\overline{e_{33}}\frac{\omega}{c}\cos\left(\frac{\omega}{c}z\right)e^{j\omega t}$$

$$+ \overline{\varepsilon_{33}^{S_3}}\left\{\frac{V_0}{l} - B\frac{\overline{e_{33}}}{\overline{\varepsilon_{33}^{S_3}}}\frac{\omega}{c}\cos\left(\frac{\omega}{c}z\right) + 2B\frac{\overline{e_{33}}}{\overline{\varepsilon_{33}^{S_3}}l}\sin\left(\frac{\omega l}{2c}\right)\right\}e^{j\omega t}$$

$$= \left\{\frac{\overline{\varepsilon_{33}^{S_3}}V_0}{l} + 2B\frac{\overline{e_{33}}}{l}\sin\left(\frac{\omega l}{2c}\right)\right\}e^{j\omega t} \tag{7.23}$$

となる．これにより，電束密度 D_3 が z に依存しない形であり，$\dfrac{\partial D_3}{\partial z}=0$ の条件が成立していることが確認できる．式 (7.23) のうち，$\dfrac{\overline{\varepsilon_{33}^{s_3}}V_0}{l}e^{j\omega t}$ は，非圧電体や圧電ひずみがない場合の電荷密度に対応する．一方，$2B\dfrac{\overline{e_{33}}}{l}\sin\left(\dfrac{\omega l}{2c}\right)e^{j\omega t}$ は，先に説明した式 (7.22) における電界の補正項 $2B\dfrac{\overline{e_{33}}}{\overline{\varepsilon_{33}^{S_3}}l}\sin\left(\dfrac{\omega l}{2c}\right)e^{j\omega t}$ を生じさせるために，電源から供給された電荷に対応する電束密度成分である．

ここでようやく振動モードの振幅 B と電束密度 D_3 の関係が得られたから，式 (7.14) の第 2 式を用いて，

$$
\begin{aligned}
B\cos\left(\frac{\omega l}{2c}\right)e^{j\omega t} &= \frac{c}{\omega}\frac{\overline{e_{33}}}{\overline{c_{33}^{D}}\,\overline{\varepsilon_{33}^{S_3}}}D_3 \\
&= \frac{c}{\omega}\frac{\overline{e_{33}}}{\overline{c_{33}^{D}}\,\overline{\varepsilon_{33}^{S_3}}}\left\{\frac{\overline{\varepsilon_{33}^{S_3}}V_0}{l}+2B\frac{\overline{e_{33}}}{l}\sin\left(\frac{\omega l}{2c}\right)\right\}e^{j\omega t}
\end{aligned}
\tag{7.24}
$$

とすることにより，

$$
B\left\{\cos\left(\frac{\omega l}{2c}\right)-\frac{2c}{\omega l}\frac{\overline{e_{33}}^{2}}{\overline{c_{33}^{D}}\,\overline{\varepsilon_{33}^{S_3}}}\sin\left(\frac{\omega l}{2c}\right)\right\}e^{j\omega t}=\frac{c}{\omega}\frac{\overline{e_{33}}}{\overline{c_{33}^{D}}}\frac{V_0}{l}e^{j\omega t} \tag{7.25}
$$

が得られる．ここで，圧電横効果の場合と同様に考えると，いま与えている境界条件で励振される振動モードは，共振角周波数 ω_{r} に対応し，駆動電圧振幅を $V_0\to 0$ としても $B\to\infty$ となる．したがって，ω_{r} について，

$$
\cos\left(\frac{\omega_{\mathrm{r}}l}{2c}\right)-\frac{2c}{\omega_{\mathrm{r}}l}\frac{\overline{e_{33}}^{2}}{\overline{c_{33}^{D}}\,\overline{\varepsilon_{33}^{S_3}}}\sin\left(\frac{\omega_{\mathrm{r}}l}{2c}\right)=0 \tag{7.26}
$$

が求める条件式となり，

$$
\frac{\tan\left(\dfrac{\omega_{\mathrm{r}}l}{2c}\right)}{\dfrac{\omega_{\mathrm{r}}l}{2c}}=\left(\frac{\overline{e_{33}}^{2}}{\overline{c_{33}^{D}}\,\overline{\varepsilon_{33}^{S_3}}}\right)^{-1} \tag{7.27}
$$

となる．7.1 節での各パラメータの定義や式 (2.68) などを用いると，式 (7.27) の右辺は，

$$\left(\frac{\overline{e_{33}}^2}{\overline{c_{33}^D}\,\overline{\varepsilon_{33}^{S_3}}}\right)^{-1} = \left\{\frac{(1-{k_{33}}^2)\overline{e_{33}}^2}{\overline{c_{33}^E}\,\overline{\varepsilon_{33}^{S_3}}}\right\}^{-1} = \left\{\left(1-{k_{33}}^2\right)\frac{{k_{33}}^2}{1-{k_{33}}^2}\right\}^{-1} = \frac{1}{{k_{33}}^2} \tag{7.28}$$

と書き換えることができるので，

$$\frac{\tan\left(\dfrac{\omega_{\mathrm{r}} l}{2c}\right)}{\dfrac{\omega_{\mathrm{r}} l}{2c}} = \frac{1}{{k_{33}}^2} \tag{7.29}$$

が，角周波数 ω_{r} の満たす式となる．

7.3　電気端子側を短絡した境界条件での振動モード

7.1 節で説明したように，電気端子側を開放して $D_3 = 0$ の境界条件のもとで励振可能な振動モードの角周波数は，

$$\omega_{\mathrm{a}} = (2n-1)\pi\frac{c}{l} \tag{7.30}$$

で表すことができ，反共振角周波数と一致する（詳しくは，7.7 節で説明する）．ただし，n は自然数，$c = \sqrt{\dfrac{\overline{c_{33}^D}}{\rho}}$ である．一方，電気端子側を短絡した場合の振動モード，つまり，共振角周波数 ω_{r} は

$$\frac{\tan\left(\dfrac{\omega_{\mathrm{r}} l}{2c}\right)}{\dfrac{\omega_{\mathrm{r}} l}{2c}} = \frac{1}{{k_{33}}^2}$$

が成立しているときであることがわかった．そこで，図 7.3 のように，$X = \dfrac{\omega l}{2c}$ を横軸にとって $y = \tan\left(\dfrac{\omega l}{2c}\right) = \tan X$ と直線 $y = \dfrac{1}{{k_{33}}^2}\dfrac{\omega l}{2c} = \dfrac{1}{{k_{33}}^2}X$ の交点を $X_{\mathrm{r}} = \dfrac{\omega_{\mathrm{r}} l}{2c}$ とすることで ω_{r} が得られる．図中では白丸で表した．ここで，$\dfrac{\omega l}{2c} = X = 0$ における $y = \tan X$ の傾きは 1 であり，一方の直線 $y = \dfrac{1}{{k_{33}}^2}X$ の傾きは $0 < {k_{33}}^2 < 1$ の関係から 1 以上なので，最低次のモードに関する交点は 0 から $\dfrac{\pi}{2}$ の間に必ず存在する．また，式 (7.30) に $n = 1$ を代入して得られる基本モードの反共振角周波数は

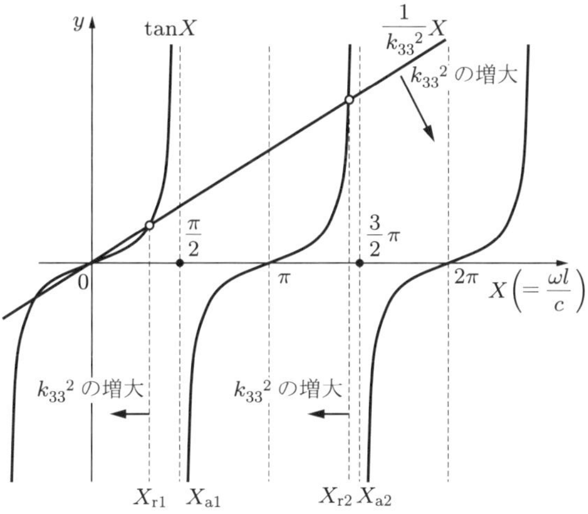

図 7.3 圧電縦効果の共振・反共振角周波数の関係

$\frac{\omega_{\mathrm{a}} l}{2c} = \frac{\pi}{2}$ から求められ，ω_{a} は共振角周波数 ω_{r} よりも必ず大きいことがわかる．

圧電性が向上して $k_{33}{}^2$ が大きくなると，直線 $y = \frac{1}{k_{33}{}^2}X$ の傾きが小さくなり，$y = \tan X$ との交点によって求められる共振角周波数 ω_{r} は小さくなっていく．これにより，反共振角周波数 ω_{a} との差は大きくなっていく一方で，反共振角周波数は変化しないことがわかる．その変化の大きさは，低次モードほど大きい．また，共振角周波数が小さくなっていったとしても，その一つ低次のモードでの反共振角周波数を下回ることはない．

圧電横効果の場合には，共振角周波数は圧電性に依存せず，反共振各周波数が圧電性に依存していたのに対して，圧電縦効果ではこの関係が逆になっていることがわかる．

基本モードの $n = 1$ としたとき共振角周波数 ω_{r} において，波長 $\lambda = \frac{2\pi c}{\omega_{\mathrm{r}}} > \frac{2\pi c}{\omega_{\mathrm{a}}} = 2l$ となり，ω_{a} のときと比較して波長が長くなる．これは，電気端子側を短絡したときのほうが柔らかくなっていることを示している．この現象は，4.8.3 項で説明した細棒振動子の先端に集中定数系のバネを接続する場合から考察できる．ただし，ここで接続するバネのバネ定数は $-\frac{A^2}{C_{\mathrm{d}}}$ と負の符号をもつために，伸ばすとさらにその方向に力を発生させる．このバネが音速 c の先端に接続されることで，振動子に励振できる振動モードの波長は長くなり，角周波数は低くなる．また，電気機械結合係数 k_{33} が大きくなるのに従い，この波長の違いは顕著になる．その変化の仕方は，式 (7.29),

(7.30) から音速 c を消去して $n=1$ を代入することで,

$$k_{33}=\sqrt{\frac{\dfrac{\pi}{2}\dfrac{\omega_{\mathrm{r}}}{\omega_{\mathrm{a}}}}{\tan\left(\dfrac{\pi}{2}\dfrac{\omega_{\mathrm{r}}}{\omega_{\mathrm{a}}}\right)}} \tag{7.31}$$

と求められる．この関係を示したのが図 7.4 である．逆に考えれば，共振角周波数 ω_{r} と反共振周波数 ω_{r} を計測することにより，電気機械結合係数 k_{33} を求めることができることを示している．

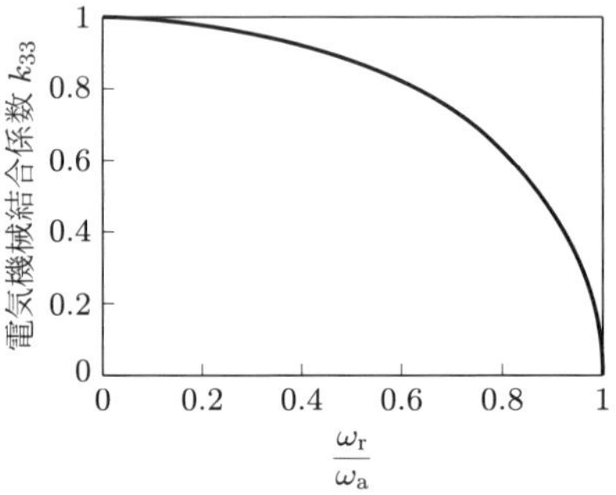

図 7.4　$\dfrac{\omega_{\mathrm{r}}}{\omega_{\mathrm{a}}}$ と電気機械結合係数の関係

ここで，たとえば，$k_{33}=0.8$ の場合の変位に関する振動モード $B\sin\left(\dfrac{\omega_{\mathrm{r}}l}{2c}\right)$ を正規化して描いてみると図 7.5 のようになり，細棒内に含まれる波は 1/2 波長よりも短くなっている．

また，このときの応力分布を計算してみると，圧電方程式と式 (7.22) で求めた電界

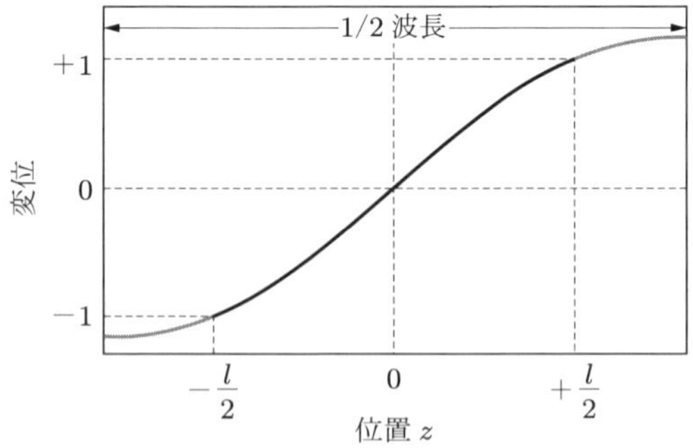

図 7.5　圧電縦効果における振動変位の基本モード

分布から,

$$
\begin{aligned}
T_3 &= \overline{c_{33}^E} S_3 - \overline{e_{33}} E_3 \\
&= \overline{c_{33}^E} B \frac{\omega_\mathrm{r}}{c} \cos\left(\frac{\omega_\mathrm{r}}{c} z\right) e^{j\omega_\mathrm{r} t} \\
&\quad - \overline{e_{33}} \left\{ \frac{V_0}{l} - B \frac{\overline{e_{33}}}{\overline{\varepsilon_{33}^{S_3}}} \frac{\omega_\mathrm{r}}{c} \cos\left(\frac{\omega_\mathrm{r}}{c} z\right) + 2B \frac{\overline{e_{33}}}{\overline{\varepsilon_{33}^{S_3}} l} \sin\left(\frac{\omega_\mathrm{r} l}{2c}\right) \right\} e^{j\omega_\mathrm{r} t} \\
&= B \overline{c_{33}^E} \left(1 + \frac{\overline{e_{33}}^2}{\overline{c_{33}^E}\,\overline{\varepsilon_{33}^{S_3}}} \right) \frac{\omega_\mathrm{r}}{c} \cos\left(\frac{\omega_\mathrm{r}}{c} z\right) e^{j\omega_\mathrm{r} t} - \overline{e_{33}} \left\{ \frac{V_0}{l} + 2B \frac{\overline{e_{33}}}{\overline{\varepsilon_{33}^{S_3}} l} \sin\left(\frac{\omega_\mathrm{r} l}{2c}\right) \right\} e^{j\omega_\mathrm{r} t} \\
&= B \overline{c_{33}^D} \frac{\omega_\mathrm{r}}{c} \cos\left(\frac{\omega_\mathrm{r}}{c} z\right) e^{j\omega_\mathrm{r} t} - \overline{e_{33}} \left\{ \frac{V_0}{l} + 2B \frac{\overline{e_{33}}}{\overline{\varepsilon_{33}^{S_3}} l} \sin\left(\frac{\omega_\mathrm{r} l}{2c}\right) \right\} e^{j\omega_\mathrm{r} t} \qquad (7.32)
\end{aligned}
$$

となり，図 7.6 に示すように，ひずみに比例して位置の関数として現れる項（第 1 項）と位置に依存しない項（第 2 項）に分けて考えることができる．この位置に依存しない項の存在によって，細棒両端面での応力 T_3 が 0 になり，両端自由の境界条件を満たしていることがわかる．また，第 1 項はスティフネスを $\overline{c_{33}^D}$ とみなしたときのひずみに伴う応力で，図 7.6 のモード図では $T_3 > 0$ であるから，引っ張られる状態であり，第 2 項によってこれが全体的に均一に小さくなる様子を示している．つまり，第 2 項によって柔らかくなっている．なお，時間的に半周期後には，図 7.5 の変位とともにモード図が反転するので，全体的に応力が負となるから圧縮状態になり，第 2 項は正となって引張りとなるので，やはり柔らかくする効果を示すことになる．

このように，圧電縦効果の場合には電気機械結合係数によって共振振動モードを励

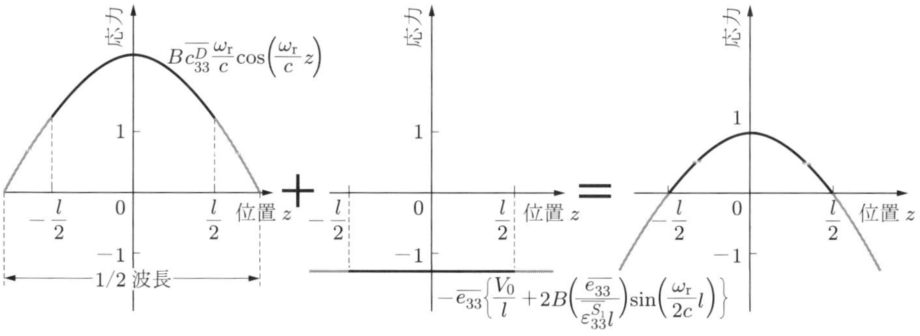

（a）位置に依存する応力（第 1 項）　（b）位置に依存しない応力（第 2 項）　（c）合計した応力

図 7.6 圧電縦効果における振動変位の応力分布（$k_{33} = 0.8$）

振する角周波数が変化して，モード形状も影響を受ける．図 7.7 に示すように，電気機械結合係数 k_{33} が 0 の場合に近づいていくと，$\overline{c_{33}^{E}} \to \overline{c_{33}^{D}}$ となるから，電気端子側を開放した反共振角周波数 ω_{a} での振動モードと同様に，細棒にはちょうど 1/2 波長の波が励振される．k_{33} が大きくなっていくに従って，波長が長くなり，波数は小さくなっていく．さらに，$k_{33} \to 1$ となると，振動モードは直線的になるが，このとき，図 7.3 からわかるように，$\omega_{\mathrm{r}} \to 0$ に近づいていくことになる．

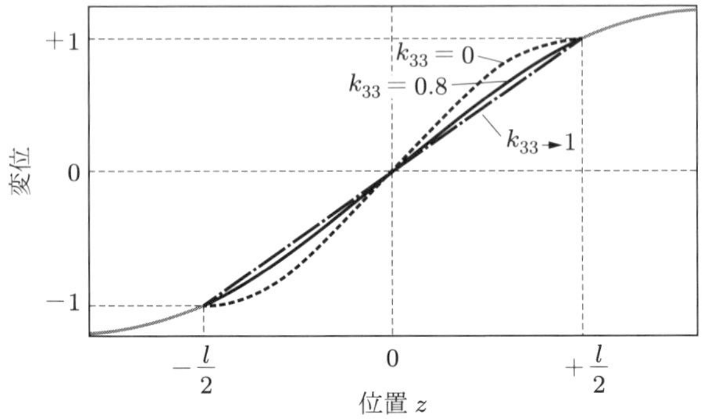

図 7.7　圧電縦効果における共振時の振動モード

7.4　電気端子側を短絡した境界条件での電界分布

式 (7.22) で求めた電界分布は，電気端子側を開放しても短絡しても成り立つ式である．ここでは，電圧を加えて駆動する場合について，角周波数を ω_{r} を代入してみると，

$$E_3 = \left\{ \frac{V_0}{l} - B\frac{\overline{e_{33}}}{\overline{\varepsilon_{33}^{S_3}}}\frac{\omega_{\mathrm{r}}}{c}\cos\left(\frac{\omega_{\mathrm{r}}}{c}z\right) + 2B\frac{\overline{e_{33}}}{\overline{\varepsilon_{33}^{S_3}}l}\sin\left(\frac{\omega_{\mathrm{r}}l}{2c}\right) \right\} e^{j\omega_{\mathrm{r}}t} \qquad (7.33)$$

となる．ここで，圧電性がない誘電体の場合には，$\overline{e_{33}} = 0$ とすればよいから，電界と電圧の関係は $E_3 = \dfrac{V_0}{l}e^{j\omega_{\mathrm{r}}t}$ と単純な関係になる．式 (7.33) の右辺第 1 項がこれに対応する．一方，圧電変位 $u(z,t) = B\sin\left(\dfrac{\omega_{\mathrm{r}}}{c}z\right)e^{j\omega_{\mathrm{r}}t}$ によるひずみ $\dfrac{\partial u}{\partial z} = B\dfrac{\omega_{\mathrm{r}}}{c}\cos\left(\dfrac{\omega_{\mathrm{r}}}{c}z\right)e^{j\omega_{\mathrm{r}}t}$ に比例する電界成分が右辺第 2 項で，式 (7.9) で示したように，ひずみとは逆方向に反電界 $-\dfrac{\overline{e_{33}}}{\overline{\varepsilon_{33}^{S_3}}}S_3$ が発生していることを表す．

式 (7.33) の右辺第 1 項の電界成分 $\dfrac{V_0}{l}e^{j\omega t}$ によって，電極間の電位差がすでに

$-V_0e^{j\omega t}$ となるから，反電界に対応する右辺第 2 項が加わると，電極間の電圧差が $-V_0e^{j\omega t}$ からずれてしまう．この反電界を積分して計算される電位成分を補正する項が必要となり，これが式 (7.33) の右辺第 3 項の存在理由である．この補正項は，電圧源から電極に供給される電荷によって生じる電界で，位置 z に依存しない．

試しに，式 (7.33) の右辺第 2 項，第 3 項を位置 z で積分して電位差を計算してみると，

$$-\int_{-\frac{l}{2}}^{\frac{l}{2}}\left\{-B\frac{\overline{e_{33}}}{\overline{\varepsilon_{33}^{S_3}}}\frac{\omega_{\mathrm{r}}}{c}\cos\left(\frac{\omega_{\mathrm{r}}}{c}z\right)+2B\frac{\overline{e_{33}}}{\overline{\varepsilon_{33}^{S_3}}\,l}\sin\left(\frac{\omega_{\mathrm{r}}l}{2c}\right)\right\}e^{j\omega_{\mathrm{r}}t}\mathrm{d}z=0 \quad (7.34)$$

と 0 になることが確認できる．これは，式 (7.20), (7.21) において電極間の電圧差が $-V_0e^{j\omega t}$ となるように電界成分の定数項 G_1 を計算したのだから，自明の結果である．

以上の計算について，圧電ひずみによって生じる電界分布とその補正項によって細棒内で電位差が 0 になることを図 7.8 に，すべてを含んだ式 (7.33) で示される電界分布を図 7.9 に示す．図中においてグレーの部分の面積が電位に対応し，V_0 になって

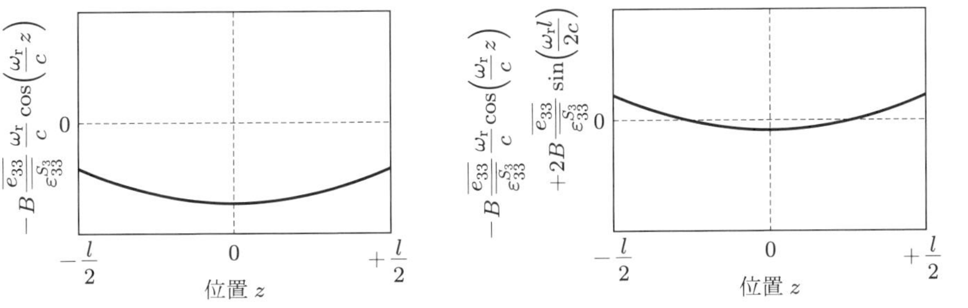

（a）反電場の電界分布（第 2 項）

（b）ひずみに伴う電界分布（第 2 項と第 3 項の和）

図 7.8 圧電縦効果における各項の電界分布（図 (b) の細棒内での積分値は 0 である）

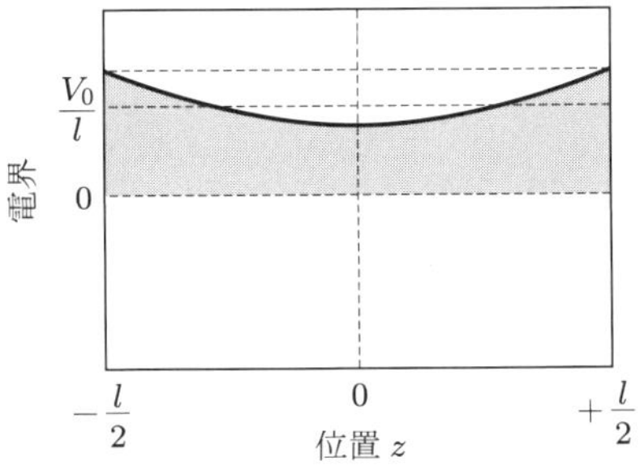

図 7.9 圧電縦効果における電界分布

いる.

7.5　反電界を補正するための電束密度

圧電ひずみの分布において $Be^{j\omega t}$ が正，つまり伸びた振動状態のとき，式 (7.33) の右辺第 3 項の電界の補正項の符号は $\dfrac{V_0}{l}$ と一致している．これは式 (7.33) の右辺第 2 項の圧電ひずみに伴う反電界がひずみの符号と逆向きになっていることに対応し，この反電界を打ち消すために，正方向の電束密度が補正項として発生したことになる．これは，先に計算した電束密度を表す式 (7.23) に角周波数 ω_{r} を代入した

$$D_3 = \left\{ \frac{\overline{\varepsilon_{33}^{S_3}} V_0}{l} + 2B\frac{\overline{e_{33}}}{l} \sin\left(\frac{\omega_{\mathrm{r}} l}{2c}\right) \right\} e^{j\omega_{\mathrm{r}} t} \tag{7.35}$$

の右辺第 2 項をみればわかる.

この効果により，振動子のスティフネスを $\overline{c_{33}^{D}}$ として圧電効果によって生じるひずみと比較して，より大きな圧電ひずみが反電界の効果として得られる．別のいい方をすると，反電界によって生じる電束密度による効果として，圧電体がスティフネス $\overline{c_{33}^{D}}$ よりも柔らかくみえ，この現象が後で示す等価回路上において機械アドミッタンスと直列に接続される $-C_{\mathrm{d}}$ として表現される．この $-C_{\mathrm{d}}$ により，直流入力電圧を入力した際のスティフネスは $\overline{c_{33}^{D}}$ ではなく $\overline{c_{33}^{E}}$ と小さくなるので，電気的に開放したときの $\overline{c_{33}^{D}}$ から計算される硬さよりも柔らかくなる $\left(\overline{c_{33}^{E}} = \dfrac{1}{s_{33}^{E}} = \dfrac{1-k_{33}{}^2}{s_{33}^{D}} = \overline{c_{33}^{D}}(1-k_{33}{}^2)\right.$ より $\left.\overline{c_{33}^{E}} < \overline{c_{33}^{D}}\right)$.

7.6　アドミッタンスの導出

アドミッタンスの周波数依存性を計算するために，角周波数を一般化した ω に戻す．圧電変位を表す式 $u(z,t) = B\sin\left(\dfrac{\omega}{c}z\right)e^{j\omega t}$ に含まれる定数項 B と電束密度の関係は，式 (7.14) の第 2 式で得られたように，

$$B\cos\left(\frac{\omega l}{2c}\right)e^{j\omega t} = \frac{c}{\omega}\frac{\overline{e_{33}}}{\overline{c_{33}^{D}}\,\overline{\varepsilon_{33}^{S_3}}} D_3 \tag{7.36}$$

であったから，電束密度は

$$D_3 = B\frac{\omega}{c}\frac{\overline{c_{33}^{D}}\overline{\varepsilon_{33}^{S_3}}}{\overline{e_{33}}}\cos\left(\frac{\omega l}{2c}\right)e^{j\omega t} \tag{7.37}$$

と，位置 z に依存しない形になる．

一方，圧電方程式と入力電圧の境界条件から求めた式 (7.22) の電界の式および式 (7.3), (7.4) の圧電方程式などから，電束密度の形は式 (7.23) で求めたように，

$$D_3 = \left\{\frac{\overline{\varepsilon_{33}^{S_3}}V_0}{l} + 2B\frac{\overline{e_{33}}}{l}\sin\left(\frac{\omega l}{2c}\right)\right\}e^{j\omega t} \tag{7.38}$$

である．式 (7.37), (7.38) は等しいことから，変位振幅 B は

$$B = \frac{c}{\omega}\frac{\overline{e_{33}}}{\overline{c_{33}^{D}}}\frac{1}{\cos\left(\frac{\omega l}{2c}\right)\left\{1 - \frac{\overline{e_{33}}^2}{\overline{c_{33}^{D}}\overline{\varepsilon_{33}^{S_3}}}\frac{\tan\left(\frac{\omega l}{2c}\right)}{\frac{\omega l}{2c}}\right\}}\frac{V_0}{l} \tag{7.39}$$

となる．この変位振幅 B を用いることにより，振動変位分布と電束密度の一般解は

$$u(z,t) = \frac{c}{\omega}\frac{\overline{e_{33}}}{\overline{c_{33}^{D}}}\frac{1}{\cos\left(\frac{\omega l}{2c}\right)\left\{1 - \frac{\overline{e_{33}}^2}{\overline{c_{33}^{D}}\overline{\varepsilon_{33}^{S_3}}}\frac{\tan\left(\frac{\omega l}{2c}\right)}{\frac{\omega l}{2c}}\right\}}\frac{V_0}{l}\sin\left(\frac{\omega}{c}z\right)e^{j\omega t} \tag{7.40}$$

$$D_3 = \left\{1 + \frac{\frac{\overline{e_{33}}^2}{\overline{c_{33}^{D}}\overline{\varepsilon_{33}^{S_3}}}\frac{\tan\left(\frac{\omega l}{2c}\right)}{\frac{\omega l}{2c}}}{1 - \frac{\overline{e_{33}}^2}{\overline{c_{33}^{D}}\overline{\varepsilon_{33}^{S_3}}}\frac{\tan\left(\frac{\omega l}{2c}\right)}{\frac{\omega l}{2c}}}\right\}\frac{\overline{\varepsilon_{33}^{S_3}}V_0}{l}e^{j\omega t} \tag{7.41}$$

である．ここでは，次のアドミッタンスの計算の意味がわかりやすいように，式 (7.37) からではなく，式 (7.38) から電束密度を計算した．

電源から供給される電流 i は，電束密度の式を時間微分して面積分すればよいから，

$$i = \int_{-\frac{a}{2}}^{\frac{a}{2}}\int_{-\frac{b}{2}}^{\frac{b}{2}}\frac{\partial D_3}{\partial t}\mathrm{d}x\mathrm{d}y$$

$$= j\omega \int_{-\frac{a}{2}}^{\frac{a}{2}} \int_{-\frac{b}{2}}^{\frac{b}{2}} \left\{ 1 + \frac{\dfrac{\overline{e_{33}}^2}{\overline{c_{33}^D}\,\overline{\varepsilon_{33}^{S_3}}} \dfrac{\tan\left(\dfrac{\omega l}{2c}\right)}{\dfrac{\omega l}{2c}}}{1 - \dfrac{\overline{e_{33}}^2}{\overline{c_{33}^D}\,\overline{\varepsilon_{33}^{S_3}}} \dfrac{\tan\left(\dfrac{\omega l}{2c}\right)}{\dfrac{\omega l}{2c}}} \right\} \mathrm{d}x\mathrm{d}y \frac{\overline{\varepsilon_{33}^{S_3}} V_0}{l} e^{j\omega t}$$

$$= j\omega \overline{\varepsilon_{33}^{S_3}} \frac{ab}{l} V_0 e^{j\omega t} + j \frac{2abc\overline{e_{33}}^2}{l^2 \overline{c_{33}^D}} \frac{1}{\cot\left(\dfrac{\omega l}{2c}\right) - \dfrac{\overline{e_{33}}^2}{\overline{c_{33}^D}\,\overline{\varepsilon_{33}^{S_3}} \left(\dfrac{\omega l}{2c}\right)}} V_0 e^{j\omega t} \tag{7.42}$$

となるので，アドミッタンス $Y \left(= \dfrac{i}{V}\right)$ は

$$Y = \frac{i}{V_0 e^{j\omega t}} = j\omega \overline{\varepsilon_{33}^{S_3}} \frac{ab}{l} + j \frac{2abc\,\overline{e_{33}}^2}{l^2 \overline{c_{33}^D}} \frac{1}{\cot\left(\dfrac{\omega l}{2c}\right) - \dfrac{\overline{e_{33}}^2}{\overline{c_{33}^D}\,\overline{\varepsilon_{33}^{S_3}} \left(\dfrac{\omega l}{2c}\right)}}$$

$$= j\omega \overline{\varepsilon_{33}^{S_3}} \frac{ab}{l} + \frac{1}{-\dfrac{1}{j\omega \overline{\varepsilon_{33}^{S_3}} \dfrac{ab}{l}} + \dfrac{1}{j \dfrac{2abc\overline{e_{33}}^2}{\overline{c_{33}^D} l^2} \tan\left(\dfrac{\omega l}{2c}\right)}}$$

$$= j\omega C_{\mathrm{d}} + \frac{1}{\dfrac{1}{-j\omega C_{\mathrm{d}}} + \dfrac{1}{Y_{\mathrm{m}}}} \tag{7.43}$$

となる．ただし，$C_{\mathrm{d}} = \overline{\varepsilon_{33}^{S_3}} \dfrac{ab}{l}$, $Y_{\mathrm{m}} = j \dfrac{2abc\overline{e_{33}}^2}{\overline{c_{33}^D} l^2} \tan\left(\dfrac{\omega l}{2c}\right)$ である．動アドミッタンス Y_{m} を表す式のスティフネスは $\overline{c_{33}^D}$ であり，音速は $c = \sqrt{\dfrac{\overline{c_{33}^D}}{\rho}}$ と，電束密度一定のときに計測される値である．

式 (7.43) の右辺第 2 項の形は

$$\frac{1}{\dfrac{1}{-j\omega C_{\mathrm{d}}} + \dfrac{1}{Y_{\mathrm{m}}}}$$

であり，$-j\omega C_{\mathrm{d}}$ と Y_{m} で表されるアドミッタンス成分が直列接続した形である．し

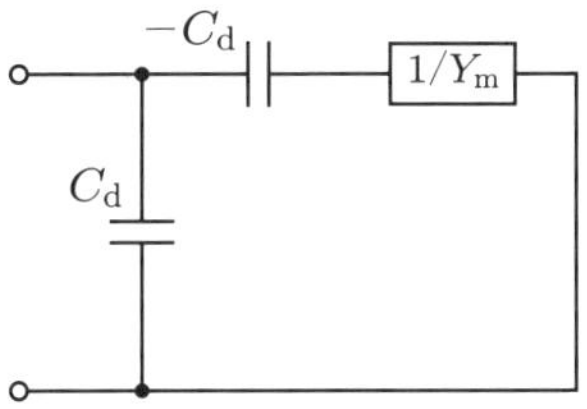

図 7.10 圧電縦効果の等価回路

たがって，全アドミッタンスでは，図 7.10 に示すように，この $-C_\mathrm{d}$ と Y_m の直列回路がさらに制動容量 C_d と並列接続している等価回路となる．

7.7 共振角周波数および反共振角周波数

式 (7.43) で求めたアドミッタンスから圧電縦効果における共振角周波数および反共振角周波数を計算する．アドミッタンスに含まれる動アドミッタンス Y_m は，$C_\mathrm{d} = \overline{\varepsilon_{33}^{S_3}}\dfrac{ab}{l}$ であるから，

$$
\begin{aligned}
Y_\mathrm{m} &= j\frac{2abc\overline{e_{33}}^2}{\overline{c_{33}^D}l^2}\tan\left(\frac{\omega l}{2c}\right) = j\omega\overline{\varepsilon_{33}^{S_3}}\frac{ab}{l}\frac{\overline{e_{33}}^2}{\overline{c_{33}^D}\,\overline{\varepsilon_{33}^{S_3}}}\frac{\tan\left(\dfrac{\omega l}{2c}\right)}{\dfrac{\omega l}{2c}} \\
&= j\omega C_\mathrm{d}{k_{33}}^2\frac{\tan\left(\dfrac{\omega l}{2c}\right)}{\dfrac{\omega l}{2c}}
\end{aligned}
\tag{7.44}
$$

と式変形できる．ただし，$\dfrac{\overline{e_{33}}^2}{\overline{c_{33}^D}\,\overline{\varepsilon_{33}^{S_3}}} = \dfrac{(1-{k_{33}}^2)\overline{e_{33}}^2}{\overline{c_{33}^E}\,\overline{\varepsilon_{33}^{S_3}}} = (1-{k_{33}}^2)\dfrac{{k_{33}}^2}{1-{k_{33}}^2} = {k_{33}}^2$ である．式 (7.43) で表される全アドミッタンスは，

$$
Y = j\omega C_\mathrm{d} + \cfrac{1}{\cfrac{1}{-j\omega C_\mathrm{d}} + \cfrac{1}{j\omega C_\mathrm{d}{k_{33}}^2\cfrac{\tan\left(\cfrac{\omega l}{2c}\right)}{\cfrac{\omega l}{2c}}}}
$$

$$= j\omega C_{\mathrm{d}} + j\omega C_{\mathrm{d}} \frac{{k_{33}}^2 \tan\left(\dfrac{\omega l}{2c}\right)}{\dfrac{\omega l}{2c} - {k_{33}}^2 \tan\left(\dfrac{\omega l}{2c}\right)} = j\omega C_{\mathrm{d}} \frac{1}{1 - {k_{33}}^2 \dfrac{\tan\left(\dfrac{\omega l}{2c}\right)}{\dfrac{\omega l}{2c}}} \tag{7.45}$$

とできる．共振状態では，一定入力振幅電圧に対して，電流振幅が ∞ になるとき，つまり $Y \to \infty$ であるから，式 (7.45) の分母が

$$1 - {k_{33}}^2 \frac{\tan\left(\dfrac{\omega l}{2c}\right)}{\dfrac{\omega l}{2c}} = 0 \tag{7.46}$$

となるときであり，そのときの角周波数 ω_{r} について，

$$\frac{\tan\left(\dfrac{\omega_{\mathrm{r}} l}{2c}\right)}{\dfrac{\omega_{\mathrm{r}} l}{2c}} = \frac{1}{{k_{33}}^2} \tag{7.47}$$

が成り立ち，式 (7.29) と同じ結果が得られる．このように，ω_{r} を求める式に電気機械結合係数 k_{33} が入っているので，共振角周波数は圧電性によって変化することがわかる．

一方の反共振角周波数 ω_{a} は，インピーダンスが ∞ になって電流が流れない，つまり $Y \to 0$ となるときであるから，式 (7.45) から，

$$\tan\left(\frac{\omega_{\mathrm{a}} l}{2c}\right) = \infty \tag{7.48}$$

が成り立つ．つまり，式 (7.16) で求めたのと同様に

$$\omega_{\mathrm{a}} = (2n-1)\pi \frac{c}{l} \tag{7.49}$$

であるから，反共振角周波数は共振角周波数に比べると単純で，振動子の長さ l と音速 $c = \sqrt{\dfrac{c_{33}^D}{\rho}}$ から求められる．

7.8 LCR 直列回路による等価回路表現

ここまでの計算によるアドミッタンスを集中定数系の等価回路で表現することを考える．圧電横効果の場合から類推すると，動アドミッタンス Y_m に含まれる $\tan\left(\dfrac{\omega l}{2c}\right)$ を Laurent 展開することにより，各振動モード成分に対応する LC 直列成分が並列接続した回路で表現可能であることが予想できる．アドミッタンスは

$$
\begin{aligned}
Y &= j\omega\overline{\varepsilon_{33}^{S_3}}\frac{ab}{l} + \cfrac{1}{-\cfrac{1}{j\omega\overline{\varepsilon_{33}^{S_3}}\cfrac{ab}{l}} + \cfrac{1}{j\cfrac{2abc\overline{e_{33}}^2}{\overline{c_{33}^D}l^2}\tan\left(\cfrac{\omega l}{2c}\right)}} \\
&= j\omega C_\mathrm{d} + \cfrac{1}{-\cfrac{1}{j\omega C_\mathrm{d}} + \cfrac{1}{j\cfrac{2abc\overline{e_{33}}^2}{\overline{c_{33}^D}l^2}\tan\left(\cfrac{\omega l}{2c}\right)}}
\end{aligned}
\tag{7.50}
$$

である．ただし，$C_\mathrm{d} = \overline{\varepsilon_{33}^{S_3}}\dfrac{ab}{l}$ である．式 (7.50) を Laurent 展開すると，

$$
\tan\left(\frac{\omega l}{2c}\right) = \sum_{n=1}^{\infty}\frac{1}{(2n-1)^2\dfrac{\pi^2}{8}\dfrac{2c}{\omega l} - \dfrac{\omega l}{4c}}
\tag{7.51}
$$

より，

$$
\begin{aligned}
Y &= j\omega C_\mathrm{d} + \cfrac{1}{-\cfrac{1}{j\omega C_\mathrm{d}} + \cfrac{1}{j\cfrac{2abc\overline{e_{33}}^2}{\overline{c_{33}^D}l^2}\displaystyle\sum_{n=1}^{\infty}\cfrac{1}{(2n-1)^2\cfrac{\pi^2}{8}\cfrac{2c}{\omega l} - \cfrac{\omega l}{4c}}}} \\
&= j\omega C_\mathrm{d} + \cfrac{1}{-\cfrac{1}{j\omega C_\mathrm{d}} + \cfrac{1}{\left(\cfrac{2ab\overline{e_{33}}}{l}\right)^2\displaystyle\sum_{n=1}^{\infty}\cfrac{1}{\cfrac{1}{j\omega}\cfrac{(2n-1)^2\pi^2 ab\overline{c_{33}^D}}{2l} + j\omega\cfrac{\rho abl}{2}}}} \\
&= j\omega C_\mathrm{d} + \cfrac{1}{-\cfrac{1}{j\omega C_\mathrm{d}} + \cfrac{1}{A^2\displaystyle\sum_{n=1}^{\infty}\cfrac{1}{j\omega L_{2n-1} + \cfrac{1}{j\omega C_{2n-1}}}}}
\end{aligned}
\tag{7.52}
$$

とできる（Laurent 展開については，付録 F で説明する）．ただし，$\rho c^2 = \overline{c_{33}^D}$, $A = \dfrac{2ab\overline{e_{33}}}{l}$, $L_{2n-1} = \dfrac{\rho abl}{2}$, $C_{2n-1} = \dfrac{2l}{(2n-1)^2\pi^2 ab\overline{c_{33}^D}}$, $C_\mathrm{d} = \overline{\varepsilon_{33}^{S_3}}\dfrac{ab}{l}$ である．式変形は，等価質量 L が実際の質量 ρabl の半分になるように見越して行えばよい．すなわち，等価質量 L_{2n-1} は

$$L_{2n-1} = \frac{\rho abl}{2} \tag{7.53}$$

とモード次数に依存しないのに対して，等価バネ定数の逆数となる等価コンプライアンスは $\overline{c_{33}^D}$ という電束密度一定で測定したスティフネス成分を含み，

$$C_{2n-1} = \frac{2l}{(2n-1)^2\pi^2 ab\overline{c_{33}^D}} \tag{7.54}$$

と，モード次数が大きくなるに伴って $(2n-1)^2$ の割合で小さくなる．等価バネ定数は C_{2n-1} の逆数であるから，モードの次数が大きくなるに従って硬くなっていくことがわかる．なお，これらの等価回路定数において，反共振角周波数 ω_a に関して，

$$\frac{1}{\sqrt{L_{2n-1}C_{2n-1}}} = (2n-1)\pi\frac{c}{l} = \omega_\mathrm{a} \tag{7.55}$$

が成り立っていることがわかる．式 (7.43) のアドミッタンスに含まれる機械端子側のアドミッタンスは

$$\begin{aligned}\frac{1}{\dfrac{1}{-j\omega C_\mathrm{d}} + Y_\mathrm{m}} &= \frac{1}{-\dfrac{1}{j\omega C_\mathrm{d}} + \dfrac{1}{A^2 \displaystyle\sum_{n=1}^{\infty} \dfrac{1}{j\omega L_{2n-1} + \dfrac{1}{j\omega C_{2n-1}}}}} \\ &= \left\{(-j\omega C_\mathrm{d})^{-1} + \left(A^2 \sum_{n=1}^{\infty} \frac{1}{j\omega L_{2n-1} + \dfrac{1}{j\omega C_{2n-1}}}\right)^{-1}\right\}^{-1}\end{aligned} \tag{7.56}$$

と式変形できるから，負の容量をもつキャパシタ $-C_\mathrm{d}$ とトランス A を介した LC 直列回路が直列に接続した等価回路で，全体の形は図 7.11 のようになる．

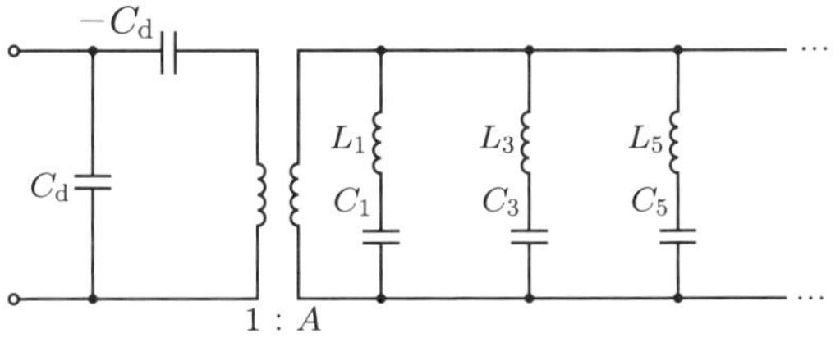

図 7.11 圧電縦効果の LC 等価回路

7.9 等価回路における $-C_\mathrm{d}$ の意味と共振・反共振角周波数

図 7.11 で示した等価回路において，1 次モードのみを考えてそのほかのモードは無視すると，

$$L_1 = \frac{\rho abl}{2} \tag{7.57}$$

$$C_1 = \frac{2l}{\pi^2 ab\overline{c_{33}^D}} \tag{7.58}$$

によって，アドミッタンスは

$$Y = j\omega C_\mathrm{d} + \cfrac{1}{\cfrac{1}{-j\omega C_\mathrm{d}} + \cfrac{1}{A^2 \cfrac{1}{j\omega L_1 + \cfrac{1}{j\omega C_1}}}} \tag{7.59}$$

とでき，図 7.12 のような等価回路になる．

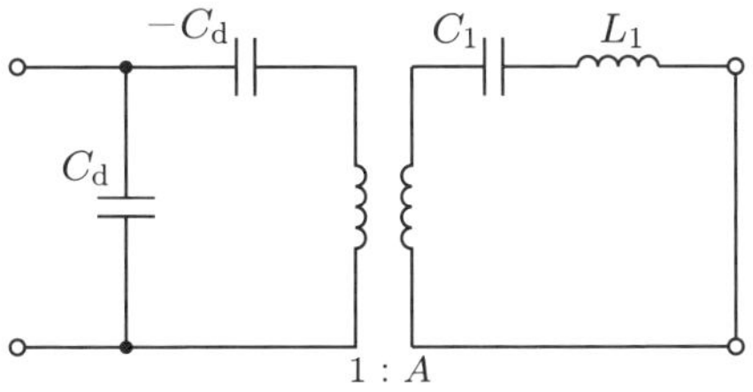

図 7.12 1 次縦振動モードの LC 等価回路

通常の電気回路では，キャパシタの容量は必ず正であるのに対して，圧電縦効果の等価回路では機械振動を表す LC 直列回路と直列に負の符号をもつ $-C_\mathrm{d}$ が接続されている．これは，7.4, 7.5 節で説明した圧電振動子の内部における電界分布計算のように，圧電振動によって生じる反電界が電極間電位差に与える影響を補正することに

対応している．通常のキャパシタだと，電圧降下をもたらすが，負の符号をもつこの $-C_\mathrm{d}$ は，逆に電圧を押し上げる方向にはたらき，その結果として入力電圧よりも大きな電圧振幅で振動子が駆動されることになる．その結果，以下で示すように C_1 のみの場合と比較して振動子が柔らかくなるようにみえる．

1 次モードでの共振時における $-j\omega C_\mathrm{d}$ の効果について考えてみると，$C_1 = \dfrac{2l}{\pi^2 ab\overline{c_{33}^D}}$ から求められるバネ定数 K_1^D は，電束密度一定で計測されるスティフネスによって，

$$K_1^D = \frac{1}{C_1} = \frac{\pi^2 ab\overline{c_{33}^D}}{2l} \tag{7.60}$$

である．これに対して，電気端子側から電圧を与えた場合や，電気端子側を短絡した場合のバネ定数 K_1^E は $-j\omega C_\mathrm{d}$ の効果を考えなくてはならない．図 7.12 において，電気端子側を短絡させて電気端子側にある $-j\omega C_\mathrm{d}$ を力係数の左から右に移動させると，図 7.13 のようにそのインピーダンスは A^2 倍になるので，

$$A^2 \frac{1}{-j\omega C_\mathrm{d}} = -\frac{1}{j\omega}\left(\frac{2ab\overline{e_{33}}}{l}\right)^2 \frac{l}{ab\overline{\varepsilon_{33}^{S_3}}} = -\frac{1}{j\omega}\frac{4ab\overline{e_{33}}^2}{\overline{\varepsilon_{33}^{S_3}}l} \tag{7.61}$$

となる（この式変形は付録 B で説明する）．このインピーダンス $-\dfrac{1}{j\omega}\dfrac{4ab\overline{e_{33}}^2}{\overline{\varepsilon_{33}^{S_3}}l}$ と $\dfrac{1}{j\omega C_1} = \dfrac{1}{j\omega}\dfrac{\pi^2 ab\overline{c_{33}^D}}{2l}$ が直列接続するので，この合成容量から計算されるバネ定数 K_1^E は

$$\begin{aligned} K_1^E &= C_1{}^{-1} + \left(-\frac{C_\mathrm{d}}{A^2}\right)^{-1} = \frac{\pi^2 ab\overline{c_{33}^D}}{2l} - \frac{4ab\overline{e_{33}}^2}{\overline{\varepsilon_{33}^{S_3}}l} = \frac{\pi^2 ab\overline{c_{33}^D}}{2l}\left(1 - \frac{8}{\pi^2}\frac{\overline{e_{33}}^2}{\overline{c_{33}^D}\,\overline{\varepsilon_{33}^{S_3}}}\right) \\ &= K_1^D\left(1 - \frac{8}{\pi^2}k_{33}{}^2\right) \end{aligned} \tag{7.62}$$

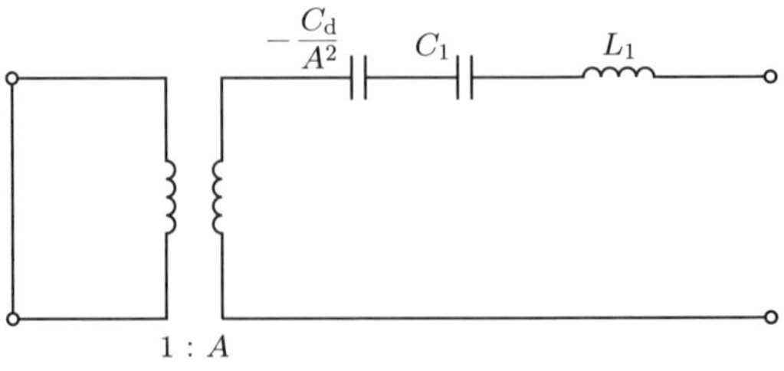

図 7.13　電気端子側を短絡して $-C_\mathrm{d}$ を移動した等価回路

と，電束密度一定で計測した式 (7.60) のバネ定数 K_1^D よりも小さいので柔らかくなり，電気機械結合係数 k_{33} が大きいほどその変化の割合が大きい．ただし，${k_{33}}^2 < 1$ であるから，バネ定数 K_1^E は必ず正になる．このバネ定数の計算は，基本モードの場合であるが，高次モードについてのバネ定数 K_{2n-1}^E も必ず正となる．

ただし，ここでの計算は反共振の高次モードに対応する等価回路定数を無視している．したがって，式 (7.62) で求めた K_1^E と等価質量 M $\left(= L_1 = \dfrac{\rho abl}{2}\right)$ から共振角周波数 ω_r を計算してみると，$\omega_\mathrm{a} = \pi\dfrac{c}{l}$ などから，

$$\omega_\mathrm{r} = \sqrt{\frac{K_1^E}{M}} = \sqrt{\frac{2}{\rho abl}\frac{\pi^2 ab\overline{c_{33}^D}}{2l}\left(1 - \frac{8}{\pi^2}{k_{33}}^2\right)} = \frac{\pi}{l}\sqrt{\frac{\overline{c_{33}^D}}{\rho}\left(1 - \frac{8}{\pi^2}{k_{33}}^2\right)}$$
$$= \pi\frac{c}{l}\sqrt{\left(1 - \frac{8}{\pi^2}{k_{33}}^2\right)} = \omega_\mathrm{a}\sqrt{\left(1 - \frac{8}{\pi^2}{k_{33}}^2\right)} \tag{7.63}$$

という関係式を得る．ここで，共振角周波数 ω_r と反共振角周波数 ω_a，電気機械結合係数 k_{33} の関係は，

$$k_{33} = \sqrt{\frac{\pi^2}{8}\left\{1 - \left(\frac{\omega_\mathrm{r}}{\omega_\mathrm{a}}\right)^2\right\}} \tag{7.64}$$

となる．式 (7.64) を式 (7.31) で得られた厳密解と比較すると，圧電体が大きな電気機械結合係数をもつ場合に両者の違いが顕著になる．この違いは，式 (7.64) を求めるときに高次モードをすべて除いていることにある．たとえば，図 7.14 のように高次モードに対応する $L_3(= L_1)$ と C_3 $\left(= \dfrac{1}{9}C_1\right)$ を含めて考えてみると，機械端子側のインピーダンスは L_1C_1 直列回路と L_3C_3 直列回路が並列接続されているので，

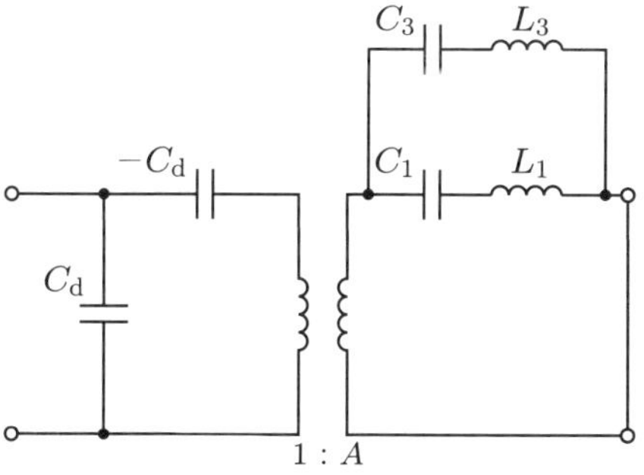

図 7.14 1 次と 3 次の縦振動モードの LC 等価回路

$$\frac{1}{Y_{\mathrm{m}}} = \frac{\left(j\omega L_1 + \dfrac{1}{j\omega C_1}\right)\left(j\omega L_3 + \dfrac{1}{j\omega C_3}\right)}{\left(j\omega L_1 + \dfrac{1}{j\omega C_1}\right) + \left(j\omega L_3 + \dfrac{1}{j\omega C_3}\right)}$$

$$= \frac{\left(j\omega L_1 + \dfrac{1}{j\omega C_1}\right)\left(j\omega L_1 + \dfrac{9}{j\omega C_1}\right)}{\left(j\omega L_1 + \dfrac{1}{j\omega C_1}\right) + \left(j\omega L_1 + \dfrac{9}{j\omega C_1}\right)}$$

$$= \left(j\omega L_1 + \frac{1}{j\omega C_1}\right) \frac{1}{1 + \dfrac{j\omega L_1 + \dfrac{1}{j\omega C_1}}{j\omega L_1 + \dfrac{9}{j\omega C_1}}}$$

$$\cong \left(j\omega L_1 + \frac{1}{j\omega C_1}\right) \frac{1}{1 + \dfrac{\dfrac{1}{j\omega C_1}}{\dfrac{9}{j\omega C_1}}} = j\omega \frac{9}{10} L_1 + \frac{1}{j\omega \dfrac{10}{9} C_1} \tag{7.65}$$

とできる．式変形中の近似として，いま考えている角周波数 ω が ω_{a} よりも小さく，各モードのインピーダンスは容量成分が支配的と考えて，$j\omega L_1 + \dfrac{9}{j\omega C_1} \to \dfrac{9}{j\omega C_1}$，$j\omega L_1 + \dfrac{1}{j\omega C_1} \to \dfrac{1}{j\omega C_1}$ とした．これは，電気機械結合係数 k_{33} が 1 に近いことを仮定していることに対応する．このようにすると，式 (7.62) で導出した電気端子側を短絡したバネ定数 K_{13}^E は，

$$K_{13}^E = \left(\frac{10}{9} C_1\right)^{-1} - \frac{4ab\overline{e_{33}}^2}{\overline{\varepsilon_{33}^{S_3}} l} = \frac{\pi^2 ab\overline{c_{33}^D}}{2l}\left(\frac{9}{10} - \frac{8}{\pi^2} k_{33}{}^2\right) \tag{7.66}$$

となり，共振角周波数 ω_{r} は

$$\omega_{\mathrm{r}} = \sqrt{\frac{K_{13}^E}{\dfrac{9}{10} M}} = \sqrt{\left(\frac{10}{9}\frac{2}{\rho abl}\right)\frac{\pi^2 ab\overline{c_{33}^D}}{2l}\left(\frac{9}{10} - \frac{8}{\pi^2}\frac{\overline{e_{33}}^2}{\overline{c_{33}^D}\,\overline{\varepsilon_{33}^{S_3}}}\right)}$$

$$= \omega_{\mathrm{a}} \sqrt{1 - \frac{80}{9\pi^2} k_{33}{}^2} \tag{7.67}$$

と表されるので，

$$k_{33} = \sqrt{\frac{9\pi^2}{80}\left\{1 - \left(\frac{\omega_{\mathrm{r}}}{\omega_{\mathrm{a}}}\right)^2\right\}} \tag{7.68}$$

となる．以上の電気機械結合係数と $\dfrac{\omega_{\mathrm{r}}}{\omega_{\mathrm{a}}}$ の関係について，厳密解，一つの LC 直列回路で計算したもの，1 次モードと 3 次モードの LC 直列回路で k_{33} が 1 に近いという近似を用いた結果を図 7.15 に示す．

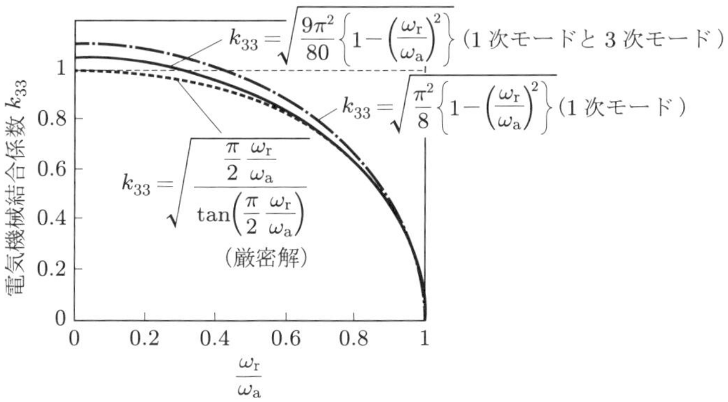

図 7.15 機械端子の近似に伴う電気機械結合係数と $\dfrac{\omega_{\mathrm{r}}}{\omega_{\mathrm{a}}}$ の関係の変化

等価回路は図 7.12 のような一番低次の振動モードを表す LC 直列回路でよく用いられるが，等価質量 L_1 $\left(= \dfrac{\rho abl}{2}\right)$ や，等価バネ定数 C_1 $\left(= \dfrac{1}{{\omega_{\mathrm{a}}}^2 L_1}\right)$ は，反共振角周波数 $\omega_{\mathrm{a}} = \pi\dfrac{c}{l}$ をもとに計算されたもので，共振周波数での実測値を計算すると図 7.15 のような誤差が生じることになる．この誤差を小さくするためには，高次モードの LC 直列回路の影響を考慮する必要があり，等価質量は $\dfrac{\rho abl}{2}$ よりも若干小さくなる．そもそも，共振角周波数 ω_{r} における等価質量は，振動速度モード $v(z)$ が図 7.5 になるので，細棒先端での速度を v_0 として

$$v(z) = v_0 \frac{\sin\left(\dfrac{\omega_{\mathrm{r}}}{c}z\right)}{\sin\left(\dfrac{\omega_{\mathrm{r}} l}{2c}\right)} \tag{7.69}$$

とできる．ただし，$\dfrac{\omega_{\mathrm{r}}}{c} < \dfrac{\omega_{\mathrm{a}}}{c} = \dfrac{\pi}{l}$ である．運動エネルギーが集中定数系と分布定数系で一致するようにして，

$$\frac{1}{2}L{v_0}^2 = \frac{1}{2}\rho ab\int_{-\frac{l}{2}}^{\frac{l}{2}}\left\{v_0\frac{\sin\left(\dfrac{\omega_\mathrm{r}}{c}z\right)}{\sin\left(\dfrac{\omega_\mathrm{r}l}{2c}\right)}\right\}^2\mathrm{d}z = \frac{1}{2}\rho ab\frac{\displaystyle\int_{-\frac{l}{2}}^{\frac{l}{2}}\frac{1-\cos\left(\dfrac{2\omega_\mathrm{r}}{c}z\right)}{2}\mathrm{d}z}{1-\cos^2\left(\dfrac{\omega_\mathrm{r}l}{2c}\right)}{v_0}^2$$

$$= \frac{1}{2}\rho abl\frac{1-\dfrac{\sin\left(\dfrac{\omega_\mathrm{r}l}{c}\right)}{\dfrac{\omega_\mathrm{r}l}{c}}}{1-\cos\left(\dfrac{\omega_\mathrm{r}l}{c}\right)}{v_0}^2 \tag{7.70}$$

と計算できる．この結果，等価質量 L は，

$$L = \rho abl\frac{1-\dfrac{\sin\left(\dfrac{\omega_\mathrm{r}l}{c}\right)}{\dfrac{\omega_\mathrm{r}l}{c}}}{1-\cos\left(\dfrac{\omega_\mathrm{r}l}{c}\right)} = \rho abl\frac{1-\dfrac{\sin\left(\pi\dfrac{\omega_\mathrm{r}}{\omega_\mathrm{a}}\right)}{\pi\dfrac{\omega_\mathrm{r}}{\omega_\mathrm{a}}}}{1-\cos\left(\pi\dfrac{\omega_\mathrm{r}}{\omega_\mathrm{a}}\right)} \tag{7.71}$$

となる．電気機械結合係数が極めて小さく共振角周波数 ω_r が反共振角周波数 ω_a $\left(=\dfrac{\pi c}{l}\right)$ にほぼ等しいときには，$L \to \dfrac{1}{2}\rho abl$ で，細棒質量の半分となる．反対に，逆に電気機械結合係数が 1 に近づいて，速度振動モードが直線近似できるような状況では式 (7.69) で $\omega_\mathrm{r} \to 0$ とすることで $v(z) = \dfrac{2v_0}{l}z$ となるから，$L \to \dfrac{1}{3}\rho abl$ となる．これらの関係は，図 7.11 のようにすべての高次モードを含めた振動モードの重ね合わせによって，図 7.5 のような振動分布が得られることを示す．式 (7.71) は，このように高次モードをすべて含めて考えた厳密な等価質量である．その結果は，図 7.16 のように，電気機械結合係数が大きくなると共振角周波数と反共振角周波数の比 $\dfrac{\omega_\mathrm{r}}{\omega_\mathrm{a}}$ が小さくなるのに伴って波長が長くなり，共振状態での等価質量 L は式 (7.71) で示すように，細棒質量の半分よりも小さくなる．また，等価バネ定数は大きくなる．

そこで，図 7.17 のように，一つの LC 直列回路で共振・反共振角周波数を表現するために，補正係数 α を $0 < \alpha < 1$ の電気機械結合係数の関数として用いて，等価質量 M を α 倍 (L_1 を α 倍)，等価バネ定数 K_1^D を α 倍 $\left(C_1 \text{ を } \dfrac{1}{\alpha}\text{倍}\right)$ してみる．この状態では，反共振周波数は $\omega_\mathrm{a} = \sqrt{\dfrac{1}{L_1C_1}}$ で変化しないから，正しく表現できている．

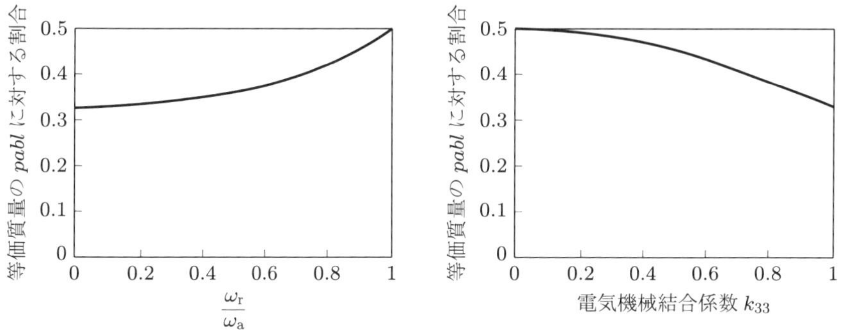

図 7.16 等価質量と $\dfrac{\omega_\mathrm{r}}{\omega_\mathrm{a}}$ および電気機械結合係数の関係

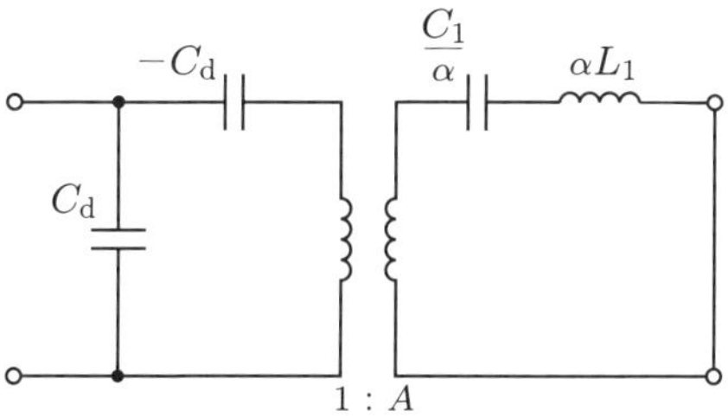

図 7.17 電気機械結合係数と補正係数 α の関係

一方，補正項 αを 含めた共振角周波数 ω_r は式 (7.62), (7.63) を参考にして計算すればよいので，

$$\begin{cases} K_1^E = \dfrac{\pi^2 ab\overline{c_{33}^D}}{2l}\left(\alpha - \dfrac{8}{\pi^2}{k_{33}}^2\right) \\ \omega_\mathrm{r} = \sqrt{\dfrac{K_1^E}{M}} = \sqrt{\dfrac{2}{\alpha\rho abl}\dfrac{\pi^2 ab\overline{c_{33}^D}}{2l}\left(\alpha - \dfrac{8}{\pi^2}\dfrac{\overline{e_{33}}^2}{\overline{c_{33}^D}\,\overline{\varepsilon_{33}^{S_3}}}\right)} = \omega_\mathrm{a}\sqrt{1 - \dfrac{8}{\alpha\pi^2}{k_{33}}^2} \end{cases} \tag{7.72}$$

の関係が得られるから，電気機械結合係数は

$$k_{33} = \sqrt{\frac{\alpha\pi^2}{8}\left\{1 - \left(\frac{\omega_\mathrm{r}}{\omega_\mathrm{a}}\right)^2\right\}} \tag{7.73}$$

と表現される．これは式 (7.64) で計算した補正項 α を入れないで 1 次の LC 等価回路のみから求めた電気機械結合係数の $\sqrt{\alpha}$ 倍となっていることがわかる．この計算結

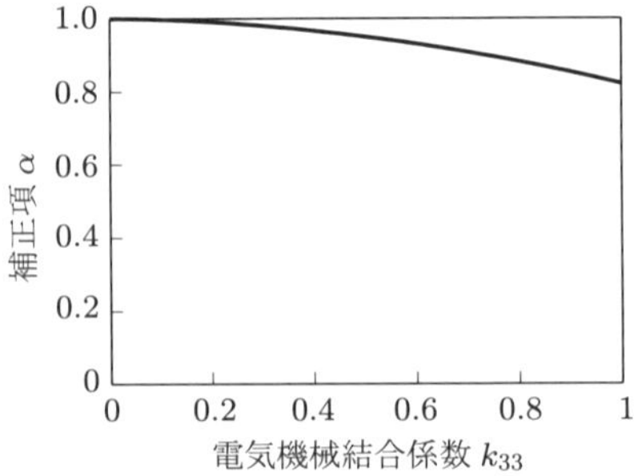

図 7.18　電気機械結合係数と補正係数 α の関係

果と図 7.15 で示した結果を用いると，電気機械係数 k_{33} と補正項 α の関係が図 7.18 のようになり，α は $0.81 < \alpha < 1$ の範囲となることがわかる．

7.10　準静的（直流的）な入力電圧に対する応答

圧電縦振動子に十分低い周波数の入力電圧を加えたときの準静的（直流的）な応答を考える．少し前に戻って，アドミッタンスを表す式 (7.43) は

$$Y = j\omega\overline{\varepsilon_{33}^{S_3}}\frac{ab}{l} + \cfrac{1}{-\cfrac{1}{j\omega\overline{\varepsilon_{33}^{S_3}}\cfrac{ab}{l}} + \cfrac{1}{j\cfrac{2ab c\overline{e_{33}}^2}{\overline{c_{33}^D}l^2}\tan\left(\cfrac{\omega l}{2c}\right)}}$$

$$= j\omega C_{\mathrm{d}} + \cfrac{1}{-\cfrac{1}{j\omega C_{\mathrm{d}}} + \cfrac{1}{Y_{\mathrm{m}}}} \tag{7.74}$$

であるから，$\omega \to 0$ のとき $\tan\left(\dfrac{\omega l}{2c}\right) \to \dfrac{\omega l}{2c}$ とすると，動アドミッタンス成分 Y_{m} は

$$Y_{\mathrm{m}} = \cfrac{1}{j\omega\cfrac{ab\overline{e_{33}}^2}{\overline{c_{33}^D}l}}$$

という容量成分の形になるので，

$$Y = j\omega\overline{\varepsilon_{33}^{S_3}}\frac{ab}{l} + \cfrac{1}{-\cfrac{1}{j\omega\overline{\varepsilon_{33}^{S_3}}\cfrac{ab}{l}} + \cfrac{1}{j\omega\cfrac{ab\overline{e_{33}}^2}{\overline{c_{33}^D}l}}}$$

$$= j\omega C_{\mathrm{d}} + \cfrac{1}{-\cfrac{1}{j\omega C_{\mathrm{d}}} + \cfrac{1}{j\omega\left(\cfrac{2ab\overline{e_{33}}}{l}\right)^2 \cfrac{l}{4\overline{c_{33}^D}ab}}}$$

$$= j\omega C_{\mathrm{d}} + \cfrac{1}{-\cfrac{1}{j\omega C_{\mathrm{d}}} + \cfrac{1}{j\omega \cfrac{A^2}{K^D}}} \tag{7.75}$$

となる．ここで，バネ定数と力係数は

$$\begin{cases} A = \dfrac{2ab\overline{e_{33}}}{l} \\ K^D = \left(\dfrac{l}{4\overline{c_{33}^D}ab}\right)^{-1} = \overline{c_{33}^D}(2ab)\dfrac{2}{l} \end{cases} \tag{7.76}$$

とおいた．これは，これは圧電横効果の場合と同じように，式 (7.75) を表す図 7.19 の等価回路において，等価変位 q を $z = \dfrac{l}{2}$ における先端変位と等価なものとして捉えるために，図 7.20 のように細棒を中心から折り返して，長さ $l/2$，断面積 $2ab$ としたことに対応している．

一方，式 (7.75) での式変形を

$$Y = j\omega\overline{\varepsilon_{33}^{S_3}}\frac{ab}{l} + \cfrac{1}{-\cfrac{1}{j\omega\overline{\varepsilon_{33}^{S_3}}\cfrac{ab}{l}} + \cfrac{1}{j\omega\cfrac{ab\overline{e_{33}}^2}{\overline{c_{33}^D}l}}}$$

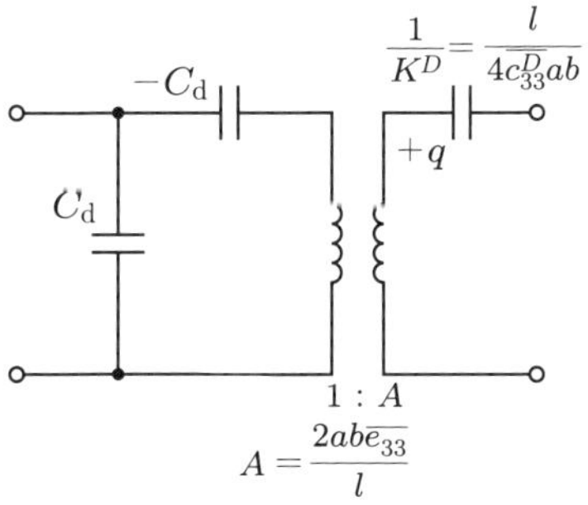

図 7.19　先端変位を電荷 q で表す等価回路

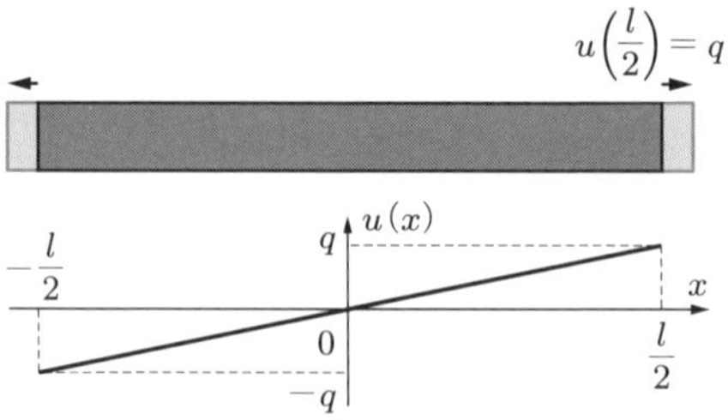

（a）両端自由

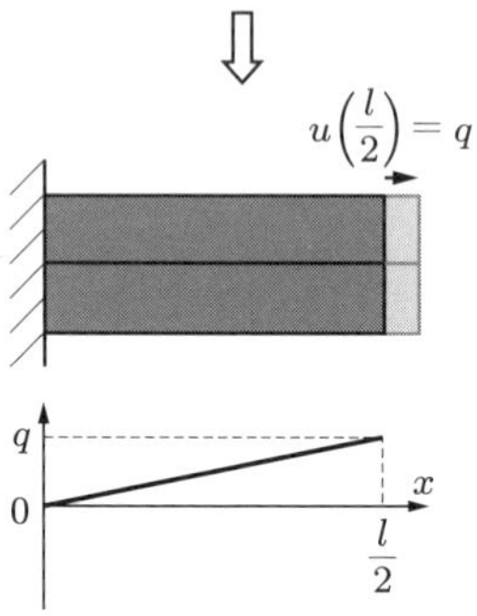

（b）片端固定，長さ$\frac{l}{2}$，断面積 2 倍

図 7.20　直流入力における等価回路で先端変位を電荷 q として表す考え方

$$= j\omega C_{\mathrm{d}} + \cfrac{1}{-\cfrac{1}{j\omega C_{\mathrm{d}}} + \cfrac{1}{j\omega\left(\cfrac{ab\overline{e_{33}}}{l}\right)^2 \cfrac{l}{\overline{c_{33}^D}ab}}} = j\omega C_{\mathrm{d}} + \cfrac{1}{-\cfrac{1}{j\omega C_{\mathrm{d}}} + \cfrac{1}{j\omega\cfrac{A'^2}{K'^D}}} \tag{7.77}$$

として，バネ定数と力係数を

$$\begin{cases} A' = \dfrac{ab\overline{e_{33}}}{l} \\ K'^D = \left(\dfrac{l}{\overline{c_{33}^D}ab}\right)^{-1} = \overline{c_{33}^D}\dfrac{ab}{l} \end{cases} \tag{7.78}$$

とすることもできる．これは，細棒の片端を固定したと考えて，図 7.21 のように細棒全体の変位を先端変位 q の 2 倍の q' $(=2q)$ とすることに対応している．この場合の等価回路は，図 7.22 のようになる．

ここで定数のおき方や圧電現象は 2 章で説明したものと同じであるので，その整合性をとるために，等価回路として図 7.22 の考え方で進めていく．なお，2 章では，圧

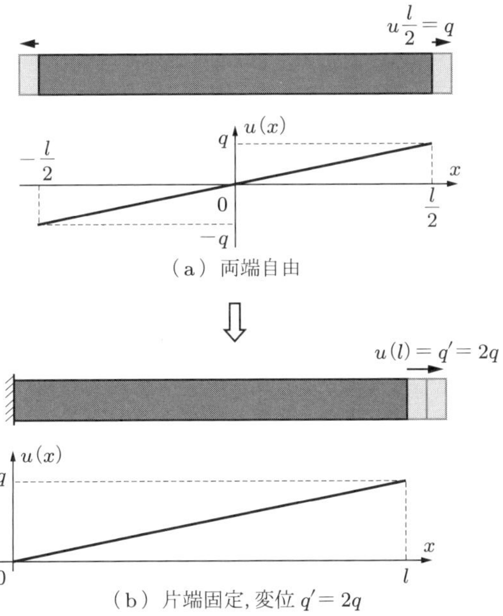

図 7.21 直流入力における等価回路で細棒全体での変位を電荷 $q' = 2q$ として表す考え方

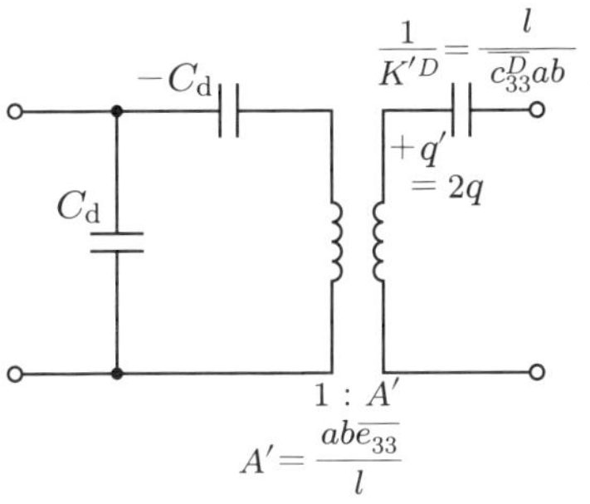

図 7.22 先端変位を細棒全体の変位を表す電荷 q' $(= 2q)$ で表す等価回路

電方程式から直接直流入力の場合へと導出したが，ここでの計算過程は，式 (7.74) から式 (7.75) へと共振モードを含めた一般的な等価回路から直流成分のみを取り出している．図 7.22 の等価回路における反電界を補償するための $-j\omega C_{\mathrm{d}}$ を消去してみると，式 (7.77) のアドミッタンスの式から，

$$Y = j\omega\overline{\varepsilon_{33}^{S_3}}\frac{ab}{l} + \cfrac{1}{-\cfrac{1}{j\omega\overline{\varepsilon_{33}^{S_3}}\cfrac{ab}{l}} + \cfrac{1}{j\omega\cfrac{ab\overline{e_{33}}^2}{\overline{c_{33}^D}l}}}$$

$$= j\omega\overline{\varepsilon_{33}^{S_3}}\frac{ab}{l} + \frac{1}{\dfrac{l}{j\omega ab\overline{e_{33}}^2}\left(-\dfrac{\overline{e_{33}}^2}{\overline{\varepsilon_{33}^{S_3}}} + \overline{c_{33}^D}\right)}$$

$$= j\omega\overline{\varepsilon_{33}^{S_3}}\frac{ab}{l} + j\omega\frac{ab\overline{e_{33}}^2}{l}\frac{1}{-\dfrac{\overline{e_{33}}^2}{\overline{\varepsilon_{33}^{S_3}}} + \overline{c_{33}^D}}$$

$$= j\omega\overline{\varepsilon_{33}^{S_3}}\frac{ab}{l} + j\omega\frac{ab\overline{e_{33}}^2}{l}\frac{1}{-\dfrac{\overline{e_{33}}^2}{\overline{\varepsilon_{33}^{S_3}}} + \overline{c_{33}^E}\left(1 + \dfrac{\overline{e_{33}}^2}{\overline{c_{33}^E}\,\overline{\varepsilon_{33}^{S_3}}}\right)}$$

$$= j\omega\overline{\varepsilon_{33}^{S_3}}\frac{ab}{l} + j\omega\frac{ab}{l}\frac{\overline{e_{33}}^2}{\overline{c_{33}^E}} = j\omega\overline{\varepsilon_{33}^{S_3}}\frac{ab}{l} + j\omega\left(\frac{ab\overline{e_{33}}}{l}\right)^2\frac{l}{\overline{c_{33}^E}ab}$$

$$= j\omega C_{\mathrm{d}} + j\omega A'^2\frac{1}{K'^E} \tag{7.79}$$

とできる．ただし，$\overline{c_{33}^D} = \overline{c_{33}^E}\left(1 + \dfrac{\overline{e_{33}}^2}{\overline{c_{33}^E}\,\overline{\varepsilon_{33}^{S_3}}}\right)$ である．ここで，バネ定数と力係数を

$$\begin{cases} A' = \dfrac{ab\overline{e_{33}}}{l} \\ K'^E = \left(\dfrac{l}{\overline{c_{33}^E}ab}\right)^{-1} = \overline{c_{33}^E}\left(\dfrac{ab}{l}\right) \end{cases} \tag{7.80}$$

とおいた．これは，直列に並んだ $-C_{\mathrm{d}}$ と力係数を介して接続した図 7.23(a) の $\dfrac{1}{K'^D}$ $\left(= \dfrac{l}{\overline{c_{33}^D}ab}\right)$ の合成容量が図 (b) の $\dfrac{1}{K'^E}$ $\left(= \dfrac{l}{\overline{c_{33}^E}ab}\right)$ で表されることを示し

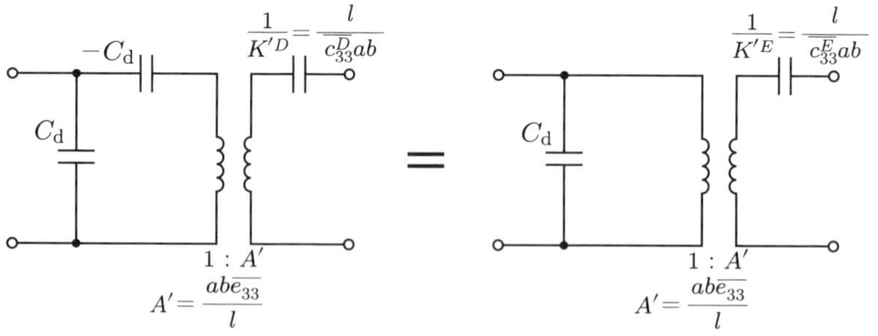

（a）負の容量 $-C_{\mathrm{d}}$ を残した形　　（b）負の容量 $-C_{\mathrm{d}}$ を $\dfrac{1}{K'^D}$ と合成した形

図 7.23　準静的（直流的）入力に対する等価回路

ている．この計算結果により，圧電縦効果の波動方程式がコンプライアンスとして $\overline{c_{33}^{D}}$ を用いた音速で表現されるものの，直流的な入力であるとコンプライアンスは反電界の影響で $\overline{c_{33}^{E}}$ となっていることが確認できる．このようにして得られた等価回路は図 2.8(b) と同じである．

直流条件下における等価回路は，図 7.23 のようになるので，電圧を加えたり外力を与えたりすると，図 7.24 のようになる．

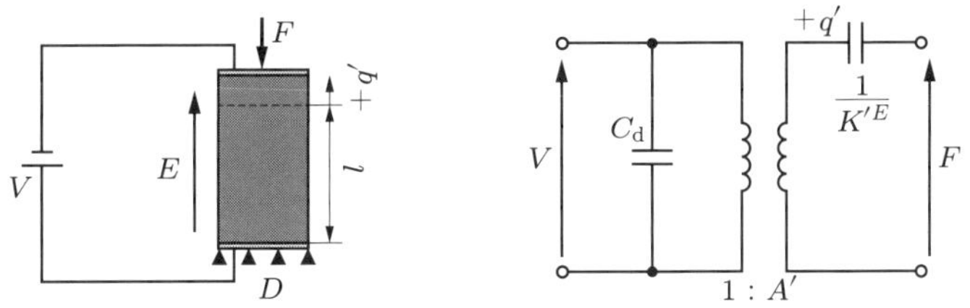

（a）駆動している様子　（b）等価回路

図 7.24 直流電圧と外力を与えた場合の等価回路

ここで，駆動電極間を短絡して外力 F を加えたときを考えると，図 7.24(b) の等価回路で電気端子を短絡した場合であるから，図 7.25 のように等価変換できる．このときにバネ定数は，K'^{E} となっており，電気端子を短絡したことを示す E が右上についていることから，与えた境界条件と一致していることが確認できる．

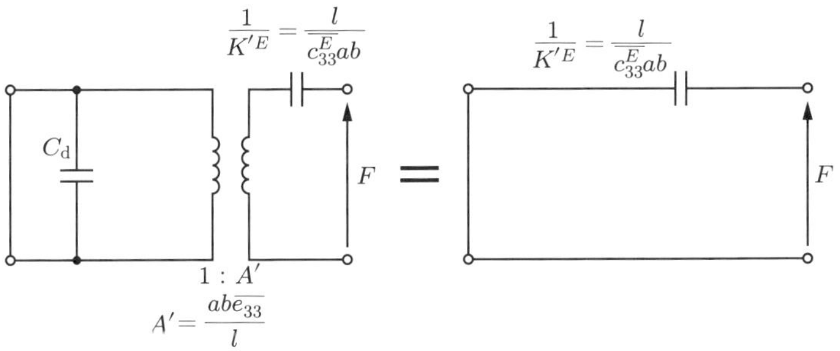

（a）電気端子側を短絡した様子　（b）等価変換したもの

図 7.25 電気端子側を短絡した場合に外力を加えた場合の等価回路

ここで，図 7.23(a) に示した等価回路に戻って，電気端子側を開放した状態で外力を加えた場合を考えると，$-C_{\mathrm{d}}$ と C_{d} が直列接続して合成容量が 0 になることから，図 7.26(b) のようになる．このように，開放条件（電束密度一定）で測定したスティフネス $\overline{c_{33}^{D}}$ で表現されるバネ定数となることが確認できる．

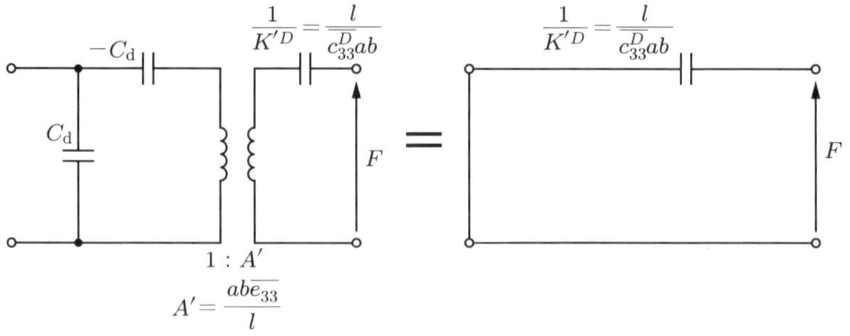

（a）電気端子側を開放した様子　　（b）等価変換したもの

図 7.26　電気端子側を開放したときに外力を加えた場合の等価回路

さらに，機械端子側を短絡して（機械端子側を自由状態の境界条件にして）直流電圧を加えた場合には，式 (7.79) で示したように，等価回路は $-C_\mathrm{d}$ 成分を機械端子側に移動したものと動アドミッタンス成分の直列和が $\overline{c_{33}^E}$ による容量成分（等価バネ成分）で表現される．

図 7.27(b) での等価回路の形は，圧電横効果のときと同じ形をしており，入力電気エネルギーが制動容量への電気エネルギーと機械エネルギーに分配されることを示している．電気機械結合係数について計算すると，$A' = \dfrac{ab\overline{e_{33}}}{l}$，$K'^E = \overline{c_{33}^E}\dfrac{ab}{l}$，$C_\mathrm{d} = \overline{\varepsilon_{33}^{S_3}}\dfrac{ab}{l}$ であるから，

$$\frac{\dfrac{1}{2}\dfrac{A'^2}{K'^E}V^2}{\dfrac{1}{2}C_\mathrm{d}V^2 + \dfrac{1}{2}\dfrac{A^2}{K'^E}V^2} = \frac{\dfrac{A'^2}{K'^E}}{C_\mathrm{d} + \dfrac{A'^2}{K'^E}} = \frac{\dfrac{\overline{e_{33}}^2 ab}{\overline{c_{33}^E}\,l}}{\overline{\varepsilon_{33}^{S_3}}\dfrac{ab}{l} + \dfrac{\overline{e_{33}}^2 ab}{\overline{c_{33}^E}\,l}} = \frac{\dfrac{\overline{e_{33}}^2}{\overline{c_{33}^E}\,\overline{\varepsilon_{33}^{S_3}}}}{1 + \dfrac{\overline{e_{33}}^2}{\overline{c_{33}^E}\,\overline{\varepsilon_{33}^{S_3}}}} = {k_{33}}^2 \tag{7.81}$$

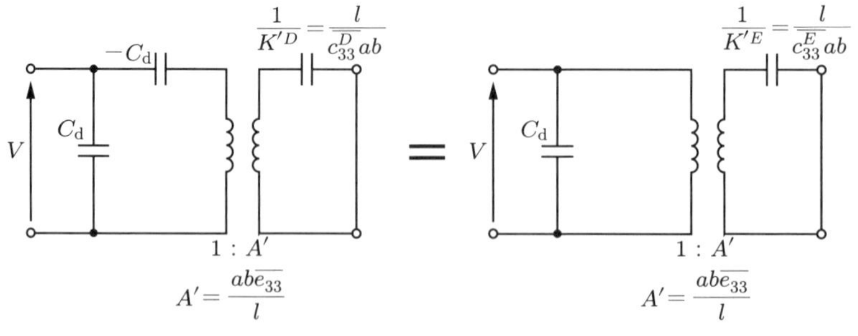

（a）機械端子側を短絡したもの　　（b）等価変換したもの

図 7.27　機械端子側を短絡（自由状態）にした場合の等価回路

と求めることができる．ただし，$\dfrac{\overline{e_{33}}^2}{\overline{c_{33}^E}\,\overline{\varepsilon_{33}^{S_3}}} = \dfrac{k_{33}{}^2}{1-k_{33}{}^2}$ である．

このように，圧電縦効果であっても直流入力に対する等価回路では，コンプライアンスを $\overline{c_{33}^D}$ から $\overline{c_{33}^E}$ にすることにより，負の容量成分 $-C_\mathrm{d}$ を排除することができる．この変形により，各境界条件に依存した圧電応答の理解が容易になるが，これはあくまで直流入力の場合に限ったことであるので，注意が必要である．一般的な交流の入力であるときには，電束密度一定でのコンプライアンス $\overline{c_{33}^D}$ で構成される動アドミッタンス $j\dfrac{2abc\overline{e_{33}}^2}{\overline{c_{33}^D}l^2}\tan\left(\dfrac{\omega l}{2c}\right)$ を用いた等価回路を用いなくてはならない．

7.11 Mason の等価回路表現

集中定数系の LC 等価回路を求めるのは圧電性を理解するために重要だが，これには境界条件が固定されるという制約がある．ここでは，任意の境界条件に対応できる圧電縦効果を Mason の等価回路で表す．

振動子の左右方向からの力を内向きに正をとり，図 7.28 のようにそれぞれ F_1, F_2 とおき，各パラメータを定義する．

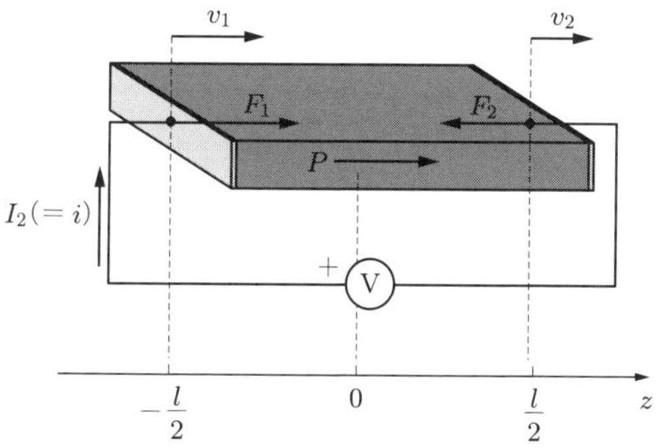

図 7.28 圧電縦効果の伝達マトリックスの各パラメータの定義（P は分極方向を示す）

圧電縦効果に関する波動方程式から，変位の一般解は，

$$u(x,t) = \left\{A\cos\left(\frac{\omega}{c}x\right) + B\sin\left(\frac{\omega}{c}x\right)\right\}e^{j\omega t} \tag{7.82}$$

である．ただし，$c = \sqrt{\dfrac{\overline{c_{33}^D}}{\rho}}$ である．ここでは両端自由といった境界条件は与えないので，$A=0$ などとしないで，偶関数も含める．このときの電界は，式 (7.20) と同様に電位の計算をすると，

$$0 - V_0 e^{j\omega t} = -\int_{-\frac{l}{2}}^{\frac{l}{2}} E_3 \mathrm{d}z = \int_{-\frac{l}{2}}^{\frac{l}{2}} \left(\frac{\overline{e_{33}}}{\overline{\varepsilon_{33}^{S_3}}} \frac{\partial u}{\partial z} - G_1 \right) \mathrm{d}z$$

$$= \frac{\overline{e_{33}}}{\overline{\varepsilon_{33}^{S_3}}} \left(u\left(\frac{l}{2}, t\right) - u\left(-\frac{l}{2}, t\right)\right) - G_1 l$$

$$= 2B \frac{\overline{e_{33}}}{\overline{\varepsilon_{33}^{S_3}}} \sin\left(\frac{\omega l}{2c}\right) e^{j\omega t} - G_1 l \tag{7.83}$$

と偶関数は消えてしまうので，両端自由の境界条件の場合と一致する．積分定数 G_1 についても，

$$G_1 = \left\{ \frac{V_0}{l} + 2B \frac{\overline{e_{33}}}{\overline{\varepsilon_{33}^{S_3}} l} \sin\left(\frac{\omega l}{2c}\right) \right\} e^{j\omega t} \tag{7.84}$$

であるから，式 (7.19) から電界は，

$$E_3 = -\frac{\overline{e_{33}}}{\overline{\varepsilon_{33}^{S_3}}} \frac{\partial u}{\partial z} + G_1 = -\frac{\overline{e_{33}}}{\overline{\varepsilon_{33}^{S_3}}} S_3 + 2B \frac{\overline{e_{33}}}{\overline{\varepsilon_{33}^{S_3}} l} \sin\left(\frac{\omega l}{2c}\right) e^{j\omega t} + \frac{V_0}{l} e^{j\omega t} \tag{7.85}$$

となる．この導出過程では，振動子の機械的境界条件は入れていないので，あらゆる境界条件と角周波数 ω に対して成り立つ．圧電方程式 $T_3 = \overline{c_{33}^E} S_3 - \overline{e_{33}} E_3$ に変位の一般解と電界の式を代入することで，応力 T_3 は

$$T_3 = \overline{c_{33}^E} S_3 - \overline{e_{33}} E_3 = \overline{c_{33}^E} S_3 - \overline{e_{33}} \left\{ -\frac{\overline{e_{33}}}{\overline{\varepsilon_{33}^{S_3}}} S_3 + 2B \frac{\overline{e_{33}}}{\overline{\varepsilon_{33}^{S_3}} l} \sin\left(\frac{\omega l}{2c}\right) e^{j\omega t} + \frac{V_0}{l} e^{j\omega t} \right\}$$

$$= \overline{c_{33}^D} S_3 - 2B \frac{\overline{e_{33}}^2}{\overline{\varepsilon_{33}^{S_3}} l} \sin\left(\frac{\omega l}{2c}\right) e^{j\omega t} - \overline{e_{33}} \frac{V_0}{l} e^{j\omega t}$$

$$= \left[\overline{c_{33}^D} \frac{\omega}{c} \left\{ -A \sin\left(\frac{\omega}{c} z\right) + B \cos\left(\frac{\omega}{c} z\right) \right\} - 2B \frac{\overline{e_{33}}^2}{\overline{\varepsilon_{33}^{S_3}} l} \sin\left(\frac{\omega l}{2c}\right) - \overline{e_{33}} \frac{V_0}{l} \right] e^{j\omega t} \tag{7.86}$$

となる．ただし，$\overline{c_{33}^D} = \overline{c_{33}^E} \left(1 + \dfrac{\overline{e_{33}}^2}{\overline{c_{33}^E}\,\overline{\varepsilon_{33}^{S_3}}} \right)$ である．応力は引張りを正にとっているのに対して，力は圧縮を正にとることに注意すると，$z = -\dfrac{l}{2}$ における F_1 は，

$$F_1 = -abT_3 \big|_{z=-\frac{l}{2}}$$

$$=-ab\left[\overline{c_{33}^{D}}\frac{\omega}{c}\left\{A\sin\left(\frac{\omega l}{2c}\right)+B\cos\left(\frac{\omega l}{2c}\right)\right\}-2B\frac{\overline{e_{33}}^{2}}{\overline{\varepsilon_{33}^{S_3}}l}\sin\left(\frac{\omega l}{2c}\right)-\overline{e_{33}}\frac{V_0}{l}\right]e^{j\omega t} \tag{7.87}$$

で，$z=\dfrac{l}{2}$ における F_2 は

$$F_2=-abT_3|_{z=\frac{l}{2}}$$
$$=-ab\left[\overline{c_{33}^{D}}\frac{\omega}{c}\left\{-A\sin\left(\frac{\omega l}{2c}\right)+B\cos\left(\frac{\omega l}{2c}\right)\right\}-2B\frac{\overline{e_{33}}^{2}}{\overline{\varepsilon_{33}^{S_3}}l}\sin\left(\frac{\omega l}{2c}\right)-\overline{e_{33}}\frac{V_0}{l}\right]e^{j\omega t} \tag{7.88}$$

となる．一方，左右両端での振動速度 v_1, v_2 は，式 (7.82) の変位の一般解を時間微分すればよいから，

$$\begin{cases} v_1=\left.\dfrac{\partial u}{\partial t}\right|_{z=-\frac{l}{2}}=j\omega\left\{A\cos\left(\dfrac{\omega l}{2c}\right)-B\sin\left(\dfrac{\omega l}{2c}\right)\right\}e^{j\omega t} \\ v_2=\left.\dfrac{\partial u}{\partial t}\right|_{z=\frac{l}{2}}=j\omega\left\{A\cos\left(\dfrac{\omega l}{2c}\right)+B\sin\left(\dfrac{\omega l}{2c}\right)\right\}e^{j\omega t} \end{cases} \tag{7.89}$$

となる．これを，

$$\begin{pmatrix} v_1 \\ v_2 \end{pmatrix}=j\omega\begin{pmatrix} \cos\left(\dfrac{\omega l}{2c}\right) & -\sin\left(\dfrac{\omega l}{2c}\right) \\ \cos\left(\dfrac{\omega l}{2c}\right) & \sin\left(\dfrac{\omega l}{2c}\right) \end{pmatrix}\begin{pmatrix} A \\ B \end{pmatrix}e^{j\omega t} \tag{7.90}$$

と行列表現すると，次式のように二つの定数 A, B を v_1, v_2 で表すことができる．

$$\begin{pmatrix} A \\ B \end{pmatrix}=\frac{1}{2j\omega\cos\left(\dfrac{\omega l}{2c}\right)\sin\left(\dfrac{\omega l}{2c}\right)}\begin{pmatrix} \sin\left(\dfrac{\omega l}{2c}\right) & \sin\left(\dfrac{\omega l}{2c}\right) \\ -\cos\left(\dfrac{\omega l}{2c}\right) & \cos\left(\dfrac{\omega l}{2c}\right) \end{pmatrix}\begin{pmatrix} v_1 \\ v_2 \end{pmatrix}e^{-j\omega t} \tag{7.91}$$

これを，式 (7.87), (7.88) に代入し，$V=V_0e^{j\omega t}$ とすることで，

$$F_1 = -\frac{ab}{2j\omega\cos\left(\frac{\omega l}{2c}\right)\sin\left(\frac{\omega l}{2c}\right)}\left[\overline{c_{33}^D}\frac{\omega}{c}\left\{(v_1+v_2)\sin^2\left(\frac{\omega l}{2c}\right)\right.\right.$$
$$\left.\left.+(-v_1+v_2)\cos^2\left(\frac{\omega l}{2c}\right)\right\} - 2\frac{\overline{e_{33}}^2}{\overline{\varepsilon_{33}^{S_3}}l}(-v_1+v_2)\cos\left(\frac{\omega l}{2c}\right)\sin\left(\frac{\omega l}{2c}\right)\right] + \frac{ab\overline{e_{33}}}{l}V$$
$$= jabc\rho\left\{v_1\tan\left(\frac{\omega l}{2c}\right) + \frac{v_2-v_1}{\sin\left(\frac{\omega l}{c}\right)}\right\} + \frac{ab}{j\omega\overline{\varepsilon_{33}^{S_3}}}\frac{\overline{e_{33}}^2}{l}(v_2-v_1) + \frac{ab\overline{e_{33}}}{l}V$$
$$= jS_\mathrm{u}Z_0\left\{v_1\tan\left(\frac{kl}{2}\right) + \frac{v_2-v_1}{\sin(kl)}\right\} + \frac{1}{j\omega\overline{\varepsilon_{33}^{S_3}}\frac{ab}{l}}\left(\frac{ab\overline{e_{33}}}{l}\right)^2(v_2-v_1) + \frac{ab\overline{e_{33}}}{l}V$$
$$= jS_\mathrm{u}Z_0\left\{v_1\tan\left(\frac{kl}{2}\right) - \frac{v_1-v_2}{\sin(kl)}\right\} + \frac{1}{j\omega C_\mathrm{d}}\left(\frac{ab\overline{e_{33}}}{l}\right)^2(v_2-v_1) + \frac{ab\overline{e_{33}}}{l}V \tag{7.92}$$

$$F_2 = -\frac{ab}{2j\omega\cos\left(\frac{\omega l}{2c}\right)\sin\left(\frac{\omega l}{2c}\right)}\left[\overline{c_{33}^D}\frac{\omega}{c}\left\{-(v_1+v_2)\sin^2\left(\frac{\omega l}{2c}\right)\right.\right.$$
$$\left.\left.+(-v_1+v_2)\cos^2\left(\frac{\omega l}{2c}\right)\right\} - 2\frac{\overline{e_{33}}^2}{\overline{\varepsilon_{33}^{S_3}}l}(-v_1+v_2)\cos\left(\frac{\omega l}{2c}\right)\sin\left(\frac{\omega l}{2c}\right)\right] + \frac{ab\overline{e_{33}}}{l}V$$
$$= jabc\rho\left\{\frac{v_2-v_1}{\sin\left(\frac{\omega l}{c}\right)} - v_2\tan\left(\frac{\omega l}{2c}\right) + \right\} + \frac{ab}{j\omega\overline{\varepsilon_{33}^{S_3}}}\frac{\overline{e_{33}}^2}{l}(v_2-v_1) + \frac{ab\overline{e_{33}}}{l}V$$
$$= jS_\mathrm{u}Z_0\left\{-v_2\tan\left(\frac{kl}{2}\right) + \frac{v_2-v_1}{\sin(kl)}\right\} + \frac{1}{j\omega\overline{\varepsilon_{33}^{S_3}}\frac{ab}{l}}\left(\frac{ab\overline{e_{33}}}{l}\right)^2(v_2-v_1) + \frac{ab\overline{e_{33}}}{l}V$$
$$= jS_\mathrm{u}Z_0\left\{-v_2\tan\left(\frac{kl}{2}\right) - \frac{v_1-v_2}{\sin(kl)}\right\} + \frac{1}{j\omega C_\mathrm{d}}\left(\frac{ab\overline{e_{33}}}{l}\right)^2(v_2-v_1) + \frac{ab\overline{e_{33}}}{l}V \tag{7.93}$$

となり，外力 F_1, F_2 を表す式に含まれていた定数 A, B を消去できる．ただし，固有音響インピーダンス $Z_0 = \rho c = \frac{\overline{c_{33}^D}}{c}$，断面積 $S_\mathrm{u} = ab$，$k = \frac{\omega}{c}$，$C_\mathrm{d} = \overline{\varepsilon_{33}^{S_3}}\frac{ab}{l}$ であ

る．ここで，力係数を $A = \dfrac{ab\overline{e_{33}}}{l}$ とすると，力と速度の関係は，

$$F_1 = jS_{\mathrm{u}}Z_0 \left\{ v_1 \tan\left(\frac{kl}{2}\right) - \frac{v_1 - v_2}{\sin(kl)} \right\} + \frac{1}{j\omega C_{\mathrm{d}}} A^2 (v_2 - v_1) + AV \quad (7.94)$$

$$F_2 = jS_{\mathrm{u}}Z_0 \left\{ -v_2 \tan\left(\frac{kl}{2}\right) - \frac{v_1 - v_2}{\sin(kl)} \right\} + \frac{1}{j\omega C_{\mathrm{d}}} A^2 (v_2 - v_1) + AV \quad (7.95)$$

となる．この計算過程では力成分から応力を求めて，振動速度との関係を求めたので，電源側からみた制動容量 C_{d} の部分が現れていない．制動容量は，集中定数系での考察からわかるように，入力電圧と並列に入るので，Mason の等価回路としては，図 7.29 となる．

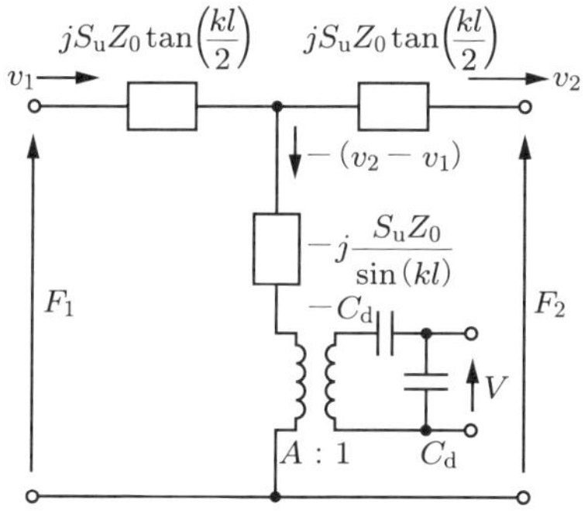

図 7.29 圧電縦効果における Mason の等価回路

ここで，等価回路の力係数における機械端子側の電圧について，図 7.30 を用いて計算してみる．機械端子側から流れてくる速度の $-(v_2 - v_1)$ は力係数によって電気端子側の電流に変換されて，$-A(v_2 - v_1)$ となる．ここで，負の容量成分 $-C_{\mathrm{d}}$ による電圧降下は $\dfrac{A(v_2 - v_1)}{j\omega C_{\mathrm{d}}}$ であるから，力係数を表す理想トランスの電気端子側での

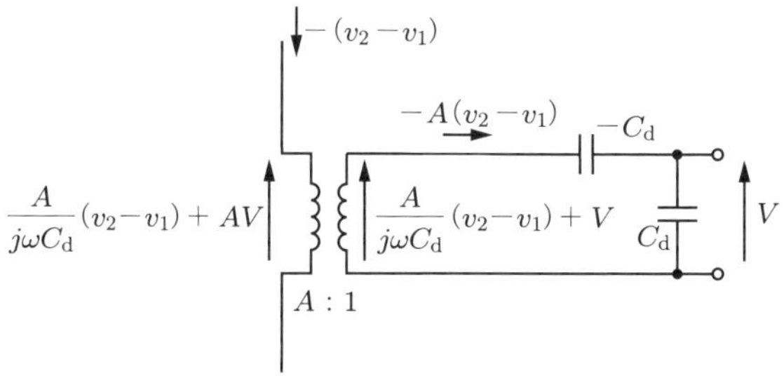

図 7.30 力係数の左端の電圧の求め方

電圧は $\dfrac{A}{j\omega C_{\mathrm{d}}}(v_2 - v_1) + V$ である．これは，力係数によって機械端子側の力として表されるので，A をかけて $\dfrac{A^2}{j\omega C_{\mathrm{d}}}(v_2 - v_1) + AV$ となる．以上の関係を用いることで，図 7.29 の等価回路と式 (7.94), (7.95) の整合性を確認することができる．

7.12　伝達マトリックス

ここまでで得られた両端面における力と速度の関係から，F_1, F_2 を v_1, v_2, V で表すと，

$$\begin{cases} F_1 = jS_{\mathrm{u}}Z_0\left\{v_1 \tan\left(\dfrac{kl}{2}\right) - \dfrac{v_1 - v_2}{\sin(kl)}\right\} + \dfrac{1}{j\omega C_{\mathrm{d}}}A^2(v_2 - v_1) + AV \\ F_2 = jS_{\mathrm{u}}Z_0\left\{-v_2 \tan\left(\dfrac{kl}{2}\right) - \dfrac{v_1 - v_2}{\sin(kl)}\right\} + \dfrac{1}{j\omega C_{\mathrm{d}}}A^2(v_2 - v_1) + AV \end{cases} \tag{7.96}$$

であるから，行列の形にまとめて，

$$\begin{pmatrix} F_1 \\ F_2 \\ V \end{pmatrix}$$
$$= \begin{pmatrix} jS_{\mathrm{u}}Z_0\left\{\tan\left(\dfrac{kl}{2}\right) - \dfrac{1}{\sin(kl)}\right\} - \dfrac{A^2}{j\omega C_{\mathrm{d}}} & \dfrac{jS_{\mathrm{u}}Z_0}{\sin(kl)} + \dfrac{A^2}{j\omega C_{\mathrm{d}}} & A \\ -\dfrac{jS_{\mathrm{u}}Z_0}{\sin(kl)} - \dfrac{A^2}{j\omega C_{\mathrm{d}}} & -jS_{\mathrm{u}}Z_0\left\{\tan\left(\dfrac{kl}{2}\right) - \dfrac{1}{\sin(kl)}\right\} + \dfrac{A^2}{j\omega C_{\mathrm{d}}} & A \\ 0 & 0 & 1 \end{pmatrix} \begin{pmatrix} v_1 \\ v_2 \\ V \end{pmatrix}$$
$$= \begin{pmatrix} -\dfrac{jS_{\mathrm{u}}Z_0}{\tan(kl)} - \dfrac{A^2}{j\omega C_{\mathrm{d}}} & \dfrac{jS_{\mathrm{u}}Z_0}{\sin(kl)} + \dfrac{A^2}{j\omega C_{\mathrm{d}}} & A \\ -\dfrac{jS_{\mathrm{u}}Z_0}{\sin(kl)} - \dfrac{A^2}{j\omega C_{\mathrm{d}}} & \dfrac{jS_{\mathrm{u}}Z_0}{\tan(kl)} + \dfrac{A^2}{j\omega C_{\mathrm{d}}} & A \\ 0 & 0 & 1 \end{pmatrix} \begin{pmatrix} v_1 \\ v_2 \\ V \end{pmatrix} \tag{7.97}$$

と表現できる．この形は，$-\dfrac{jS_{\mathrm{u}}Z_0}{\tan(kl)} - \dfrac{A^2}{j\omega C_{\mathrm{d}}} = a$, $\dfrac{jS_{\mathrm{u}}Z_0}{\sin(kl)} + \dfrac{A^2}{j\omega C_{\mathrm{d}}} = b$, $A = c$ とおくと，

$$\begin{pmatrix} F_1 \\ F_2 \\ V \end{pmatrix} = \begin{pmatrix} a & b & c \\ -b & -a & c \\ 0 & 0 & 1 \end{pmatrix} \begin{pmatrix} v_1 \\ v_2 \\ V \end{pmatrix} \tag{7.98}$$

であるから，左右の境界面における力と速度を結び付ける形に変形すると，

$$\begin{pmatrix} F_1 \\ v_1 \\ V \end{pmatrix} = \begin{pmatrix} -\dfrac{a}{b} & \dfrac{-a^2+b^2}{b} & \dfrac{c(a+b)}{b} \\ -\dfrac{1}{b} & -\dfrac{a}{b} & \dfrac{c}{b} \\ 0 & 0 & 1 \end{pmatrix} \begin{pmatrix} F_2 \\ v_2 \\ V \end{pmatrix} \tag{7.99}$$

となる．もしくは，式 (7.99) の左辺と右辺を入れ替えて，

$$\begin{pmatrix} F_2 \\ v_2 \\ V \end{pmatrix} = \begin{pmatrix} -\dfrac{a}{b} & \dfrac{a^2-b^2}{b} & \dfrac{c(a+b)}{b} \\ \dfrac{1}{b} & -\dfrac{a}{b} & -\dfrac{c}{b} \\ 0 & 0 & 1 \end{pmatrix} \begin{pmatrix} F_1 \\ v_1 \\ V \end{pmatrix} \tag{7.100}$$

とできる．

このときの，電源から流れる電流値 i は図 7.29, 7.30 での Mason の等価回路からわかるように，機械端子側に流れていく $v_2 - v_1$ に力係数 A をかけた電流（向きに注意）と，制動容量 C_d に流れる電流の和であるから，

$$i = j\omega C_\mathrm{d} V + A\,(v_2 - v_1) \tag{7.101}$$

であり，式 (7.100) から $v_2 = \dfrac{1}{b}F_1 - \dfrac{a}{b}v_1 - \dfrac{c}{b}V$ なので，

$$A(v_2 - v_1) = c\left\{\left(\frac{1}{b}F_1 - \frac{a}{b}v_1 - \frac{c}{b}V\right) - v_1\right\} = \frac{c}{b}F_1 - \frac{c(a+b)}{b}v_1 - \frac{c^2}{b}V \tag{7.102}$$

となるから，式 (7.101) で $j\omega C_\mathrm{d} = d$ とおいて，

$$\begin{aligned} i &= j\omega C_\mathrm{d} V + A\,(v_2 - v_1) = dV + \frac{c}{b}F_1 - \frac{c(a+b)}{b}v_1 - \frac{c^2}{b}V \\ &= \frac{c}{b}F_1 - \frac{c(a+b)}{b}v_1 + \frac{-c^2+bd}{b}V \end{aligned} \tag{7.103}$$

となる．その結果，$i = I_2$，$I_1 = 0$ とおいて，

$$
\begin{pmatrix} F_2 \\ v_2 \\ V \\ I_2 \end{pmatrix} = \begin{pmatrix} F_2 \\ v_2 \\ V \\ i \end{pmatrix} = \begin{pmatrix} -\dfrac{a}{b} & \dfrac{a^2-b^2}{b} & \dfrac{c(a+b)}{b} & 0 \\ \dfrac{1}{b} & -\dfrac{a}{b} & -\dfrac{c}{b} & 0 \\ 0 & 0 & 1 & 0 \\ \dfrac{c}{b} & -\dfrac{c(a+b)}{b} & \dfrac{-c^2+bd}{b} & 1 \end{pmatrix} \begin{pmatrix} F_1 \\ v_1 \\ V \\ I_1 \end{pmatrix} \tag{7.104}
$$

という圧電縦効果に対する伝達マトリックスを得ることができる．ここで，$i = I_2$，$I_1 = 0$ とおいているのは，積層化したときに各圧電層すべてに流れる電流を加算していくためである（詳しくは，付録 G で説明する）．

付録

A　3次元での圧電方程式

A.1　機械特性の表現（ひずみと応力）

細棒に伝播する縦振動の場合では，振動伝播方向の変位について1次元化した波動方程式を立てる．これは，3次元での振動媒体のひずみと応力についての関係式から，伝播方向成分のひずみを抜き出したものを出発点としている．ここでは，3次元でのひずみと応力の関係式を導出する．

媒体が応力を受けて，媒体中のある一点 $\mathrm{P}(x,y,z)$ が $(u(x,y,z),v(x,y,z),w(x,y,z))$ だけ変位して，点 P' に移動したとする．このとき，$\overrightarrow{\mathrm{OP}'}$ は

$$\overrightarrow{\mathrm{OP}'}=\begin{pmatrix} x+u(x,y,z) \\ y+v(x,y,z) \\ z+z(x,y,z) \end{pmatrix} \tag{A.1}$$

である．また，点 P から $(\mathrm{d}x,\mathrm{d}y,\mathrm{d}z)$ だけ離れた点 $\mathrm{Q}(x+\mathrm{d}x,\ y+\mathrm{d}y,z+\mathrm{d}z)$ での変位は $(u\,(x+\mathrm{d}x,y+\mathrm{d}y,z+\mathrm{d}z),v\,(x+\mathrm{d}x,y+\mathrm{d}y,z+\mathrm{d}z),w(x+\mathrm{d}x,y+\mathrm{d}y,z+\mathrm{d}z\,))$ であるから，点 P が点 P' に移動したとき，点 Q は

$$\overrightarrow{\mathrm{OQ}'}=\begin{pmatrix} x+\mathrm{d}x+u(x+\mathrm{d}x,y+\mathrm{d}y,z+\mathrm{d}z) \\ y+\mathrm{d}y+v(x+\mathrm{d}x,y+\mathrm{d}y,z+\mathrm{d}z) \\ z+\mathrm{d}z+w\,(x+\mathrm{d}x,y+\mathrm{d}y,z+\mathrm{d}z) \end{pmatrix} \tag{A.2}$$

で表される点 Q' に移動することになる．

変位をする前の $\overrightarrow{\mathrm{PQ}}=(\mathrm{d}x,\mathrm{d}y,\mathrm{d}z)$ は，各点が移動することによって

$$\overrightarrow{\mathrm{P'Q'}}=\begin{pmatrix} \mathrm{d}x+u\,(x+\mathrm{d}x,y+\mathrm{d}y,z+\mathrm{d}z)-u(x,y,z) \\ \mathrm{d}y+v(x+\mathrm{d}x,y+\mathrm{d}y,z+\mathrm{d}z)-v(x,y,z) \\ \mathrm{d}z+w\,(x+\mathrm{d}x,y+\mathrm{d}y,z+\mathrm{d}z)-w(x,y,z) \end{pmatrix} \tag{A.3}$$

になる．このベクトルの変化，つまり点 P から点 P' に移ることに伴う $\overrightarrow{\mathrm{PQ}}$ の変化

$$\begin{pmatrix} \delta u \\ \delta v \\ \delta w \end{pmatrix}$$

は，変形量を表すことになる．変形が生じずに，剛体として平行移動する場合には，図 A.1 において，点 Q は破線の経路をたどり，$\overrightarrow{\mathrm{PP'}} /\!/ \overrightarrow{\mathrm{QQ'}}$ かつ $\left|\overrightarrow{\mathrm{PP'}}\right| = \left|\overrightarrow{\mathrm{QQ'}}\right|$ となる．変形が生じた場合，その変形量は，

$$\overrightarrow{\mathrm{P'Q'}} - \overrightarrow{\mathrm{PQ}} \doteq \begin{pmatrix} \delta u \\ \delta v \\ \delta w \end{pmatrix} = \begin{pmatrix} u(x+\mathrm{d}x, y+\mathrm{d}y,\ z+\mathrm{d}z) - u(x,\ y,\ z) \\ v(x+\mathrm{d}x, y+\mathrm{d}y,\ z+\mathrm{d}z) - v(x,\ y,\ z) \\ w(x+\mathrm{d}x, y+\mathrm{d}y,\ z+\mathrm{d}z) - w(x,\ y,\ z) \end{pmatrix}$$

$$= \begin{pmatrix} \dfrac{\partial u}{\partial x}\mathrm{d}x + \dfrac{\partial u}{\partial y}\mathrm{d}y + \dfrac{\partial u}{\partial z}\mathrm{d}z \\ \dfrac{\partial v}{\partial x}\mathrm{d}x + \dfrac{\partial v}{\partial y}\mathrm{d}y + \dfrac{\partial v}{\partial z}\mathrm{d}z \\ \dfrac{\partial w}{\partial x}\mathrm{d}x + \dfrac{\partial w}{\partial y}\mathrm{d}y + \dfrac{\partial w}{\partial z}\mathrm{d}z \end{pmatrix}$$

$$= \begin{pmatrix} \dfrac{\partial u}{\partial x} & \dfrac{\partial u}{\partial y} & \dfrac{\partial u}{\partial z} \\ \dfrac{\partial v}{\partial x} & \dfrac{\partial v}{\partial y} & \dfrac{\partial v}{\partial z} \\ \dfrac{\partial w}{\partial x} & \dfrac{\partial w}{\partial y} & \dfrac{\partial w}{\partial z} \end{pmatrix} \begin{pmatrix} \mathrm{d}x \\ \mathrm{d}y \\ \mathrm{d}z \end{pmatrix} \tag{A.4}$$

とできる．1 次元で x 軸方向だけで考えると，もとは x にあった点 P が $x + u(x)$ の点 P′ に移動し，$x + \mathrm{d}x$ の点 Q が $x + \mathrm{d}x + u(x + \mathrm{d}x)$ に移動することになる．このとき，ひずみは，長さの変化をもとの長さで割ればよいから，

$$\frac{\{(x+\mathrm{d}x+u(x+\mathrm{d}x)) - (x+u(x))\} - \mathrm{d}x}{\mathrm{d}x} = \frac{\partial u}{\partial x} \tag{A.5}$$

となる．式 (A.5) を変形すると，

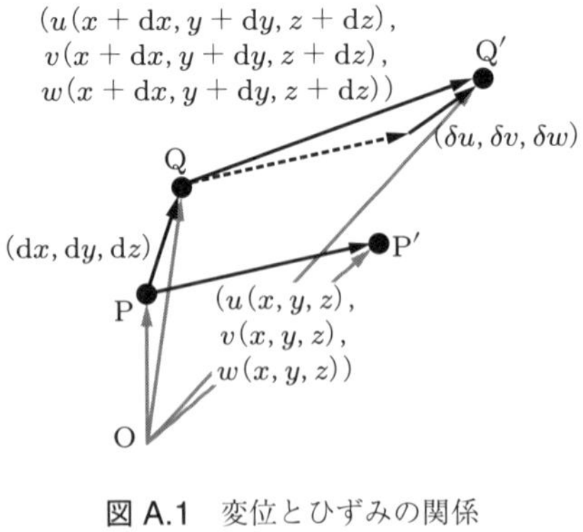

図 A.1　変位とひずみの関係

$$\delta u = u(x + \mathrm{d}x) - u(x) = \frac{\partial u}{\partial x}\mathrm{d}x \tag{A.6}$$

であるから，式 (A.6) と式 (A.4) を対比してみることにより，

$$\begin{pmatrix} \dfrac{\partial u}{\partial x} & \dfrac{\partial u}{\partial y} & \dfrac{\partial u}{\partial z} \\ \dfrac{\partial v}{\partial x} & \dfrac{\partial v}{\partial y} & \dfrac{\partial v}{\partial z} \\ \dfrac{\partial w}{\partial x} & \dfrac{\partial w}{\partial y} & \dfrac{\partial w}{\partial z} \end{pmatrix}$$

が 3 次元でのひずみを表していることがわかる．

ここで，点 P と点 Q が xy 平面上にあり，この平面内でのみ運動する 2 次元の運動を考える．$\begin{pmatrix} \delta u \\ \delta v \end{pmatrix}$ だけを取りあげて，

$$\begin{aligned} \begin{pmatrix} \delta u \\ \delta v \end{pmatrix} &= \begin{pmatrix} \dfrac{\partial u}{\partial x} & \dfrac{\partial u}{\partial y} \\ \dfrac{\partial v}{\partial x} & \dfrac{\partial v}{\partial y} \end{pmatrix} \begin{pmatrix} \mathrm{d}x \\ \mathrm{d}y \end{pmatrix} \\ &= \left\{ \begin{pmatrix} \dfrac{\partial u}{\partial x} & 0 \\ 0 & \dfrac{\partial v}{\partial y} \end{pmatrix} + \begin{pmatrix} 0 & \dfrac{1}{2}\left(\dfrac{\partial u}{\partial y} + \dfrac{\partial v}{\partial x}\right) \\ \dfrac{1}{2}\left(\dfrac{\partial v}{\partial x} + \dfrac{\partial u}{\partial y}\right) & 0 \end{pmatrix} \right. \\ &\quad \left. + \begin{pmatrix} 0 & \dfrac{1}{2}\left(\dfrac{\partial u}{\partial y} - \dfrac{\partial v}{\partial x}\right) \\ \dfrac{1}{2}\left(\dfrac{\partial v}{\partial x} - \dfrac{\partial u}{\partial y}\right) & 0 \end{pmatrix} \right\} \begin{pmatrix} \mathrm{d}x \\ \mathrm{d}y \end{pmatrix} \end{aligned} \tag{A.7}$$

と変形してみる．式 (A.7) の右辺第 1 項の

$$\begin{pmatrix} \dfrac{\partial u}{\partial x} & 0 \\ 0 & \dfrac{\partial v}{\partial y} \end{pmatrix}$$

を各軸方向のひずみで垂直ひずみとよび，第 2 項の

$$\begin{pmatrix} 0 & \dfrac{1}{2}\left(\dfrac{\partial u}{\partial y} + \dfrac{\partial v}{\partial x}\right) \\ \dfrac{1}{2}\left(\dfrac{\partial v}{\partial x} + \dfrac{\partial u}{\partial y}\right) & 0 \end{pmatrix}$$

をせん断ひずみとよぶ.

第 3 項を変形すると,

$$\begin{pmatrix} 0 & \dfrac{1}{2}\left(\dfrac{\partial u}{\partial y}-\dfrac{\partial v}{\partial x}\right) \\ \dfrac{1}{2}\left(\dfrac{\partial v}{\partial x}-\dfrac{\partial u}{\partial y}\right) & 0 \end{pmatrix}\begin{pmatrix} \mathrm{d}x \\ \mathrm{d}y \end{pmatrix}=\begin{pmatrix} \dfrac{1}{2}\left(\dfrac{\partial u}{\partial y}-\dfrac{\partial v}{\partial x}\right)\mathrm{d}y \\ \dfrac{1}{2}\left(\dfrac{\partial v}{\partial x}-\dfrac{\partial u}{\partial y}\right)\mathrm{d}x \end{pmatrix}$$

となる. この変形量とベクトル $\overrightarrow{\mathrm{PQ}}=\begin{pmatrix} \mathrm{d}x & \mathrm{d}y \end{pmatrix}$ の内積をとると,

$$\begin{pmatrix} \mathrm{d}x & \mathrm{d}y \end{pmatrix}\begin{pmatrix} \dfrac{1}{2}\left(\dfrac{\partial u}{\partial y}-\dfrac{\partial v}{\partial x}\right)\mathrm{d}y \\ \dfrac{1}{2}\left(\dfrac{\partial v}{\partial x}-\dfrac{\partial u}{\partial y}\right)\mathrm{d}x \end{pmatrix}=0 \tag{A.8}$$

であるし, $-\dfrac{1}{2}\left(\dfrac{\partial u}{\partial y}-\dfrac{\partial v}{\partial x}\right)=\zeta$ と書き換えると,

$$\begin{pmatrix} -\zeta\,\mathrm{d}y \\ \zeta\,\mathrm{d}x \end{pmatrix}$$

となって図 A.2 のような関係が得られるから, 第 3 項での変位と $\overrightarrow{\mathrm{PQ}}$ は常に垂直を保ち, 変形を伴わない剛体回転変位となることがわかる.

このように, 式 (A.7) の右辺第 3 項は, 弾性変形を伴わない回転変位を示しており, 振動伝播を取り扱う場合には, この項を 0 とする. すなわち, $\dfrac{\partial v}{\partial x}-\dfrac{\partial u}{\partial y}=0$ として,

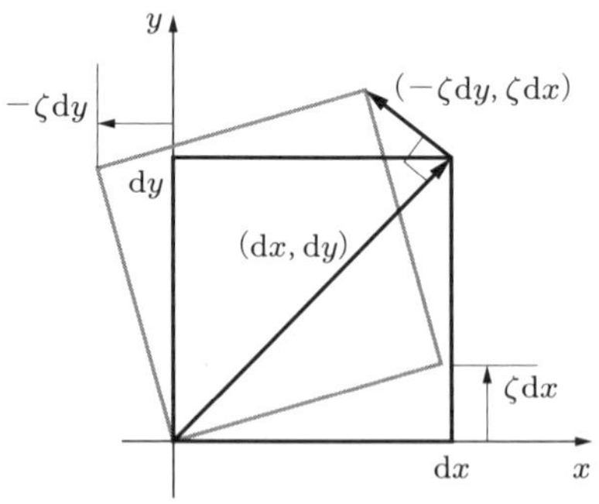

図 A.2　剛体回転変位

$$\begin{pmatrix} \delta u \\ \delta v \end{pmatrix} = \begin{pmatrix} \dfrac{\partial u}{\partial x} & \dfrac{1}{2}\left(\dfrac{\partial u}{\partial y} + \dfrac{\partial v}{\partial x}\right) \\ \dfrac{1}{2}\left(\dfrac{\partial v}{\partial x} + \dfrac{\partial u}{\partial y}\right) & \dfrac{\partial u}{\partial y} \end{pmatrix} \begin{pmatrix} \mathrm{d}x \\ \mathrm{d}y \end{pmatrix} \tag{A.9}$$

という 2 行 2 列の対称行列によって変形量とひずみの関係を表す．この対角成分は，垂直ひずみであり，各軸方向へのひずみだから，たとえば，図 A.3 に示すように，$\dfrac{\partial u}{\partial x}$ は x 軸方向のひずみを表す．一方，非対角成分はせん断ひずみであり，$\dfrac{1}{2}\left(\dfrac{\partial u}{\partial y} + \dfrac{\partial v}{\partial x}\right)$ は角度を示している．

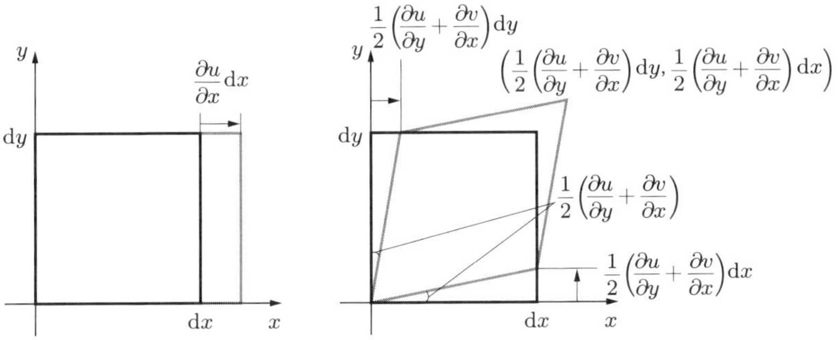

（a）垂直ひずみ　　（b）せん断ひずみ

図 A.3　2 次元での垂直ひずみとせん断ひずみ

同様の議論を 3 次元で行うと，弾性変形を伴わない剛体としての回転を取り除いた変形量は，

$$\begin{pmatrix} \delta u \\ \delta v \\ \delta w \end{pmatrix} = \begin{pmatrix} \dfrac{\partial u}{\partial x} & \dfrac{1}{2}\left(\dfrac{\partial u}{\partial y} + \dfrac{\partial v}{\partial x}\right) & \dfrac{1}{2}\left(\dfrac{\partial u}{\partial z} + \dfrac{\partial w}{\partial x}\right) \\ \dfrac{1}{2}\left(\dfrac{\partial u}{\partial y} + \dfrac{\partial v}{\partial x}\right) & \dfrac{\partial v}{\partial y} & \dfrac{1}{2}\left(\dfrac{\partial v}{\partial z} + \dfrac{\partial w}{\partial y}\right) \\ \dfrac{1}{2}\left(\dfrac{\partial u}{\partial z} + \dfrac{\partial w}{\partial x}\right) & \dfrac{1}{2}\left(\dfrac{\partial v}{\partial z} + \dfrac{\partial w}{\partial y}\right) & \dfrac{\partial w}{\partial z} \end{pmatrix} \begin{pmatrix} \mathrm{d}x \\ \mathrm{d}y \\ \mathrm{d}z \end{pmatrix} \tag{A.10}$$

となる．2 次元の場合と同様に，対角成分は垂直ひずみ，非対角成分はせん断ひずみ成分であり，対称行列であることから，

$$
\begin{pmatrix} \delta u \\ \delta v \\ \delta w \end{pmatrix} = \begin{pmatrix} S_{xx} & S_{xy} & S_{xz} \\ S_{yx} & S_{yy} & S_{yz} \\ S_{zx} & S_{zy} & S_{zz} \end{pmatrix} \begin{pmatrix} \mathrm{d}x \\ \mathrm{d}y \\ \mathrm{d}z \end{pmatrix}
$$

$$
= \begin{pmatrix} S_{xx} & S_{xy} & S_{xz} \\ S_{xy} & S_{yy} & S_{yz} \\ S_{xz} & S_{yz} & S_{zz} \end{pmatrix} \begin{pmatrix} \mathrm{d}x \\ \mathrm{d}y \\ \mathrm{d}z \end{pmatrix} \tag{A.11}
$$

とひずみテンソルを定義できる．ここで，

$$
\begin{pmatrix} S_{xx} \\ S_{yy} \\ S_{zz} \\ 2S_{yz} \\ 2S_{xz} \\ 2S_{xy} \end{pmatrix} = \begin{pmatrix} S_1 \\ S_2 \\ S_3 \\ S_4 \\ S_5 \\ S_6 \end{pmatrix}
$$

と $S_1 \sim S_6$ をおいて，工学ひずみ

$$
\begin{pmatrix} S_1 & S_6 & S_5 \\ S_6 & S_2 & S_4 \\ S_5 & S_4 & S_3 \end{pmatrix}
$$

を定義する．せん断ひずみ成分について，たとえば $S_{yz} = \dfrac{1}{2}\left(\dfrac{\partial v}{\partial z} + \dfrac{\partial w}{\partial y}\right)$ は各辺の変位角度を平均化したものだが，図 A.4 のように，工学ひずみの成分としてはそれぞれを足し合わせて，$S_4 = 2S_{yz} = \dfrac{\partial v}{\partial z} + \dfrac{\partial w}{\partial y}$ としている．工学ひずみの各成分は，一般に縦に並べて

$$
[S] = \begin{pmatrix} S_1 \\ S_2 \\ S_3 \\ S_4 \\ S_5 \\ S_6 \end{pmatrix}
$$

のように記述するが，$S_1 \sim S_3$ が垂直ひずみであるのに対して，$S_4 \sim S_6$ がせん断ひず

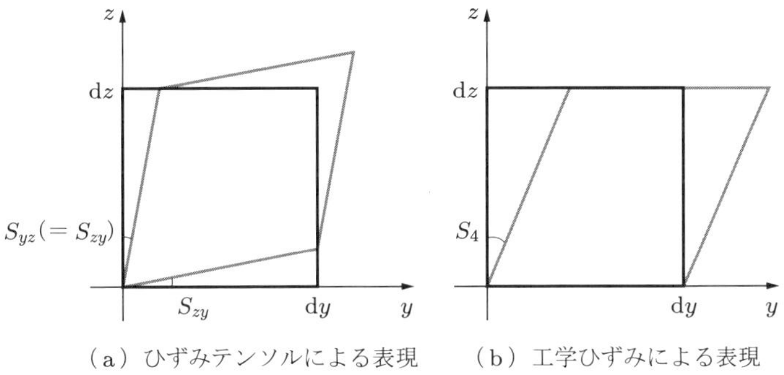

（a）ひずみテンソルによる表現

（b）工学ひずみによる表現

図 A.4　せん断ひずみ S_{yz} と S_4 $(=2S_{yz})$ の関係

みを示しているので，その意味の違いに注意する必要がある．

応力は，九つの成分からなり，次式のような応力テンソルを用いて表現される．

$$\begin{pmatrix} T_{xx} & T_{xy} & T_{xz} \\ T_{yx} & T_{yy} & T_{yz} \\ T_{zx} & T_{zy} & T_{zz} \end{pmatrix} \tag{A.12}$$

弾性体内に閉空間をとり，この表面上の微小面積 $\mathrm{d}S$ を与える．この $\mathrm{d}S$ の単位法線ベクトルを外向きに

$$\begin{pmatrix} l \\ m \\ n \end{pmatrix}$$

として，

$$\mathrm{d}\overrightarrow{S} = \begin{pmatrix} l \\ m \\ n \end{pmatrix} \mathrm{d}S \tag{A.13}$$

と表す．この単位法線ベクトルを方向余弦とよぶ．この微小面積にはたらく力を $\mathrm{d}\overrightarrow{F}$ とおくと，式 (A.12) の応力テンソルは

$$\mathrm{d}\overrightarrow{F} = \begin{pmatrix} T_{xx} & T_{xy} & T_{xz} \\ T_{yx} & T_{yy} & T_{yz} \\ T_{zx} & T_{zy} & T_{zz} \end{pmatrix} \mathrm{d}\overrightarrow{S} = \begin{pmatrix} T_{xx} & T_{xy} & T_{xz} \\ T_{yx} & T_{yy} & T_{yz} \\ T_{zx} & T_{zy} & T_{zz} \end{pmatrix} \begin{pmatrix} l \\ m \\ n \end{pmatrix} \mathrm{d}S \tag{A.14}$$

とできる．必ずしも $\mathrm{d}\overrightarrow{F}$ と $\mathrm{d}\overrightarrow{S}$ は平行ではなく，弾性体内の応力 $\dfrac{\mathrm{d}\overrightarrow{F}}{\mathrm{d}S}$ は，

$$\frac{\mathrm{d}\overrightarrow{F}}{\mathrm{d}S} = \begin{pmatrix} T_{xx} & T_{xy} & T_{xz} \\ T_{yx} & T_{yy} & T_{yz} \\ T_{zx} & T_{zy} & T_{zz} \end{pmatrix} \begin{pmatrix} l \\ m \\ n \end{pmatrix} \tag{A.15}$$

で計算される．たとえば，図 A.5 のように微小体積 $\mathrm{d}x\mathrm{d}y\mathrm{d}z$ を閉空間としてとると，$x+\mathrm{d}x$ の面 x にはたらく力は，

$$\begin{pmatrix} l \\ m \\ n \end{pmatrix} = \begin{pmatrix} 1 \\ 0 \\ 0 \end{pmatrix}$$

とすればよいから，

$$\begin{pmatrix} T_{xx} & T_{xy} & T_{xz} \\ T_{yx} & T_{yy} & T_{yz} \\ T_{zx} & T_{zy} & T_{zz} \end{pmatrix} \begin{pmatrix} 1 \\ 0 \\ 0 \end{pmatrix} = \begin{pmatrix} T_{xx} \\ T_{yx} \\ T_{zx} \end{pmatrix} \tag{A.16}$$

となる．$\mathrm{d}x$, $\mathrm{d}y$, $\mathrm{d}z$ の微小部分において，T_{xx} は面 x における x 軸方向の引張り応力を示し，T_{yx} は面 x における y 軸方向のせん断応力，T_{zx} は面 x における z 軸方向のせん断応力を表していることがわかる．

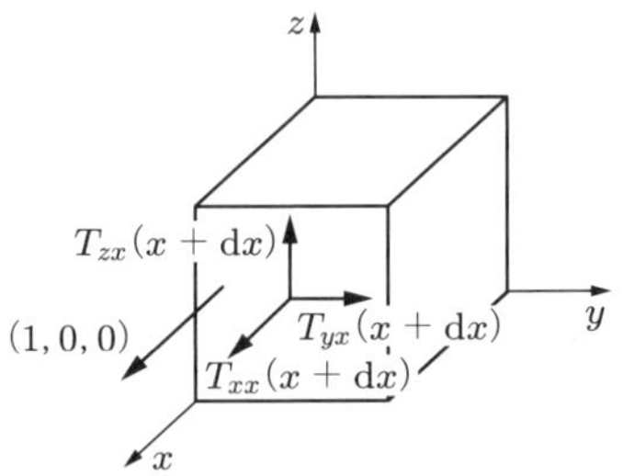

図 A.5　応力に関する方向の定義（面 $x+\mathrm{d}x$）

また，x における面 x にはたらく力は，微小体積から外側に向かう向きなので，

$$\begin{pmatrix} l \\ m \\ n \end{pmatrix} = \begin{pmatrix} -1 \\ 0 \\ 0 \end{pmatrix}$$

として同様に計算すると，

$$\begin{pmatrix} T_{xx} & T_{xy} & T_{xz} \\ T_{yx} & T_{yy} & T_{yz} \\ T_{zx} & T_{zy} & T_{zz} \end{pmatrix} \begin{pmatrix} -1 \\ 0 \\ 0 \end{pmatrix} = \begin{pmatrix} -T_{xx} \\ -T_{yx} \\ -T_{zx} \end{pmatrix} \tag{A.17}$$

となるが，図 A.6 に示すように，符号を含めて定義することで，図 (b) のように考えればよい．

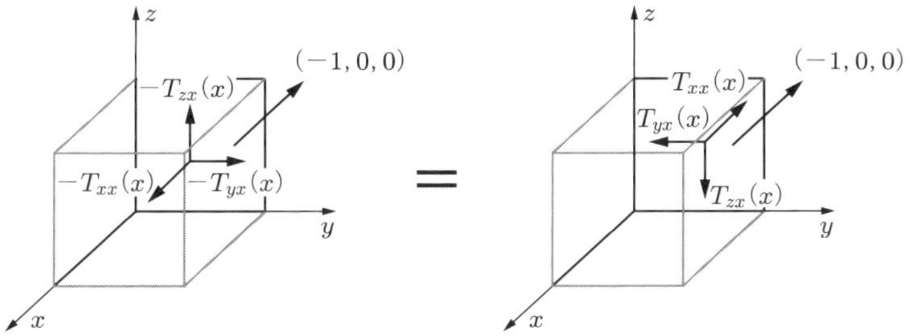

（a）定義に従って計算した応力　　（b）負の符号を除いて示した応力

図 A.6　応力に関する方向の定義（面 x）

このように，微小体積の 6 面すべてに対して 3 方向の応力が定義される．面 x と面 z については図 A.7 に示す．

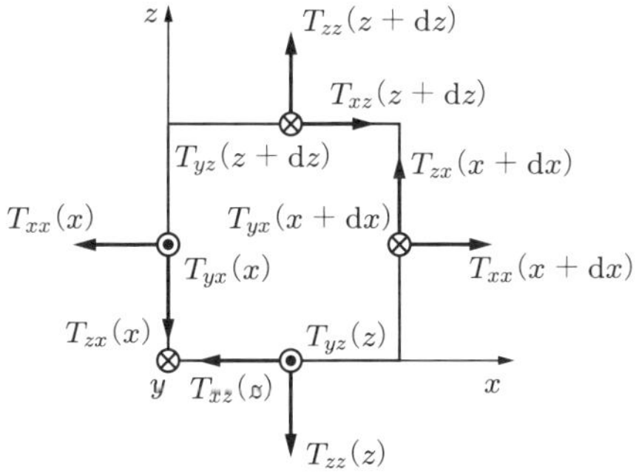

図 A.7　面 x と面 z における応力の方向の定義

振動現象を考えるときには，弾性変形を伴わない回転運動は対象としないので，応力テンソルにおいて回転方向に対するモーメントは 0 となる．たとえば，y 軸まわりの回転モーメントについて

$$-(T_{zx}\mathrm{d}y\mathrm{d}z)\mathrm{d}x + (T_{xz}\mathrm{d}x\mathrm{d}y)\mathrm{d}z = 0 \tag{A.18}$$

の関係が成り立つので，

$$T_{zx} = T_{xz} \tag{A.19}$$

となる．ほかの非対角成分についても同様であるから，式 (A.12) の応力テンソルは対称行列となる．そこで，応力テンソルを工学ひずみのように

$$\begin{pmatrix} T_1 & T_6 & T_5 \\ T_6 & T_2 & T_4 \\ T_5 & T_4 & T_3 \end{pmatrix} \tag{A.20}$$

とおいて，

$$[T] = \begin{pmatrix} T_1 \\ T_2 \\ T_3 \\ T_4 \\ T_5 \\ T_6 \end{pmatrix}$$

のように表記する．

応力とひずみの関係は，スティフネスを表す 6 行 6 列の行列 $[c]$ によって，

$$\begin{pmatrix} T_1 \\ T_2 \\ T_3 \\ T_4 \\ T_5 \\ T_6 \end{pmatrix} = \begin{pmatrix} c_{11} & c_{12} & c_{13} & c_{14} & c_{15} & c_{16} \\ c_{21} & c_{22} & c_{23} & c_{24} & c_{25} & c_{26} \\ c_{31} & c_{32} & c_{33} & c_{34} & c_{35} & c_{36} \\ c_{41} & c_{42} & c_{43} & c_{44} & c_{45} & c_{46} \\ c_{51} & c_{52} & c_{53} & c_{54} & c_{55} & c_{56} \\ c_{61} & c_{62} & c_{63} & c_{64} & c_{65} & c_{66} \end{pmatrix} \begin{pmatrix} S_1 \\ S_2 \\ S_3 \\ S_4 \\ S_5 \\ S_6 \end{pmatrix} \tag{A.21}$$

とするか，スティフネスの逆行列であるコンプライアンス $[s] = [c]^{-1}$（6 行 6 列）によって，

$$\begin{pmatrix} S_1 \\ S_2 \\ S_3 \\ S_4 \\ S_5 \\ S_6 \end{pmatrix} = \begin{pmatrix} s_{11} & s_{12} & s_{13} & s_{14} & s_{15} & s_{16} \\ s_{21} & s_{22} & s_{23} & s_{24} & s_{25} & s_{26} \\ s_{31} & s_{32} & s_{33} & s_{34} & s_{35} & s_{36} \\ s_{41} & s_{42} & s_{43} & s_{44} & s_{45} & s_{46} \\ s_{51} & s_{52} & s_{53} & s_{54} & s_{55} & s_{56} \\ s_{61} & s_{62} & s_{63} & s_{64} & s_{65} & s_{66} \end{pmatrix} \begin{pmatrix} T_1 \\ T_2 \\ T_3 \\ T_4 \\ T_5 \\ T_6 \end{pmatrix} \tag{A.22}$$

とできる．これらの行列は，対称性が高まるに従って独立変数の数が少なくなっていき，等方性固体の場合（圧電材料の場合には非対称性を有する）には，二つの Lame の定数 λ, μ によって，

$$[c] = \begin{pmatrix} \lambda+2\mu & \lambda & \lambda & 0 & 0 & 0 \\ \lambda & \lambda+2\mu & \lambda & 0 & 0 & 0 \\ \lambda & \lambda & \lambda+2\mu & 0 & 0 & 0 \\ 0 & 0 & 0 & \mu & 0 & 0 \\ 0 & 0 & 0 & 0 & \mu & 0 \\ 0 & 0 & 0 & 0 & 0 & \mu \end{pmatrix} \tag{A.23}$$

$$[s] = \begin{pmatrix} \dfrac{\lambda+\mu}{\mu\,(3\lambda+2\mu)} & -\dfrac{\lambda}{2\mu\,(3\lambda+2\mu)} & -\dfrac{\lambda}{2\mu\,(3\lambda+2\mu)} & 0 & 0 & 0 \\ -\dfrac{\lambda}{2\mu\,(3\lambda+2\mu)} & \dfrac{\lambda+\mu}{\mu\,(3\lambda+2\mu)} & -\dfrac{\lambda}{2\mu\,(3\lambda+2\mu)} & 0 & 0 & 0 \\ -\dfrac{\lambda}{2\mu\,(3\lambda+2\mu)} & -\dfrac{\lambda}{2\mu\,(3\lambda+2\mu)} & \dfrac{\lambda+\mu}{\mu\,(3\lambda+2\mu)} & 0 & 0 & 0 \\ 0 & 0 & 0 & \dfrac{1}{\mu} & 0 & 0 \\ 0 & 0 & 0 & 0 & \dfrac{1}{\mu} & 0 \\ 0 & 0 & 0 & 0 & 0 & \dfrac{1}{\mu} \end{pmatrix}$$

$$= \begin{pmatrix} \dfrac{1}{E} & -\dfrac{\nu}{E} & -\dfrac{\nu}{E} & 0 & 0 & 0 \\ -\dfrac{\nu}{E} & \dfrac{1}{E} & -\dfrac{\nu}{E} & 0 & 0 & 0 \\ -\dfrac{\nu}{E} & -\dfrac{\nu}{E} & \dfrac{1}{E} & 0 & 0 & 0 \\ 0 & 0 & 0 & \dfrac{2(1+\nu)}{E} & 0 & 0 \\ 0 & 0 & 0 & 0 & \dfrac{2(1+\nu)}{E} & 0 \\ 0 & 0 & 0 & 0 & 0 & \dfrac{2(1+\nu)}{E} \end{pmatrix} \tag{A.24}$$

とできる．ここで，ヤング率 E，ポアソン比 ν と Lame の定数との関係は，$E = \dfrac{\mu\,(3\lambda+2\mu)}{\lambda+\mu}$，$\nu = \dfrac{\lambda}{2(\lambda+\mu)}$ である．

A.2　電気特性の表現

電界と電束密度は x, y, z それぞれの成分をもつだけであるから，

$$[D] = \begin{pmatrix} D_1 \\ D_2 \\ D_3 \end{pmatrix}, \quad [E] = \begin{pmatrix} E_1 \\ E_2 \\ E_3 \end{pmatrix}$$

と表記して，誘電率を表す 2 階テンソル $[\varepsilon]$（3 行 3 列）により，

$$\begin{pmatrix} D_1 \\ D_2 \\ D_3 \end{pmatrix} = \begin{pmatrix} \varepsilon_{11} & \varepsilon_{12} & \varepsilon_{13} \\ \varepsilon_{21} & \varepsilon_{22} & \varepsilon_{23} \\ \varepsilon_{31} & \varepsilon_{32} & \varepsilon_{33} \end{pmatrix} \begin{pmatrix} E_1 \\ E_2 \\ E_3 \end{pmatrix} \tag{A.25}$$

と関係付ける．この誘電率テンソルの逆行列 $[\beta] = [\varepsilon]^{-1}$（3 行 3 列）を用いて，

$$\begin{pmatrix} E_1 \\ E_2 \\ E_3 \end{pmatrix} = \begin{pmatrix} \beta_{11} & \beta_{12} & \beta_{13} \\ \beta_{21} & \beta_{22} & \beta_{23} \\ \beta_{31} & \beta_{32} & \beta_{33} \end{pmatrix} \begin{pmatrix} D_1 \\ D_2 \\ D_3 \end{pmatrix} \tag{A.26}$$

とする．

A.3　圧電方程式の表現

圧電現象は，機械パラメータと電気パラメータを圧電定数によって結び付けることで表現する．圧電 d 形式では，3 行 6 列の行列 $[d]$ を用いることにより，

$$\left\{ \begin{aligned} \begin{pmatrix} S_1 \\ S_2 \\ S_3 \\ S_4 \\ S_5 \\ S_6 \end{pmatrix} &= \begin{pmatrix} s^E_{11} & s^E_{12} & s^E_{13} & s^E_{14} & s^E_{15} & s^E_{16} \\ s^E_{21} & s^E_{22} & s^E_{23} & s^E_{24} & s^E_{25} & s^E_{26} \\ s^E_{31} & s^E_{32} & s^E_{33} & s^E_{34} & s^E_{35} & s^E_{36} \\ s^E_{41} & s^E_{42} & s^E_{43} & s^E_{44} & s^E_{45} & s^E_{46} \\ s^E_{51} & s^E_{52} & s^E_{53} & s^E_{54} & s^E_{55} & s^E_{56} \\ s^E_{61} & s^E_{62} & s^E_{63} & s^E_{64} & s^E_{65} & s^E_{66} \end{pmatrix} \begin{pmatrix} T_1 \\ T_2 \\ T_3 \\ T_4 \\ T_5 \\ T_6 \end{pmatrix} + \begin{pmatrix} d_{11} & d_{21} & d_{31} \\ d_{12} & d_{22} & d_{32} \\ d_{13} & d_{23} & d_{33} \\ d_{14} & d_{24} & d_{34} \\ d_{15} & d_{25} & d_{35} \\ d_{16} & d_{26} & d_{36} \end{pmatrix} \begin{pmatrix} E_1 \\ E_2 \\ E_3 \end{pmatrix} \\ \begin{pmatrix} D_1 \\ D_2 \\ D_3 \end{pmatrix} &= \begin{pmatrix} d_{11} & d_{12} & d_{13} & d_{14} & d_{15} & d_{16} \\ d_{21} & d_{22} & d_{23} & d_{24} & d_{25} & d_{26} \\ d_{31} & d_{32} & d_{33} & d_{34} & d_{35} & d_{36} \end{pmatrix} \begin{pmatrix} T_1 \\ T_2 \\ T_3 \\ T_4 \\ T_5 \\ T_6 \end{pmatrix} + \begin{pmatrix} \varepsilon^T_{11} & \varepsilon^T_{12} & \varepsilon^T_{13} \\ \varepsilon^T_{21} & \varepsilon^T_{22} & \varepsilon^T_{23} \\ \varepsilon^T_{31} & \varepsilon^T_{32} & \varepsilon^T_{33} \end{pmatrix} \begin{pmatrix} E_1 \\ E_2 \\ E_3 \end{pmatrix} \end{aligned} \right. \tag{A.27}$$

となる．結晶の対称性などにより，多くのパラメータが 0 になったり，等しい部分が出てきたりするので，独立変数は少なくなる．たとえば，分極処理した圧電セラミックの場合，慣例に従って分極方向を z 軸方向にとると，

$$
\left\{
\begin{aligned}
&\begin{pmatrix} S_1 \\ S_2 \\ S_3 \\ S_4 \\ S_5 \\ S_6 \end{pmatrix} = \begin{pmatrix} s_{11}^E & s_{12}^E & s_{13}^E & 0 & 0 & 0 \\ s_{12}^E & s_{11}^E & s_{13}^E & 0 & 0 & 0 \\ s_{13}^E & s_{13}^E & s_{33}^E & 0 & 0 & 0 \\ 0 & 0 & 0 & s_{44}^E & 0 & 0 \\ 0 & 0 & 0 & 0 & s_{44}^E & 0 \\ 0 & 0 & 0 & 0 & 0 & s_{66}^E \end{pmatrix} \begin{pmatrix} T_1 \\ T_2 \\ T_3 \\ T_4 \\ T_5 \\ T_6 \end{pmatrix} + \begin{pmatrix} 0 & 0 & d_{31} \\ 0 & 0 & d_{31} \\ 0 & 0 & d_{33} \\ 0 & d_{15} & 0 \\ d_{15} & 0 & 0 \\ 0 & 0 & 0 \end{pmatrix} \begin{pmatrix} E_1 \\ E_2 \\ E_3 \end{pmatrix} \\
&\begin{pmatrix} D_1 \\ D_2 \\ D_3 \end{pmatrix} = \begin{pmatrix} 0 & 0 & 0 & 0 & d_{15} & 0 \\ 0 & 0 & 0 & d_{15} & 0 & 0 \\ d_{31} & d_{31} & d_{33} & 0 & 0 & 0 \end{pmatrix} \begin{pmatrix} T_1 \\ T_2 \\ T_3 \\ T_4 \\ T_5 \\ T_6 \end{pmatrix} + \begin{pmatrix} \varepsilon_{11}^T & 0 & 0 \\ 0 & \varepsilon_{11}^T & 0 \\ 0 & 0 & \varepsilon_{33}^T \end{pmatrix} \begin{pmatrix} E_1 \\ E_2 \\ E_3 \end{pmatrix}
\end{aligned}
\right.
\tag{A.28}
$$

とできる．ただし，$s_{66}^E = 2(s_{11}^E - s_{12}^E)$ である．式 (A.28) を

$$
\begin{cases} [S] = \left[s^E\right][T] + [d_t][E] \\ [D] = [d][T] + \left[\varepsilon^T\right][E] \end{cases} \quad \text{（圧電 } d \text{ 形式）} \tag{A.29}
$$

と記述すると（$[d_t]$ は $[d]$ の転置であることを示す），逆行列をかけて変形するなどの式変形により，

$$
\begin{cases} [T] = \left[c^E\right][S] - [e_t][E] \\ [D] = [e][S] + \left[\varepsilon^S\right][E] \end{cases} \quad \text{（圧電 } e \text{ 形式）} \tag{A.30}
$$

$$
\begin{cases} [S] = \left[s^D\right][T] + [g_t][D] \\ [E] = -[g][T] + \left[\beta^T\right][D] \end{cases} \quad \text{（圧電 } g \text{ 形式）} \tag{A.31}
$$

$$
\begin{cases} [T] = \left[c^D\right][S] - [h_t][D] \\ [E] = -[h][S] + \left[\beta^S\right][D] \end{cases} \quad \text{（圧電 } h \text{ 形式）} \tag{A.32}
$$

の各形式を得ることができる．

A.4　座標軸を回転させた場合の圧電方程式

圧電現象について考えるときには，z 軸方向を分極方向にとることが一般的であるが，単結晶圧電体を用いたり，分極方向とは別の方向に電界を与えたりすることもある．このような場合には，圧電方程式の座標系を回転する必要が出てくる．座標変換によって圧電方程式がどのように変化するのかを計算してみる．もともとの座標系と，これを回転させた新しい座標系をそれぞれ

$$\begin{pmatrix} X \\ Y \\ Z \end{pmatrix}, \quad \begin{pmatrix} X' \\ Y' \\ Z' \end{pmatrix}$$

として，

$$\begin{pmatrix} X' \\ Y' \\ Z' \end{pmatrix} = \begin{pmatrix} l_1 & m_1 & n_1 \\ l_2 & m_2 & n_2 \\ l_3 & m_3 & n_3 \end{pmatrix} \begin{pmatrix} X \\ Y \\ Z \end{pmatrix} = [K] \begin{pmatrix} X \\ Y \\ Z \end{pmatrix} \tag{A.33}$$

と正規直交行列で変換されるものとする．つまり，$[K]$ の各行ベクトルと列ベクトルは直交しており，それぞれのベクトルの長さは 1 で，$[K]^{-1} = [K_t]$ の関係がある（下付きの t は転置を示す）．

この座標変換に伴い，もともとの座標系での

$$\text{応力} \begin{pmatrix} T_1 \\ T_2 \\ T_3 \\ T_4 \\ T_5 \\ T_6 \end{pmatrix}, \quad \text{ひずみ} \begin{pmatrix} S_1 \\ S_2 \\ S_3 \\ S_4 \\ S_5 \\ S_6 \end{pmatrix}, \quad \text{電束密度} \begin{pmatrix} D_1 \\ D_2 \\ D_3 \end{pmatrix}, \quad \text{電界} \begin{pmatrix} E_1 \\ E_2 \\ E_3 \end{pmatrix}$$

は，それぞれ

$$\begin{pmatrix} T_1' \\ T_2' \\ T_3' \\ T_4' \\ T_5' \\ T_6' \end{pmatrix} = \begin{pmatrix} {l_1}^2 & {m_1}^2 & {n_1}^2 & 2m_1n_1 & 2n_1l_1 & 2l_1m_1 \\ {l_2}^2 & {m_2}^2 & {n_2}^2 & 2m_2n_2 & 2n_2l_2 & 2l_2m_2 \\ {l_3}^2 & {m_3}^2 & {n_3}^2 & 2m_3n_3 & 2n_3l_3 & 2l_3m_3 \\ l_2l_3 & m_2m_3 & n_2n_3 & m_3n_2+n_3m_2 & l_3n_2+n_3l_2 & l_3m_2+m_3l_2 \\ l_3l_1 & m_3m_1 & n_3n_1 & m_3n_1+n_3m_1 & l_3n_1+n_3l_1 & l_3m_1+m_3l_1 \\ l_1l_2 & m_1m_2 & n_1n_2 & m_2n_1+n_2m_1 & l_2n_1+n_2l_1 & l_2m_1+m_2l_1 \end{pmatrix} \begin{pmatrix} T_1 \\ T_2 \\ T_3 \\ T_4 \\ T_5 \\ T_6 \end{pmatrix} \tag{A.34}$$

$$\begin{pmatrix} S_1' \\ S_2' \\ S_3' \\ S_4' \\ S_5' \\ S_6' \end{pmatrix} = \begin{pmatrix} {l_1}^2 & {m_1}^2 & {n_1}^2 & m_1n_1 & n_1l_1 & l_1m_1 \\ {l_2}^2 & {m_2}^2 & {n_2}^2 & m_2n_2 & n_2l_2 & l_2m_2 \\ {l_3}^2 & {m_3}^2 & {n_3}^2 & m_3n_3 & n_3l_3 & l_3m_3 \\ 2l_2l_3 & 2m_2m_3 & 2n_2n_3 & m_3n_2+n_3m_2 & l_3n_2+n_3l_2 & l_3m_2+m_3l_2 \\ 2l_3l_1 & 2m_3m_1 & 2n_3n_1 & m_3n_1+n_3m_1 & l_3n_1+n_3l_1 & l_3m_1+m_3l_1 \\ 2l_1l_2 & 2m_1m_2 & 2n_1n_2 & m_2n_1+n_2m_1 & l_2n_1+n_2l_1 & l_2m_1+m_2l_1 \end{pmatrix} \begin{pmatrix} S_1 \\ S_2 \\ S_3 \\ S_4 \\ S_5 \\ S_6 \end{pmatrix} \tag{A.35}$$

$$\begin{pmatrix} D_1' \\ D_2' \\ D_3' \end{pmatrix} = \begin{pmatrix} l_1 & m_1 & n_1 \\ l_2 & m_2 & n_2 \\ l_3 & m_3 & n_3 \end{pmatrix} \begin{pmatrix} D_1 \\ D_2 \\ D_3 \end{pmatrix} \tag{A.36}$$

$$\begin{pmatrix} E_1' \\ E_2' \\ E_3' \end{pmatrix} = \begin{pmatrix} l_1 & m_1 & n_1 \\ l_2 & m_2 & n_2 \\ l_3 & m_3 & n_3 \end{pmatrix} \begin{pmatrix} E_1 \\ E_2 \\ E_3 \end{pmatrix} \tag{A.37}$$

と変換されるので，これらを

$$\begin{cases} [T'] = [L_T]\,[T] \\ [S'] = [L_S]\,[S] \\ [D'] = [K][D] \\ [E'] = [K][E] \end{cases} \tag{A.38}$$

のように書く．ここで，$[L_S] = ([L_T]^{-1})_t$，$[L_S]^{-1} = ([L_T])_t$ の関係がある．

たとえば，圧電 e 形式がもとの座標系で与えられたときには，

$$\begin{cases} \begin{pmatrix} T_1 \\ T_2 \\ T_3 \\ T_4 \\ T_5 \\ T_6 \end{pmatrix} = \begin{pmatrix} c_{11}^E & c_{12}^E & c_{13}^E & c_{14}^E & c_{15}^E & c_{16}^E \\ c_{21}^E & c_{22}^E & c_{23}^E & c_{24}^E & c_{25}^E & c_{26}^E \\ c_{31}^E & c_{32}^E & c_{33}^E & c_{34}^E & c_{35}^E & c_{36}^E \\ c_{41}^E & c_{42}^E & c_{43}^E & c_{44}^E & c_{45}^E & c_{46}^E \\ c_{51}^E & c_{52}^E & c_{53}^E & c_{54}^E & c_{55}^E & c_{56}^E \\ c_{61}^E & c_{62}^E & c_{63}^E & c_{64}^E & c_{65}^E & c_{66}^E \end{pmatrix} \begin{pmatrix} S_1 \\ S_2 \\ S_3 \\ S_4 \\ S_5 \\ S_6 \end{pmatrix} - \begin{pmatrix} e_{11} & e_{21} & e_{31} \\ e_{12} & e_{22} & e_{32} \\ e_{13} & e_{23} & e_{33} \\ e_{14} & e_{24} & e_{34} \\ e_{15} & e_{25} & e_{35} \\ e_{16} & e_{26} & e_{36} \end{pmatrix} \begin{pmatrix} E_1 \\ E_2 \\ E_3 \end{pmatrix} \\ \begin{pmatrix} D_1 \\ D_2 \\ D_3 \end{pmatrix} = \begin{pmatrix} e_{11} & e_{12} & e_{13} & e_{14} & e_{15} & e_{16} \\ e_{21} & e_{22} & e_{23} & e_{24} & e_{25} & e_{26} \\ e_{31} & e_{32} & e_{33} & e_{34} & e_{35} & e_{36} \end{pmatrix} \begin{pmatrix} S_1 \\ S_2 \\ S_3 \\ S_4 \\ S_5 \\ S_6 \end{pmatrix} + \begin{pmatrix} \varepsilon_{11}^S & \varepsilon_{12}^S & \varepsilon_{13}^S \\ \varepsilon_{21}^S & \varepsilon_{22}^S & \varepsilon_{23}^S \\ \varepsilon_{31}^S & \varepsilon_{32}^S & \varepsilon_{33}^S \end{pmatrix} \begin{pmatrix} E_1 \\ E_2 \\ E_3 \end{pmatrix} \end{cases} \tag{A.39}$$

であるから，式 (A.39) を

$$\begin{cases} [T] = \left[c^E\right][S] - [e_t][E] \\ [D] = [e][S] + \left[\varepsilon^S\right][E] \end{cases} \tag{A.40}$$

と書き直す．この圧電方程式を座標変換するために，$[T] = [L_T]^{-1}[T']$，$[S] = [L_S]^{-1}[S']$，$[D] = [K]^{-1}[D']$，$[E] = [K]^{-1}[E']$ の関係を用いると，

$$\begin{cases} [L_T]^{-1}[T'] = \left[c^E\right][L_S]^{-1}[S'] - [e_t][K]^{-1}[E'] \\ [K]^{-1}[D'] = [e][L_S]^{-1}[S'] + \left[\varepsilon^S\right][K]^{-1}[E'] \end{cases} \tag{A.41}$$

となる．ここで，式 (A.41) に左からそれぞれ $[L_T]$ と $[K]$ をかけることによって

$$\begin{cases} [T'] = [L_T]\left[c^E\right][L_S]^{-1}[S'] - [L_T][e_t][K]^{-1}[E'] \\ [D'] = [K][e][L_S]^{-1}[S'] + [K]\left[\varepsilon^S\right][K]^{-1}[E'] \end{cases} \tag{A.42}$$

となるから，座標変換後のスティフネス $\left[c'^E\right]$ や圧電定数 $[e']$，誘電率 $\left[\varepsilon'^S\right]$ をそれぞれ

$$\begin{cases} \left[c'^E\right] = [L_T]\left[c^E\right][L_S]^{-1} \\ [e'] = [L_T][e_t][K]^{-1} \\ [e'_t] = [K][e][L_S]^{-1} \\ \left[\varepsilon'^S\right] = [K]\left[\varepsilon^S\right][K]^{-1} \end{cases} \tag{A.43}$$

とおく．ここで，$[L_S]^{-1} = ([L_T])_t$ が確認できる．式 (A.43) によって，

$$\begin{cases} [T'] = \left[c'^E\right][S'] - [e'_t][E'] \\ [D'] = [e'][S'] + \left[\varepsilon'^S\right][E'] \end{cases} \tag{A.44}$$

とすることができ，新しい座標系でのスティフネスや圧電定数，誘電率を求めることができる．

もし，圧電 d 形式を座標変換したければ，変換前の座標系での圧電方程式を

$$\begin{cases} [S] = \left[s^E\right][T] + [d_t][E] \\ [D] = [d][S] + \left[\varepsilon^S\right][E] \end{cases} \tag{A.45}$$

として，これを出発点として同様の計算をするか，式 (A.44) の第 1 式を，

$$\left[c'^E\right][S'] = [T'] + [e'_t][E']$$

より

$$[S'] = \left[c'^E\right]^{-1}[T'] + \left[c'^E\right]^{-1}[e'_t][E'] \tag{A.46}$$

と変形して第 2 式に代入すると，

$$\begin{aligned} [D'] &= [e']\left\{\left[c'^E\right]^{-1}[T'] + \left[c'^E\right]^{-1}[e'_t][E']\right\} + \left[\varepsilon'^S\right][E'] \\ &= [e']\left[c'^E\right]^{-1}[T'] + \left\{[e']\left[c'^E\right]^{-1}[e'_t] + \left[\varepsilon'^S\right]\right\}[E'] \end{aligned} \tag{A.47}$$

となることから，

$$\begin{cases} \left[s'^E\right] = \left[c'^E\right]^{-1} \\ [d'] = \left[s'^E\right][e'_t] \\ [d'_t] = [e']\left[s'^E\right] \\ \left[\varepsilon'^T\right] = [e']\left[s'^E\right][e'_t] + \left[\varepsilon'^S\right] \end{cases} \tag{A.48}$$

とおいて，

$$\begin{cases} [S'] = \left[s'^{E}\right][T'] + [d'_t][E'] \\ [D'] = [d'][T'] + \left[\varepsilon'^{T}\right][E'] \end{cases} \tag{A.49}$$

の新しい座標系での圧電 d 形式を求めることができる．

Euler の公式にしたがって，3 回の座標回転によって座標変換するときには，まず Z 軸まわりに ψ 回転し，この変換された座標系を X 軸まわりに θ 回転し，最後にもう一度 Z 軸まわりに ϕ だけ回転させる．このとき，各回転角と $[K]$ の関係は，

$$\begin{aligned}
&\begin{pmatrix} X' \\ Y' \\ Z' \end{pmatrix} \\
&= \begin{pmatrix} \cos\phi & \sin\phi & 0 \\ -\sin\phi & \cos\phi & 0 \\ 0 & 0 & 1 \end{pmatrix} \begin{pmatrix} 1 & 0 & 0 \\ 0 & \cos\theta & \sin\theta \\ 0 & -\sin\theta & \cos\theta \end{pmatrix} \begin{pmatrix} \cos\psi & \sin\psi & 0 \\ -\sin\psi & \cos\psi & 0 \\ 0 & 0 & 1 \end{pmatrix} \begin{pmatrix} X \\ Y \\ Z \end{pmatrix} \\
&= \begin{pmatrix} \cos\phi\cos\psi - \sin\phi\cos\theta\sin\psi & \cos\phi\sin\psi + \sin\phi\cos\theta\cos\psi & \sin\phi\sin\theta \\ -(\sin\phi\cos\psi + \cos\phi\cos\theta\sin\psi) & -(\sin\phi\sin\psi - \cos\phi\cos\theta\cos\psi) & \cos\phi\sin\theta \\ \sin\theta\sin\psi & -\sin\theta\cos\psi & \cos\theta \end{pmatrix} \begin{pmatrix} X \\ Y \\ Z \end{pmatrix} \\
&= \begin{pmatrix} l_1 & m_1 & n_1 \\ l_2 & m_2 & n_2 \\ l_3 & m_3 & n_3 \end{pmatrix} \begin{pmatrix} X \\ Y \\ Z \end{pmatrix} = [K] \begin{pmatrix} X \\ Y \\ Z \end{pmatrix}
\end{aligned} \tag{A.50}$$

とすればよい．

B トランスを介したインピーダンスの変換表現

圧電効果を等価回路表現するときに，電気から機械，もしくは機械から電気へと圧電変換する部分を理想トランスで表現し，そのときの変換係数 A のことを力係数とよぶ．力係数は，左の電気端子からの 1 次端子側からの V や電流 i を機械パラメータに変換して，2 次端子側への力 F や速度 v とする役割をもち，

$$\begin{cases} F = AV \\ v = \dfrac{i}{A} \end{cases} \tag{B.1}$$

の関係が成り立つ．トランスによる変換を行っても，エネルギーの増減はない．

図 B.1(a) のように，等価回路の機械端子側にインピーダンス Z がある場合，力 F と速度 v の関係は

$$Z = \frac{F}{v} \tag{B.2}$$

である．これを，電気端子側からみた表現，すなわち V と i を用いると，$F = AV$，$v = \dfrac{i}{A}$ であるから，

$$Z = \frac{F}{v} = \frac{AV}{\dfrac{i}{A}} \tag{B.3}$$

となるので，インピーダンス，すなわち電気端子側からみた電圧と電流の比は

$$\frac{V}{i} = \frac{Z}{A^2} \tag{B.4}$$

と等価変換できて，図 (b) のようになる．

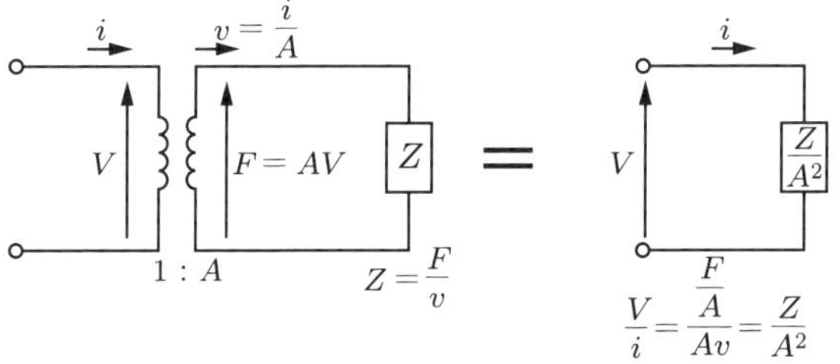

（a）力係数 A を介してみたインピーダンス　（b）力係数を除いて等価変換したインピーダンス

図 B.1　インピーダンスの等価変換

たとえば，図 B.2(a) のように，機械端子側にキャパシタ C がある場合には，このインピーダンス Z はもともと $\dfrac{1}{j\omega C}$ であり，これを力係数 A を介して電気端子側からみると $\dfrac{1}{j\omega\,(A^2 C)}$ のインピーダンスである．したがって，図 (b) のように $A^2 C$ の容量をもつキャパシタを配置すれば等価変換できる．

一方，電気端子側にインピーダンス $Z = -\dfrac{V}{i}$ がある図 B.3 の場合も，同様に考えて，機械端子側からのインピーダンスは，

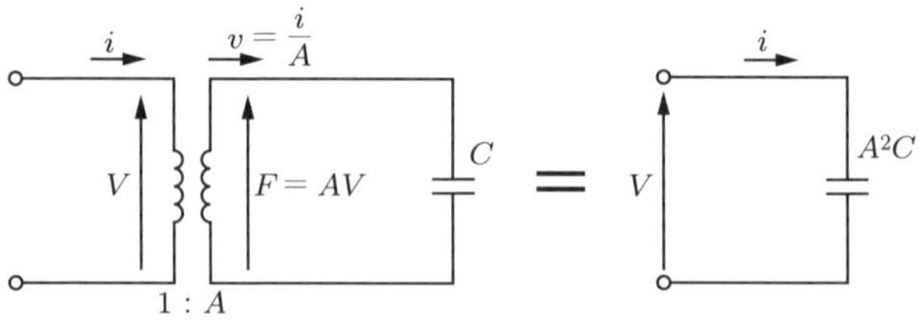

（a）力係数を含む回路　　（b）等価変換した回路

図 B.2　力係数を介したキャパシタの等価変換

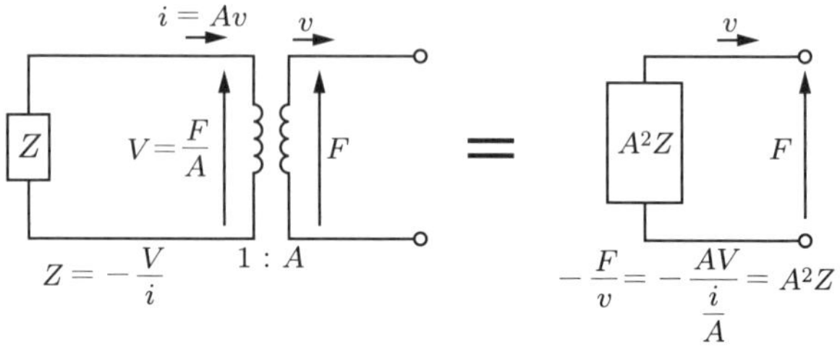

（a）力係数を含む回路　　（b）等価変換した回路

図 B.3　力係数を介したインピーダンスの等価変換

$$-\frac{F}{v} = -\frac{AV}{\frac{i}{A}} = A^2 Z \tag{B.5}$$

となるから，機械端子側から力係数 A を介してみたインピーダンス Z は A^2Z に等価変換される．この場合，電流と速度の向きと電圧降下の関係についてよく考える必要がある．

図 B.4 は圧電材料の等価回路にみられる形で，Z は機械端子側のインピーダンス，$Y_{\rm d}$ は電気端子側の入力端子に並列に入るアドミッタンスである．力係数の考え方を考慮して一般化してみると，

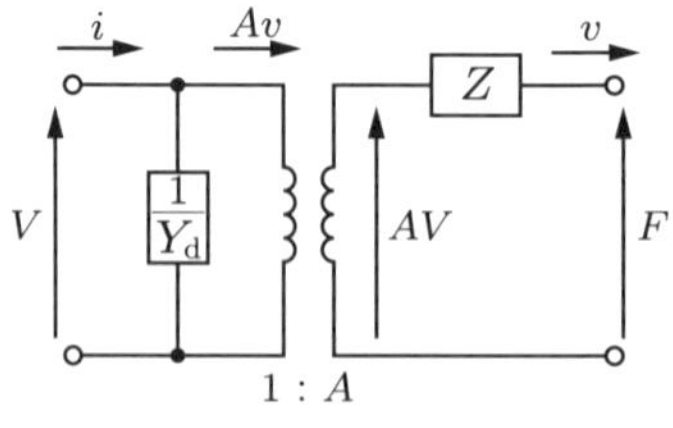

図 B.4　両端子に入力がある場合のインピーダンスの関係

$$\begin{cases} F = AV - Zv \\ i = Y_\mathrm{d}V + Av \end{cases} \tag{B.6}$$

という関係式が得られる．たとえば，式 (B.6) で，圧電材料が自由に変形できる状態では，$F = 0$ とすればよい．このときは，機械端子側を短絡し，さらに $Y_\mathrm{d} = 0$ とすると，電気端子側から力係数越しにみたインピーダンスが，

$$\frac{V}{i} = \frac{\dfrac{Zv}{A}}{Av} = \frac{Z}{A^2} \tag{B.7}$$

となるので，式 (B.4) で求めた結果を確認することができる．

C　バネマスダンパ系強制振動の一般解

細棒振動子などの分布定数系の振動状態を集中定数系のバネマスダンパ系や，LCR 等価回路で表すことにより，振動状態を表現することができる．ここでは，集中定数系の振動状態について説明する．

図 C.1 に示す振動損失を含めたバネマスダンパ系の強制振動は

$$\begin{cases} M\dfrac{\mathrm{d}^2x}{\mathrm{d}t^2} = -Kx - \eta\dfrac{\mathrm{d}x}{\mathrm{d}t} + F_0\cos(\omega t) \\ L\dfrac{\mathrm{d}^2q}{\mathrm{d}t^2} = -\dfrac{1}{C}q - R\dfrac{\mathrm{d}q}{\mathrm{d}t} + V_0\cos(\omega t) \end{cases} \tag{C.1}$$

からわかるように，LCR 直列回路と等価な関係にある．したがって，ここで行うバネマスダンパ系の説明は，LCR 直列回路の回路について計算していることと同じである．

強制振動の一般解は，自由振動と定常振動の和で表される．図 C.2 に示すように，自由振動は外力 $F_0\cos(\omega t) = 0$ としたときに解として得られる振動で，角周波数は

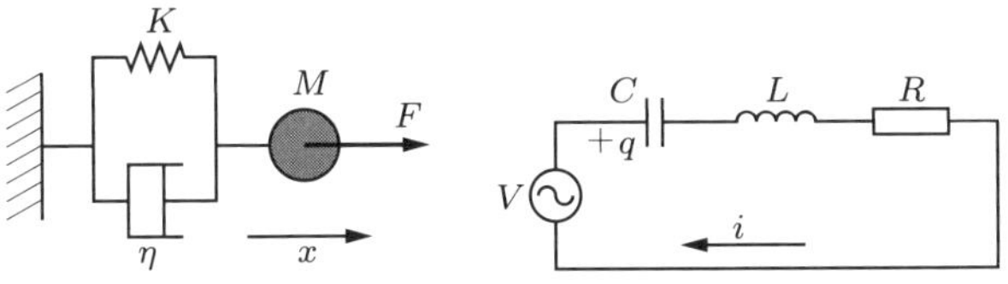

（a）機械系モデル　　（b）等価回路

図 C.1　バネマスダンパ系の強制振動と LCR 等価回路

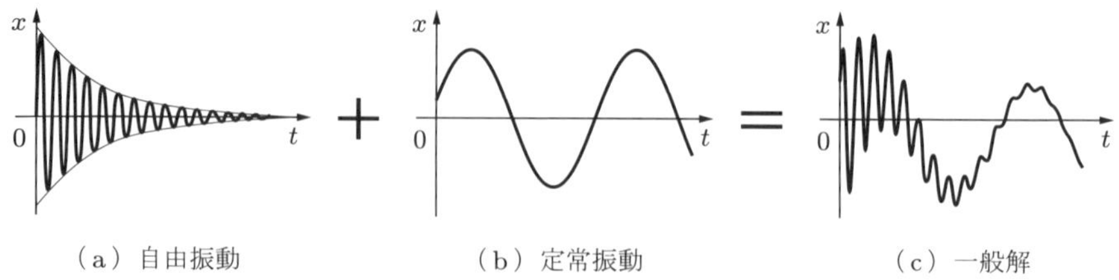

図 C.2　強制振動の振動変位

$\omega_1 = \sqrt{{\omega_0}^2 - \zeta^2} \left(\omega_0 = \sqrt{\dfrac{K}{M}}, \zeta = \dfrac{\eta}{2M} \right)$ で，減衰定数 η によって減衰する振動となる．この振動振幅は初期条件によって決まる．

一方の定常振動は，外力 $= F_0 \cos(\omega t)$ により振動を維持し続ける振動で，角周波数は外力と一致する ω であり，振動振幅は初期条件に依存しない．自由振動は減衰係数により，振動開始時から十分に時間が経過した後は 0 となるので，一般に（$\eta \neq 0$ であれば）十分に時間が経過した後の振動については，定常振動のみを考えればよい．

C.1　自由振動

一般解を求めるための見通しをよくするため，式 (C.1) で表される運動方程式を次式のようにおき換える．

$$\frac{\mathrm{d}^2 x}{\mathrm{d}t^2} + 2\zeta \frac{\mathrm{d}x}{\mathrm{d}t} + {\omega_0}^2 x = f \cos(\omega t) \tag{C.2}$$

ただし，$2\zeta = \dfrac{\eta}{M}$, $\omega_0 = \sqrt{\dfrac{K}{M}}$, $f = \dfrac{F_0}{M}$ である．ω_0 は与えられた質量とバネ定数によって決まるパラメータであるのに対して，ω は外力の角周波数である．また，振動現象を取り扱う場合には，$\zeta^2 < {\omega_0}^2$ としてよい．

自由振動の一般解 x_1 は，外力を 0 としたときの解であるから，$f = 0$ とするとともに，$x_1(t) = x_0 \exp(pt)$ と仮定して，式 (C.2) に代入すると，

$$(p^2 + 2\zeta p + {\omega_0}^2) x_0 \exp(pt) = 0 \tag{C.3}$$

となる．ただし，x_0 は複素定数とする．これを解くと，

$$p = -\zeta \pm j\sqrt{{\omega_0}^2 - \zeta^2} \tag{C.4}$$

が得られる．$\omega_0 > \zeta$ としたのは，p に虚数成分が含まれないと，$x_1(t) = x_0 \exp(pt)$ が振動成分をもたなくなってしまうからである．二つの解が求められたので，それぞ

れの複素定数を x_0, x'_0 として，

$$x_1(t) = x_0 \exp\left\{\left(-\zeta + j\sqrt{{\omega_0}^2 - \zeta^2}\right)t\right\} + x'_0 \exp\left\{(-\zeta - j\sqrt{{\omega_0}^2 - \zeta^2})t\right\}$$

とする．この解が実数解となるには x_0, x'_0 が複素共役でなくてはならないので，実定数 A_1, B_1 によって，$x_0 = \dfrac{A_1 - jB_1}{2}$，$x'_0 = \dfrac{A_1 + jB_1}{2}$ とおくと，

$$x_1(t) = \exp(-\zeta t)\left\{A_1 \cos\left(\sqrt{{\omega_0}^2 - \zeta^2}t\right) + B_1 \sin\left(\sqrt{{\omega_0}^2 - \zeta^2}t\right)\right\} \quad \text{(C.5)}$$

が得られる．$\exp(-\zeta t)$ の減衰項があるので，十分な時間が経過した後は，この自由振動成分 $x_1(t)$ は 0 となる．

C.2　定常振動

定常振動の解 x_2 については，角周波数は外力と同じ ω で，振幅を表す定数 A_2, B_2 は初期条件に依存せずに一意に決まるから，

$$x_2(t) = A_2 \cos(\omega t) + B_2 \sin(\omega t) \quad \text{(C.6)}$$

とおくと，

$$\begin{cases} \dfrac{\mathrm{d}x}{\mathrm{d}t} = -A_2\omega \sin(\omega t) + B_2\omega \cos(\omega t) \\ \dfrac{\mathrm{d}^2x}{\mathrm{d}t^2} = -A_2\omega^2 \cos(\omega t) - B_2\omega^2 \sin(\omega t) \end{cases} \quad \text{(C.7)}$$

である．式 (C.7) を式 (C.2) に代入してまとめると，

$$\begin{aligned} &(-A_2\omega^2 + 2B_2\zeta\omega + A_2{\omega_0}^2)\cos(\omega t) + \left(-B_2\omega^2 - 2A_2\zeta\omega + B_2{\omega_0}^2\right)\sin(\omega t) \\ &\quad = f\cos(\omega t) \end{aligned} \quad \text{(C.8)}$$

の関係が求められる．式 (C.8) は時間 t に関して恒等的に成り立つので，

$$\begin{pmatrix} {\omega_0}^2 - \omega^2 & 2\zeta\omega \\ -2\zeta\omega & {\omega_0}^2 - \omega^2 \end{pmatrix} \begin{pmatrix} A_2 \\ B_2 \end{pmatrix} = \begin{pmatrix} f \\ 0 \end{pmatrix} \quad \text{(C.9)}$$

である．式 (C.9) の両辺に

$$\begin{pmatrix} {\omega_0}^2 - \omega^2 & 2\zeta\omega \\ -2\zeta\omega & {\omega_0}^2 - \omega^2 \end{pmatrix}^{-1} = \frac{1}{({\omega_0}^2 - \omega^2)^2 + 4\zeta^2\omega^2} \begin{pmatrix} {\omega_0}^2 - \omega^2 & -2\zeta\omega \\ 2\zeta\omega & {\omega_0}^2 - \omega^2 \end{pmatrix}$$

を左からかけると,

$$\begin{pmatrix} A_2 \\ B_2 \end{pmatrix} = \frac{1}{({\omega_0}^2 - \omega^2)^2 + 4\zeta^2\omega^2} \begin{pmatrix} f({\omega_0}^2 - \omega^2) \\ 2f\zeta\omega \end{pmatrix} \tag{C.10}$$

が得られる．したがって，定常振動解は

$$x_2(t) = \frac{f({\omega_0}^2 - \omega^2)}{({\omega_0}^2 - \omega^2)^2 + 4\zeta^2\omega^2} \cos(\omega t) + \frac{2f\zeta\omega}{({\omega_0}^2 - \omega^2)^2 + 4\zeta^2\omega^2} \sin(\omega t) \tag{C.11}$$

となり，任意定数を含まない形になる．

C.3 一般解

以上をまとめると，強制振動の一般解 $x(t) = x_1(t) + x_2(t)$ は，A_1, B_1 を初期条件によって決まる定数として，

$$\begin{aligned} x(t) = \exp(-\zeta t) &\left\{ A_1 \cos\left(\sqrt{{\omega_0}^2 - \zeta^2}\, t\right) + B_1 \sin\left(\sqrt{{\omega_0}^2 - \zeta^2}\, t\right) \right\} \\ &+ \frac{f({\omega_0}^2 - \omega^2)}{({\omega_0}^2 - \omega^2)^2 + 4\zeta^2\omega^2} \cos(\omega t) + \frac{2f\zeta\omega}{({\omega_0}^2 - \omega^2)^2 + 4\zeta^2\omega^2} \sin(\omega t) \end{aligned} \tag{C.12}$$

と求められる．ただし，$2\zeta = \dfrac{\eta}{M}$, $\omega_0 = \sqrt{\dfrac{K}{M}}$, $f = \dfrac{F_0}{M}$ である．

D 共振と Q 値について

D.1 変位共振

バネマスダンパ系の運動方程式は,

$$M\frac{\mathrm{d}^2 x}{\mathrm{d}t^2} = -Kx - \eta\frac{\mathrm{d}x}{\mathrm{d}t} + F_0 \cos(\omega t) \tag{D.1}$$

であり，付録 C のように，定常振動解は $A_2 = \dfrac{f({\omega_0}^2 - \omega^2)}{({\omega_0}^2 - \omega^2)^2 + 4\zeta^2\omega^2}$, $B_2 = \dfrac{2f\zeta\omega}{({\omega_0}^2 - \omega^2)^2 + 4\zeta^2\omega^2}$ とおいて

$$x(t) = A_2 \cos(\omega t) + B_2 \sin(\omega t) \tag{D.2}$$

と表すことができる．ただし，$2\zeta = \dfrac{\eta}{M}$, $\omega_0 = \sqrt{\dfrac{K}{M}}$, $f = \dfrac{F_0}{M}$ である．外力の振幅 F_0 を一定にして，角周波数 ω を変化させていき，極値をもつときを共振とよぶ．変位振幅の共振角周波数は，

$$x(t) = A_2 \cos(\omega t) + B_2 \sin(\omega t) = \sqrt{{A_2}^2 + {B_2}^2} \cos(\omega t - \phi) \tag{D.3}$$

として，振幅 $\sqrt{{A_2}^2 + {B_2}^2}$ が最大になる角周波数を求めればよい．ただし，$\phi = \tan^{-1}\left(\dfrac{B_2}{A_2}\right)$ である．いま，

$$\sqrt{{A_2}^2 + {B_2}^2} = \frac{f}{\sqrt{\left({\omega_0}^2 - \omega^2\right)^2 + 4\zeta^2\omega^2}} \tag{D.4}$$

であるから，この分母に注目すると，$({\omega_0}^2 - \omega^2)^2 + 4\zeta^2\omega^2$ の最小値を与える角周波数，つまり共振角周波数は，

$$\omega = \sqrt{{\omega_0}^2 - 2\zeta^2} \tag{D.5}$$

である．このときの変位振幅は，

$$\begin{aligned}\sqrt{{A_2}^2 + {B_2}^2} &= \frac{f}{\sqrt{\left(2\zeta^2\right)^2 + 4\zeta^2({\omega_0}^2 - 2\zeta^2)}} \\ &= \frac{f}{2\omega_0\zeta\sqrt{1 - \dfrac{\zeta^2}{{\omega_0}^2}}} = \frac{F_0}{\omega_0\eta\sqrt{1 - \dfrac{\eta^2}{4KM}}} \\ &= \frac{F_0}{\omega_0\eta\sqrt{1 - \dfrac{1}{4Q^2}}}\end{aligned} \tag{D.6}$$

となる．なお，ここで Q は共振曲線の鋭さを表す指標（Q 値）で，$Q = \dfrac{\sqrt{KM}}{\eta}$ $\left(= \dfrac{\omega_0 M}{\eta} = \dfrac{K}{\omega_0\eta}\right)$ などと表される（Q 値については付録 D.3 で説明する）．この計算結果から，Q 値が十分大きければ，変位振動振幅は $\dfrac{F_0}{\omega_0\eta}$ となることがわかる．また，図 D.1 に示すように，外力の角周波数 ω を 0 として直流的な外力を加えた場合には，負荷はバネ K だけとなるから，振幅は $\dfrac{F_0}{K}$ となる．これは，Q が十分に大き

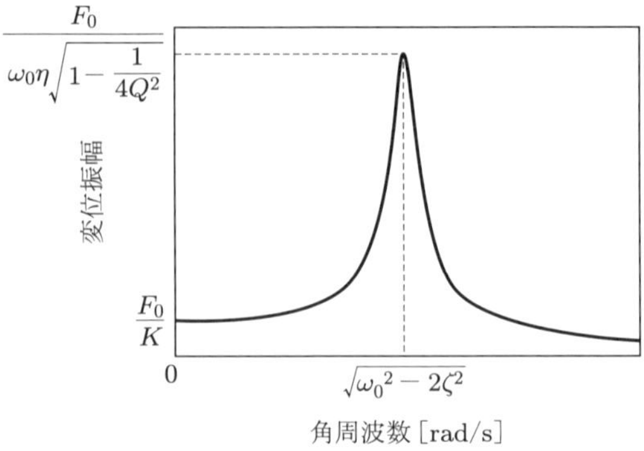

図 D.1　変位振幅の共振曲線

い場合に共振における変位振動振幅 $\dfrac{F_0}{\omega_0\eta}$ を Q で割ったものであることが,

$$\frac{\dfrac{F_0}{\omega_0\eta}}{Q}=\frac{F_0}{\omega_0\eta}\frac{\omega_0\eta}{K}=\frac{F_0}{K}$$

の計算からわかる．すなわち，共振現象によって，変位振幅は Q 倍される．

D.2　速度共振

速度振幅は

$$v=\frac{\mathrm{d}x(t)}{\mathrm{d}t}=-A_2\omega\sin(\omega t)+B_2\omega\cos(\omega t)=\omega\sqrt{{A_2}^2+{B_2}^2}\sin(\omega t-\phi) \tag{D.7}$$

であるから，速度振幅が極値をとる共振角周波数は，$\omega\sqrt{{A_2}^2+{B_2}^2}$ が最大になる角周波数 ω を求めればよい．ただし，$\phi=\tan^{-1}\left(\dfrac{B_2}{A_2}\right)$ である．A_2, B_2 を式 (C.10) でおき換えると,

$$\omega\sqrt{{A_2}^2+{B_2}^2}=\frac{f\omega}{\sqrt{\left({\omega_0}^2-\omega^2\right)^2+4\zeta^2\omega^2}}=\frac{f}{\sqrt{{\omega_0}^2\left(\dfrac{\omega_0}{\omega}-\dfrac{\omega}{\omega_0}\right)^2+4\zeta^2}} \tag{D.8}$$

となるので，これが最大になるのは，$\dfrac{\omega_0}{\omega}-\dfrac{\omega}{\omega_0}=0$，つまり，$\omega=\omega_0$ のときである．

このときの速度振幅は，

$$\omega\sqrt{A_2{}^2+B_2{}^2}=\frac{f\omega}{\sqrt{4\zeta^2\omega^2}}=\frac{f}{2\zeta}=\frac{F_0}{\eta} \tag{D.9}$$

となる．これは，負荷として η しかない状態であることを示している．このときの速度振幅に関する共振曲線を図 D.2 に示す．

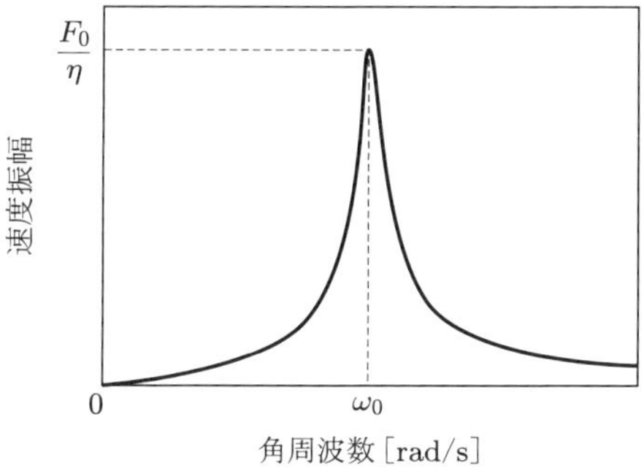

図 D.2 速度振幅の共振曲線

D.3 Q 値

強制振動による共振において，振動状態を示す指標に Q 値がある．Q 値は分布定数系でも集中定数系（バネマスダンパ系や LCR 直列回路など）でも同じように用いられるパラメータで，共振周波数での振動において，

$$Q=2\pi\frac{\text{系に蓄えられるエネルギー}}{\text{一周期で消費されるエネルギー}}=2\pi\frac{U_{\mathrm{s}}}{U_{\mathrm{loss}}} \tag{D.10}$$

と定義される．

エネルギーの関係式を求めるために，共振を表す運動方程式の両辺に $v=\dfrac{\mathrm{d}x}{\mathrm{d}t}$ をかけて変形すると，

$$M\frac{\mathrm{d}v}{\mathrm{d}t}v+Kx\frac{\mathrm{d}x}{\mathrm{d}t}=-\eta v^2+F_0v\cos(\omega t) \tag{D.11}$$

となる．ここで，

$$\frac{\mathrm{d}}{\mathrm{d}t}\left(\frac{1}{2}v^2\right)=\frac{\mathrm{d}v}{\mathrm{d}t}v,\quad \frac{\mathrm{d}}{\mathrm{d}t}\left(\frac{1}{2}x^2\right)=x\frac{\mathrm{d}x}{\mathrm{d}t}$$

の関係を用いて式 (D.11) を変形すると，エネルギーの関係式として，

$$\frac{\mathrm{d}}{\mathrm{d}t}\left(\frac{1}{2}Mv^2+\frac{1}{2}Kx^2\right)=-\eta v^2+F_0 v\cos(\omega t) \tag{D.12}$$

が得られる．速度共振しているとき，$\omega=\omega_0=\sqrt{\dfrac{K}{M}}$ で，

$$v=\frac{F_0}{\eta}\sin(\omega_0 t-\phi) \tag{D.13}$$

とおける．ただし，$\phi=\tan^{-1}\left(\dfrac{B_2}{A_2}\right)$ である．共振時には外力と速度の位相は同位相になるので $\phi=-\dfrac{\pi}{2}$ であるが，この位相についてはエネルギーの関係から後に式 (D.16) で示されるので，ここではそのままにしておく．振動変位はこれを時間積分すればよいから

$$x=-\frac{F_0}{\eta\omega_0}\cos(\omega_0 t-\phi) \tag{D.14}$$

となる．式 (D.13), (D.14) の値を式 (D.12) の $\dfrac{1}{2}Mv^2+\dfrac{1}{2}Kx^2$ に代入すると，$\omega_0=\sqrt{\dfrac{K}{M}}$ などから，

$$\begin{aligned}
&\frac{1}{2}Mv^2+\frac{1}{2}Kx^2\\
&=\frac{1}{2}M\left\{\frac{F_0}{\eta}\sin(\omega_0 t-\phi)\right\}^2+\frac{1}{2}K\left\{-\frac{F_0}{\eta\omega_0}\cos(\omega_0 t-\phi)\right\}^2\\
&=\frac{1}{2}M\left(\frac{F_0}{\eta}\right)^2\frac{1-\cos(2\omega_0 t-2\phi)}{2}+\frac{1}{2}K\left(\frac{F_0}{\eta\omega_0}\right)^2\frac{1+\cos(2\omega_0 t-2\phi)}{2}\\
&=\frac{1}{2}M\left(\frac{F_0}{\eta}\right)^2\frac{1-\cos(2\omega_0 t-2\phi)}{2}+\frac{1}{2}M\left(\frac{F_0}{\eta}\right)^2\frac{1+\cos(2\omega_0 t-2\phi)}{2}\\
&=\frac{1}{2}M\left(\frac{F_0}{\eta}\right)^2=\frac{1}{2}K\left(\frac{F_0}{\eta\omega_0}\right)^2
\end{aligned} \tag{D.15}$$

と，時間に依存しない定数になり，これが U_s である．振動速度，振動変位，エネルギーの時間変化の様子を図 D.3 に示す．

したがって，共振状態では式 (D.12) の左辺

$$\frac{\mathrm{d}}{\mathrm{d}t}\left(\frac{1}{2}Mv^2+\frac{1}{2}Kx^2\right)$$

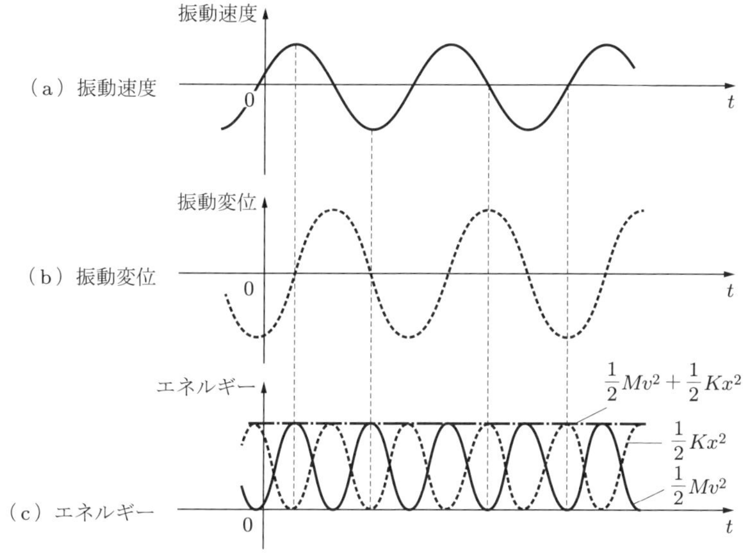

図 D.3　速度，変位，エネルギーの時間変化

は 0 になるので，

$$\eta v = F_0 \cos(\omega t) \tag{D.16}$$

となり，外力は減衰係数 η のみを負荷としてはたらき，質量 M とバネ定数 K の負荷は相殺される．この結果から，外力と速度は同位相で，式 (D.13) において $\phi = -\frac{\pi}{2}$ であることがわかる．

速度振幅は $\frac{F_0}{\eta}$ であるから，式 (D.15) で求めた系に蓄えられた機械エネルギー U_s と一周期 $T \left(= \frac{\omega_0}{2\pi}\right)$ に損失されるエネルギー U_loss はそれぞれ

$$\begin{cases} U_\mathrm{s} = \dfrac{1}{2}M\left(\dfrac{F_0}{\eta}\right)^2 \ \left(= \dfrac{1}{2}K\left(\dfrac{F_0}{\eta\omega_0}\right)^2\right) \\ U_\mathrm{loss} = \displaystyle\int_0^T \eta v^2 dt = \int_0^T \eta \left\{\frac{F_0}{\eta}\sin\left(\omega_0 t - \phi\right)\right\}^2 dt \\ \qquad = \dfrac{{F_0}^2}{\eta}\displaystyle\int_0^T \frac{1-\cos\left(2\omega_0 t - 2\phi\right)}{2}dt = \frac{{F_0}^2 T}{2\eta} = \frac{\pi {F_0}^2}{\omega_0 \eta} \end{cases} \tag{D.17}$$

となる．ただし，$T = \frac{2\pi}{\omega_0}$ である．Q 値は $2\pi\frac{U_\mathrm{s}}{U_\mathrm{loss}}$ と定義されるから，式 (D.17) より

$$Q = 2\pi \frac{U_\mathrm{s}}{U_\mathrm{loss}} = 2\pi \frac{\dfrac{1}{2}M\left(\dfrac{F_0}{\eta}\right)^2}{\dfrac{\pi {F_0}^2}{\omega_0 \eta}} = \frac{\omega_0 M}{\eta} \quad \left(= \frac{K}{\omega_0 \eta}\right) \tag{D.18}$$

と求められる．これは，減衰係数 η が $\omega_0 M$ に対して小さいほど，系に蓄えられるエネルギーが振動損失に対して大きい，つまり高い Q 値になることを表している．これらの関係は，バスマスダンパ系と等価な関係にある LCR 直列回路でも同様であるから，

$$Q = \frac{\omega_0 L}{R} \quad \left(= \frac{1}{\omega_0 C R}\right) \tag{D.19}$$

となる．

また，共振時の速度振動振幅 $\dfrac{F_0}{\eta}$ から計算される変位振幅が $\dfrac{F_0}{\eta\omega_0}$ であるのに対して，駆動周波数が十分小さく直流的な駆動であるときの変位は $\dfrac{F_0}{K}$ であるから，その比は

$$\frac{\dfrac{F_0}{\eta\omega_0}}{\dfrac{F_0}{K}} = \frac{K}{\omega_0 \eta} = Q \tag{D.20}$$

となる．これは，速度振幅の場合と同様で，共振現象による振動振幅は直流駆動に比べて Q 倍になり，エネルギーは Q^2 倍となる．

D.4　半値幅からの Q 値の求め方

速度振幅についての式 (D.8) を，$\zeta = \dfrac{\eta}{2M}$，${\omega_0}^2 = \dfrac{K}{M}$，$f = \dfrac{F_0}{M}$ などを用いて書き換えると，

$$\begin{aligned} \omega\sqrt{{A_2}^2 + {B_2}^2} &= \frac{f}{\sqrt{{\omega_0}^2\left(\dfrac{\omega_0}{\omega} - \dfrac{\omega}{\omega_0}\right)^2 + 4\zeta^2}} = \frac{F_0}{\sqrt{M^2{\omega_0}^2\left(\dfrac{\omega_0}{\omega} - \dfrac{\omega}{\omega_0}\right)^2 + \eta^2}} \\ &= \frac{F_0}{\eta\sqrt{Q^2\left(\dfrac{\omega_0}{\omega} - \dfrac{\omega}{\omega_0}\right)^2 + 1}} \end{aligned} \tag{D.21}$$

となる．ただし，$Q = \dfrac{\omega_0 M}{\eta}$ である．$\omega = \omega_0$ のときに速度振幅が最大値 $\dfrac{F_0}{\eta}$ となる．この振幅の $\dfrac{1}{\sqrt{2}}$ となる角周波数 ω_1, ω_2 は，

$$\frac{F_0}{\eta\sqrt{Q^2\left(\dfrac{\omega_0}{\omega} - \dfrac{\omega}{\omega_0}\right)^2 + 1}} = \frac{F_0}{\sqrt{2}\eta} \tag{D.22}$$

の関係から，

$$Q^2\left(\frac{\omega_0}{\omega} - \frac{\omega}{\omega_0}\right)^2 = 1 \tag{D.23}$$

を解けばよいことがわかる．

$\omega > 0$ であるから，ω_1, ω_2 は，

$$\begin{cases} \omega_1 = \dfrac{-1 + \sqrt{1 + 4Q^2}}{2Q}\omega_0 \\ \omega_2 = \dfrac{1 + \sqrt{1 + 4Q^2}}{2Q}\omega_0 \end{cases} \tag{D.24}$$

となる．この二つの角周波数の差を半値幅とよび，

$$\omega_2 - \omega_1 = Q^{-1}\omega_0 \tag{D.25}$$

であるから，式変形すると，

$$Q = \frac{\omega_0}{\omega_2 - \omega_1} \tag{D.26}$$

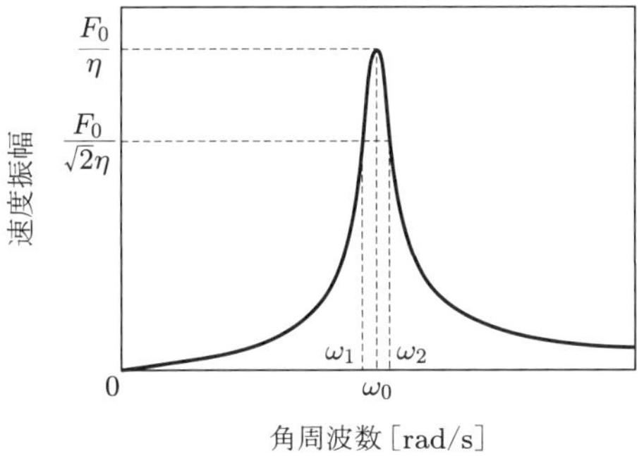

図 D.4　共振曲線からの半値幅の求め方

という関係が得られる．つまり，図 D.4 に示すような振動速度振幅の角周波数依存性を測定すれば，共振周波数での速度振幅の $\dfrac{1}{\sqrt{2}}$ となる角周波数 ω_1, ω_2 を求めて，式 (D.26) から Q 値が得られる．また，3.2.6 項で示したように，等価回路を考えてアドミッタンスループからも同様にして角周波数 ω_1, ω_2 を求めることができる．

E　分布定数系における振動損失の表現

断面積が S_u で長さ l の非圧電体の縦振動（片端固定，片端自由）に関する波動方程式は，微小部分 $\mathrm{d}x$ に関する次式の運動方程式から求めることができる．

$$\rho S_\mathrm{u}\mathrm{d}x\frac{\partial^2 u}{\partial t^2} = S_\mathrm{u}T(x+\mathrm{d}x) - S_\mathrm{u}T(x) = S_\mathrm{u}\frac{\partial T}{\partial x}\mathrm{d}x = S_\mathrm{u}E\frac{\partial^2 u}{\partial x^2}\mathrm{d}x \tag{E.1}$$

エネルギーの関係を求めるために，式 (E.1) の両辺に v をかけた後に x で 0 から l の範囲で積分すると，右辺の積分に部分積分を行うことで

$$\rho S_\mathrm{u}\frac{\partial v}{\partial t}v\mathrm{d}x = S_\mathrm{u}E\frac{\partial^2 u}{\partial x^2}v\mathrm{d}x$$

$$\begin{aligned}\int_0^l \rho S_\mathrm{u}\frac{\partial}{\partial t}\left(\frac{1}{2}v^2\right)\mathrm{d}x &= \left[S_\mathrm{u}E\frac{\partial u}{\partial x}v\right]_{x=0}^{x=l} - \int_0^l S_\mathrm{u}E\frac{\partial u}{\partial x}\frac{\partial v}{\partial x}\mathrm{d}x \\ &= -\int_0^l S_\mathrm{u}E\frac{\partial}{\partial t}\left\{\frac{1}{2}\left(\frac{\partial u}{\partial x}\right)^2\right\}\mathrm{d}x\end{aligned} \tag{E.2}$$

となる．ただし，境界条件より $S_\mathrm{u}E\dfrac{\partial u}{\partial x}v\Big|_{x=0} = S_\mathrm{u}E\dfrac{\partial u}{\partial x}v\Big|_{x=l} = 0$ であることを用いた．これは

$$\frac{\partial}{\partial t}\left\{\int_0^l \frac{1}{2}\rho S_\mathrm{u}v^2\mathrm{d}x + \int_0^l \frac{1}{2}S_\mathrm{u}E\left(\frac{\partial u}{\partial x}\right)^2\mathrm{d}x\right\} = 0$$

$$\int_0^l \frac{1}{2}\rho S_\mathrm{u}v^2\mathrm{d}x + \int_0^l \frac{1}{2}S_\mathrm{u}E\left(\frac{\partial u}{\partial x}\right)^2\mathrm{d}x = 一定 \tag{E.3}$$

と式変形でき，エネルギー保存則が得られる．例として 1 次モードを考えると，式 (E.3) に含まれる変位と速度を

$$\begin{cases} u(x,t) = u_0\sin(kx)e^{j\omega_1 t} \\ v(x,t) = j\omega_1 u_0\sin(kx)e^{j\omega_1 t} = v_0\sin(kx)e^{j\omega_1 t}\end{cases} \tag{E.4}$$

とおくことで，等価質量 M と等価バネ定数 K は，等価モデルの先端での変位，速度が分布定数系でのものと一致し，エネルギーが等しいとすることで，

$$\begin{cases} \displaystyle\int_0^l \frac{1}{2}\rho S_\mathrm{u} v^2 \mathrm{d}x = \frac{1}{2} M\, v\big|_{x=l}^2 \\ \displaystyle\int_0^l \frac{1}{2} S_\mathrm{u} E \left(\frac{\partial u}{\partial x}\right)^2 \mathrm{d}x = \frac{1}{2} K\, x\big|_{x=l}^2 \end{cases}$$

の関係が成り立つので，

$$\begin{cases} \displaystyle M = \rho S_\mathrm{u} \int_0^l \sin^2\left(\frac{\pi}{2l}x\right)\mathrm{d}x = \frac{\rho S_\mathrm{u} l}{2} \\ \displaystyle K = E S_\mathrm{u} \left(\frac{\omega_1}{c}\right)^2 \int_0^l \cos^2\left(\frac{\pi}{2l}x\right)\mathrm{d}x = \frac{1}{2}\left(\frac{\omega_1}{c}\right)^2 E S_\mathrm{u} l \left(= \frac{1}{8l}\pi^2 E S_\mathrm{u}\right) \end{cases} \tag{E.5}$$

となる．ただし，$\omega_1 = \sqrt{\dfrac{K}{M}} \left(= \dfrac{\pi c}{2l}\right)$, $k = \dfrac{\omega_1}{c}$ である．

ここまでの説明では，振動損失については配慮していない．一般に，振動損失を分布定数系で扱う場合には，ヤング率 E に虚数成分を入れて表現すればよい．すなわち，実部を E_r，虚部を E_i として

$$E = E_\mathrm{r} + jE_\mathrm{i} \tag{E.6}$$

とする．ただし，$E_\mathrm{r} \gg E_\mathrm{i}$ として，音速は $c = \sqrt{\dfrac{E_\mathrm{r}}{\rho}}$ とでき，波数 k もこの音速を用いて，$k = \dfrac{\omega}{c}$ で表されるものとする．このとき，波動方程式は，

$$\rho S_\mathrm{u} \mathrm{d}x \frac{\partial^2 u}{\partial t^2} = S_\mathrm{u}\left(E_\mathrm{r} + jE_\mathrm{i}\right)\frac{\partial^2 u}{\partial x^2}\mathrm{d}x = S_\mathrm{u} E_\mathrm{r} \frac{\partial^2 u}{\partial x^2}\mathrm{d}x + jS_\mathrm{u} E_\mathrm{i} \frac{\partial^2 u}{\partial x^2}\mathrm{d}x \tag{E.7}$$

と変形できる．式 (E.7) の両辺を $\mathrm{d}x$ で割って，$\dfrac{\partial^2 u}{\partial x^2} = -k^2 u$ を代入すると，

$$\rho S_\mathrm{u} \frac{\partial^2 u}{\partial t^2} + S_\mathrm{u} E_\mathrm{r} k^2 u + jS_\mathrm{u} E_\mathrm{i} k^2 u = 0$$

となる．さらに，$u = \dfrac{v}{j\omega}$ の関係を用いて書き換えると，

$$\rho S_\mathrm{u} \frac{\partial^2 u}{\partial t^2} + S_\mathrm{u} E_\mathrm{r} k^2 u + S_\mathrm{u} \frac{E_\mathrm{i}}{\omega} k^2 v = 0 \tag{E.8}$$

となるので，集中定数系（バネマスダンパ系）の運動方程式

$$M\frac{\partial^2 x}{\partial t^2} + Kx + \eta v = 0 \tag{E.9}$$

の形に近くなり，$S_\mathrm{u}\dfrac{E_\mathrm{i}}{\omega}k^2 v$ の項が速度に比例した減衰項を表していることがわかる．なお，この集中定数系の式 (E.9) の両辺に，v をかけることにより，

$$\frac{\partial}{\partial t}\left(\frac{1}{2}Mv^2 + \frac{1}{2}Kx^2\right) = -\eta v^2 \tag{E.10}$$

の関係が得られる．式 (E.10) は，蓄えられているエネルギーは，減衰係数 η によって，単位時間あたりに ηv^2 の割合で減少していくことを示している．

分布定数系についても同様の計算を行うために，式 (E.7) の損失を含む波動方程式の両辺に v をかけて位置 x で積分してみると，右辺第 2 項の $jS_\mathrm{u}E_\mathrm{i}\dfrac{\partial^2 u}{\partial x^2}\mathrm{d}x$ については

$$\begin{aligned}\int_0^l jS_\mathrm{u}E_\mathrm{i}\frac{\partial^2 u}{\partial x^2}v\mathrm{d}x &= \left[jS_\mathrm{u}E_\mathrm{i}\frac{\partial u}{\partial x}v\right]_{x=0}^{x=l} - \int_0^l jS_\mathrm{u}E_\mathrm{i}\frac{\partial u}{\partial x}\frac{\partial v}{\partial x}\mathrm{d}x \\ &= -\int_0^l jS_\mathrm{u}E_\mathrm{i}\frac{\partial u}{\partial x}\frac{\partial v}{\partial x}\mathrm{d}x = -\int_0^l S_\mathrm{u}\frac{E_\mathrm{i}}{\omega}\left(\frac{\partial v}{\partial x}\right)^2\mathrm{d}x\end{aligned} \tag{E.11}$$

となるから，先に式 (E.3) で求めたバネマスダンパ系のエネルギー保存則と合わせて考えて，

$$\frac{\partial}{\partial t}\left\{\int_0^l \frac{1}{2}\rho S_\mathrm{u}v^2\mathrm{d}x + \int_0^l \frac{1}{2}S_\mathrm{u}E_\mathrm{r}\left(\frac{\partial u}{\partial x}\right)^2\mathrm{d}x\right\} = -\int_0^l S_\mathrm{u}\frac{E_\mathrm{i}}{\omega}\left(\frac{\partial v}{\partial x}\right)^2\mathrm{d}x \tag{E.12}$$

とできる．式 (E.12) は，左辺で示される振動状態にあるときに保持しているエネルギーが，右辺の減衰項で表される分だけ小さくなっていくことを示している．変位および粒子速度が，

$$\begin{cases} u(x,t) = u_0\sin(kx)e^{j\omega t} \\ v(x,t) = j\omega u_0\sin(kx)e^{j\omega t} = v_0\sin(kx)e^{j\omega t}\end{cases} \tag{E.13}$$

であることを用いると，エネルギーの減衰項は，

$$-\int_0^l S_\mathrm{u}\frac{E_\mathrm{i}}{\omega}k^2{v_0}^2\cos^2(kx)\mathrm{d}x = -\frac{1}{2}S_\mathrm{u}\frac{E_\mathrm{i}}{\omega}k^2{v_0}^2 l \tag{E.14}$$

となる．分布定数系の振動を集中定数系に等価変換すると，式 (E.14) の右辺が $-\eta {v_0}^2$ と等しいと考えればよいから，

$$-\eta {v_0}^2 = -\frac{1}{2} S_\mathrm{u} \frac{E_\mathrm{i}}{\omega} k^2 {v_0}^2 l (= -R{v_0}^2) \tag{E.15}$$

とすることで，

$$\eta = \frac{S_\mathrm{u} E_\mathrm{i} k^2 l}{2\omega} (= R) \tag{E.16}$$

と求められる．Q 値の定義は，

$$Q = 2\pi \frac{\text{系に蓄えられるエネルギー}}{\text{一周期で消費されるエネルギー}} = 2\pi \frac{U_\mathrm{s}}{U_\mathrm{loss}}$$

だから，式 (E.5) の第 1 式, (E.16) より

$$Q = 2\pi \frac{\frac{1}{2} M {v_0}^2}{\frac{1}{2} \eta {v_0}^2 \frac{2\pi}{\omega}} = 2\pi \frac{\frac{1}{2} \frac{\rho S_\mathrm{u} l}{2} {v_0}^2}{\frac{1}{2} \frac{S_\mathrm{u} E_\mathrm{i} k^2 l}{2\omega} {v_0}^2 \frac{2\pi}{\omega}} = \frac{\rho c^2}{E_\mathrm{i}} = \frac{E_\mathrm{r}}{E_\mathrm{i}} \tag{E.17}$$

となる．ただし，はじめにヤング率の虚部を定義したときに，実部が虚部よりも十分大きいものとした $\rho c^2 = E_\mathrm{r}$ の仮定を用いた．

F　cot と tan の Laurent 展開

圧電振動子の変位や電流を表す式のなかには，tan や cot $\left(= \dfrac{1}{\tan}\right)$ がよく出てきて，これを Laurent 展開して，変位や電流の形から LC 直列回路が並列接続した等価回路として表現することが多い．

複素パラメータを z として $\cot(z)$ は留数計算を行うことにより，

$$\cot(z) = \frac{1}{z} + \sum_{n=1}^{\infty} \frac{2z}{z^2 - (n\pi)^2} = \frac{1}{z} + \sum_{n=1}^{\infty} \frac{1}{\frac{z}{2} - \frac{(n\pi)^2}{2z}} \tag{F.1}$$

となる．z を実部のみとして，ω に比例する $a\omega$ とおく（a は実定数）．また，振動での形は，複素単位などをかけた $-jb\cot(z)$ という負の形が多く出てくる（b は実定数）．この式は，

$$-jb\cot(a\omega) = -jb\left(\frac{1}{a\omega} + \sum_{n=1}^{\infty}\frac{1}{\dfrac{a\omega}{2} - \dfrac{(n\pi)^2}{2a\omega}}\right) = -\frac{jb}{a\omega} - \sum_{n=1}^{\infty}\frac{jb}{\dfrac{a\omega}{2} - \dfrac{(n\pi)^2}{2a\omega}}$$

$$= \frac{1}{j\omega\dfrac{a}{b}} + \sum_{n=1}^{\infty}\frac{1}{j\omega\dfrac{a}{2b} + \dfrac{1}{j\omega\dfrac{2ab}{(n\pi)^2}}} \tag{F.2}$$

と変形できる．これを等価回路で表すときには，

$$-jb\cot(a\omega) = \frac{1}{j\omega(2L_n)} + \sum_{n=1}^{\infty}\frac{1}{j\omega L_n + \dfrac{1}{j\omega C_n}} \tag{F.3}$$

である．ただし，$L_n = \dfrac{a}{2b}$，$C_n = \dfrac{2ab}{(n\pi)^2}$ である．

もう一方の tan については，

$$\tan(z) = \cot(z) - 2\cot(2z) \tag{F.4}$$

の関係から，式 (F.1) を用いて

$$\begin{aligned}
\tan(z) &= \cot(z) - 2\cot(2z) \\
&= \left\{\frac{1}{z} + \sum_{n=1}^{\infty}\frac{2z}{z^2-(n\pi)^2}\right\} - 2\left\{\frac{1}{2z} + \sum_{n=1}^{\infty}\frac{4z}{4z^2-(n\pi)^2}\right\} \\
&= \sum_{n=1}^{\infty}\frac{2z}{z^2-(n\pi)^2} - \sum_{n=1}^{\infty}\frac{8z}{4z^2-(n\pi)^2} \\
&= \sum_{n=1}^{\infty}\left\{\frac{1}{\dfrac{z}{2} - \dfrac{(n\pi)^2}{2z}} - \frac{1}{\dfrac{z}{2} - \dfrac{\left(\dfrac{n\pi}{2}\right)^2}{2z}}\right\} = \sum_{m=1}^{\infty}\frac{1}{-\dfrac{z}{2} + \dfrac{\left(\dfrac{2m-1}{2}\pi\right)^2}{2z}}
\end{aligned} \tag{F.5}$$

である．これについてもよく出てくる形として，$jb\tan(a\omega)$ を計算してみると，総和の変数を m から n に戻して，

$$jb\tan(a\omega)=\sum_{n=1}^{\infty}\frac{jb}{-\dfrac{a\omega}{2}+\dfrac{\left(\dfrac{2n-1}{2}\pi\right)^2}{2a\omega}}=\sum_{n=1}^{\infty}\frac{1}{j\omega\dfrac{a}{2b}+\dfrac{1}{j\omega\dfrac{8ab}{\{(2n-1)\pi\}^2}}}$$

$$=\sum_{n=1}^{\infty}\frac{1}{j\omega L_n+\dfrac{1}{j\omega C_n}} \tag{F.6}$$

となり，やはり LC 直列回路の並列接続の等価回路で表現できる．ただし，$L_n=\dfrac{a}{2b}$，$C_n=\dfrac{8ab}{\{(2n-1)\pi\}^2}$ である．

$jb\tan(a\omega)$ について，この関数が ∞ となる $a\omega=\dfrac{(2n-1)\pi}{2}$ 付近での近似式を考えてみる．α, β を実数として

$$jb\tan(a\omega)\cong\frac{1}{j\alpha(a\omega)+\dfrac{1}{j\beta(a\omega)}} \tag{F.7}$$

つまり，

$$-j\frac{1}{b}\cot(a\omega)\cong j\omega a\alpha+\frac{1}{j\omega a\beta} \tag{F.8}$$

と近似することを考えて, 右辺にある二つの定数, α, β を求めてみる．$a\omega=\dfrac{(2n-1)\pi}{2}$ のとき，$\tan(a\omega)\to\infty$ であるから，式 (F.8) のにおいて左辺が 0，また $a\omega$ で微分して得られる両辺の傾きが等しいとして，

$$0=j\alpha\frac{(2n-1)\pi}{2}+\frac{1}{j\dfrac{(2n-1)\pi}{2}\beta} \tag{F.9}$$

$$j\frac{1}{b}=j\alpha-\frac{4}{j\{(2n-1)\pi\}^2\beta} \tag{F.10}$$

を得る．式 (F.9), (F.10) を連立させると，

$$\begin{cases}\alpha=\dfrac{1}{2b}\\[2mm]\beta=\dfrac{8b}{\{(2n-1)\pi\}^2}\end{cases} \tag{F.11}$$

となるので，

$$jb\tan(a\omega) \cong \frac{1}{j\omega\dfrac{a}{2b} + \dfrac{1}{j\omega\dfrac{8ab}{\{(2n-1)\pi\}^2}}} = \frac{1}{j\omega L_n + \dfrac{1}{j\omega C_n}} \tag{F.12}$$

と近似できる．ただし，$L_n = \dfrac{a}{2b}$, $C_n = \dfrac{8ab}{\{(2n-1)\pi\}^2}$ である．n についての加算を行うことで，

$$\sum_{n=1}^{\infty} \frac{1}{j\omega L_n + \dfrac{1}{j\omega C_n}}$$

となり，式 (F.6) の Laurent 展開の結果と同じとなる．

式 (F.12) において，$a\omega = \theta$, $b = 1$ として，$\cot\theta = -\dfrac{\theta}{2} + \dfrac{\{(2n-1)\pi\}^2}{8\theta}$ と書き直して，左右両辺を表すグラフに描くと図 F.1 のようになる．$\tan\theta = \infty(\cot\theta = 0)$ となる $\theta = \dfrac{\pi}{2}, \dfrac{3}{2}\pi, \dfrac{5}{2}\pi$ 付近において，$2n-1 = 1$, 3, 5 のそれぞれの式が近似曲線となっていることがわかる．共振付近から離れていく部分での両者の違いは，式 (F.12) のようにほかのモードが補うことになる．

ここで，式 (F.3) の右辺第 1 項 $\dfrac{1}{j\omega(2L_n)}$ について，例を示して考えてみる．4.8.1 項で説明したように，非圧電体の細棒に関する伝達マトリックスは，両端面での力と速度を用いて，次式のようになる．

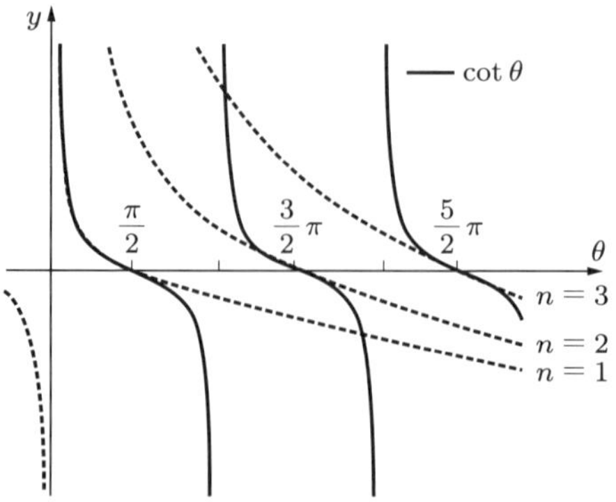

図 F.1　cot 関数の $\theta = \dfrac{\pi}{2}, \dfrac{3}{2}\pi, \dfrac{5}{2}\pi$ 付近での近似

$$\begin{pmatrix} F_1 \\ v_1 \end{pmatrix} = \begin{pmatrix} \cos(kl) & -\dfrac{S_\mathrm{u}Z_0}{j}\sin(kl) \\ -\dfrac{1}{jS_\mathrm{u}Z_0}\sin(kl) & \cos(kl) \end{pmatrix} \begin{pmatrix} F_2 \\ v_2 \end{pmatrix} \tag{F.13}$$

ここで，$\begin{pmatrix} F_1 \\ v_1 \end{pmatrix}$, $\begin{pmatrix} F_2 \\ v_2 \end{pmatrix}$ は左右境界条件での外力と速度である．境界条件として左端面に外力 $F_1 = F_0 e^{j\omega t}$，右端面を自由端（$F_2 = 0$）を加えるときに，cot の展開が必要になるので，式 (F.1) での Laurent 展開を用いることになる．

式 (F.13) に，両端面での境界条件を代入すると，

$$\begin{pmatrix} F_0 e^{j\omega t} \\ v_1 \end{pmatrix} = \begin{pmatrix} \cos(kl) & -\dfrac{S_\mathrm{u}Z_0}{j}\sin(kl) \\ -\dfrac{1}{jS_\mathrm{u}Z_0}\sin(kl) & \cos(kl) \end{pmatrix} \begin{pmatrix} 0 \\ v_2 \end{pmatrix} \tag{F.14}$$

であるから，v_2 を消去すると，

$$v_1 = -j\frac{1}{S_\mathrm{u}Z_0}\cot(kl) F_0 e^{j\omega t} \tag{F.15}$$

となる．

この速度 v_1 は，4 章で導出した，図 F.2 に示す Mason の等価回路で，電気端子側からみた全インピーダンスが

$$\begin{aligned} &jS_\mathrm{u}Z_0 \tan\left(\frac{kl}{2}\right) + \frac{1}{\left\{jS_\mathrm{u}Z_0\tan\left(\dfrac{kl}{2}\right)\right\}^{-1} + \left\{-j\dfrac{S_\mathrm{u}Z_0}{\sin(kl)}\right\}^{-1}} \\ &\quad = jS_\mathrm{u}Z_0\tan(kl) \end{aligned}$$

となることから，

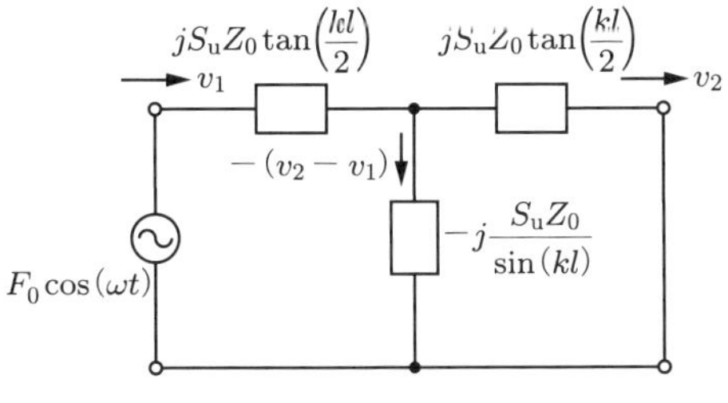

図 F.2　左端を励振して右側を自由端としたときの Mason の等価回路

$$v_1 = \frac{1}{jS_\mathrm{u}Z_0\tan(kl)}F_0e^{j\omega t} = -j\frac{1}{S_\mathrm{u}Z_0}\cot(kl)F_0e^{j\omega t} \tag{F.16}$$

と計算することによっても同じ結果を得ることができる.

ここで，式 (F.3) の cot の展開式を用いると，次式のようになる.

$$-jb\cot(a\omega) = \frac{1}{j\omega(2L_n)} + \sum_{n=1}^{\infty}\frac{1}{j\omega L_n + \dfrac{1}{j\omega C_n}} \tag{F.17}$$

ただし，$L_n = \dfrac{a}{2b}$，$C_n = \dfrac{2ab}{(n\pi)^2}$ である．$k = \dfrac{\omega}{c}$ であるから，$a = \dfrac{l}{c}$，$b = \dfrac{1}{S_\mathrm{u}Z_0}$ として，

$$v_1 = -j\frac{1}{S_\mathrm{u}Z_0}\cot(kl)F_0e^{j\omega t} = \frac{1}{j\omega(2L_n)} + \sum_{n=1}^{\infty}\frac{1}{j\omega L_n + \dfrac{1}{j\omega C_n}} \tag{F.18}$$

である．ただし，$L_n = \dfrac{S_\mathrm{u}Z_0 l}{2c} = \dfrac{\rho S_\mathrm{u} l}{2}$，$C_n = \dfrac{2l}{(n\pi)^2 S_\mathrm{u}Z_0 c} = \dfrac{2l}{(n\pi)^2 S_\mathrm{u}E}$，$Z_0 = \rho c$，$Z_0 c = E$ である.

式 (F.17) で，右辺第 2 項の

$$\sum_{n=1}^{\infty}\frac{1}{j\omega L_n + \dfrac{1}{j\omega C_n}}$$

は，各振動モードに対応する LC 直列回路が並列に接続されていることを示しており，問題なのは，右辺第 1 項の $\dfrac{1}{j\omega(2L_n)}$ である．これは，$2L_n = \rho S_\mathrm{u} l$ と細棒の質量と等しいインダクタ成分が，バネ成分をもたずに各モードと並列接続されていることを示している．つまり，右端面が自由端で左から外力 $F_0e^{j\omega t}$ を加えた場合に，弾

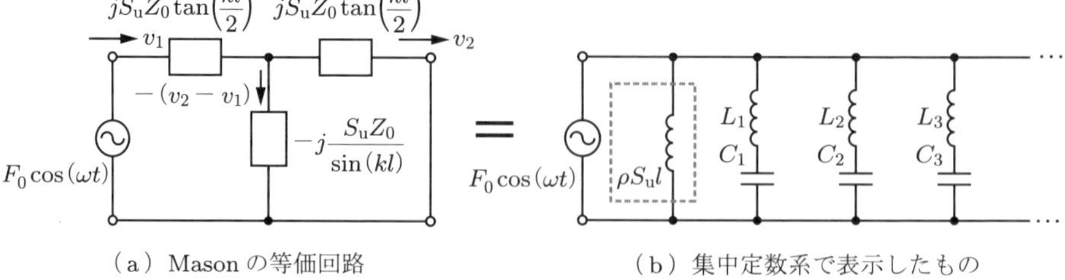

（a）Mason の等価回路　　（b）集中定数系で表示したもの

図 F.3　左端を励振して右端を自由端としたときの等価回路

性変形をせずに平行移動する運動がこの第 1 項の意味するところである．たとえば，$\omega \to 0$ とすれば，直流的に外力が加わる状況となる．

集中定数系の等価回路上では，図 F.3 のようになる．図 (b) の破線で示したところが，$2L_n = \rho S_{\mathrm{u}} l$ としたところである．一般に，振動伝播を考えるときには，弾性振動しない振動は考慮しないので，等価回路上では取り除いて構わない．

G 積層圧電素子の伝達マトリックス

厚さ方向の振動子には，圧電素子部分を薄片化して入力電圧に対する電界を大きくして，大きな変位を得ようとするものが多い．このような構造を有する積層圧電体の伝達マトリックスを求める．式 (7.104) を用いると，分極方向を右向き，単層圧電素子の伝達マトリックスを $[P_+]$ として，

$$
\begin{pmatrix} F_2 \\ v_2 \\ V \\ I_2 \end{pmatrix} = \begin{pmatrix} F_2 \\ v_2 \\ V \\ i \end{pmatrix} = \begin{pmatrix} -\dfrac{a}{b} & \dfrac{a^2-b^2}{b} & \dfrac{c(a+b)}{b} & 0 \\ \dfrac{1}{b} & -\dfrac{a}{b} & -\dfrac{c}{b} & 0 \\ 0 & 0 & 1 & 0 \\ \dfrac{c}{b} & -\dfrac{c(a+b)}{b} & \dfrac{-c^2+bd}{b} & 1 \end{pmatrix} \begin{pmatrix} F_1 \\ v_1 \\ V \\ I_1 \end{pmatrix}
$$

$$
= [P_+] \begin{pmatrix} F_1 \\ v_1 \\ V \\ I_1(=0) \end{pmatrix} \tag{G.1}
$$

とできる．ただし，$a = -\dfrac{jS_{\mathrm{u}}Z_0}{\tan(kl)} - \dfrac{A^2}{j\omega C_{\mathrm{d}}}$, $b = \dfrac{jS_{\mathrm{u}}Z_0}{\sin(kl)} + \dfrac{A^2}{j\omega C_{\mathrm{d}}}$, $c = A$, $d = j\omega C_{\mathrm{d}}$ である．

ここで，I_1, I_2 および V の意味は，複数枚の圧電素子を重ね合わせて用いることを考慮して定義している．一つの圧電体のみの場合には，圧電縦効果の座標のおき方と分極方向の関係，電圧を加える電極方向など，いままで行ってきた計算の定義に従って図 G.1 のようにする．このとき，形式的に $I_1 = 0$ として，圧電体に流れる電流の値は I_2 で与えられることになる．また，V については，番号の小さいほうの電極に加える電圧として定義している．

実際には，圧電素子は分極方向を反転させたものとペアを組むことが多いので，図 G.2 のような振動片を図 G.1 の右側に加えた状況を考える．追加した圧電層は，分極

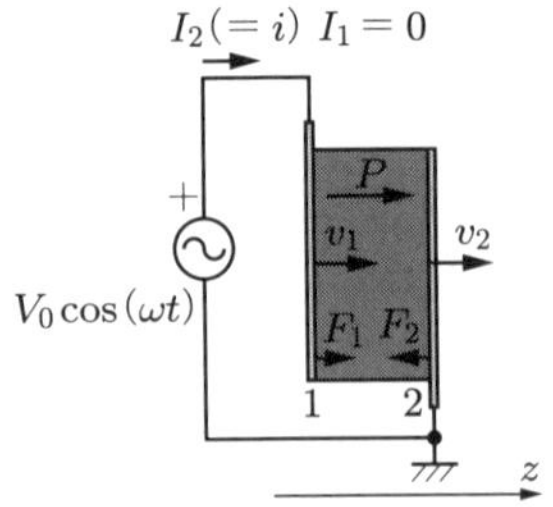

図 G.1　単層の厚さ方向振動片

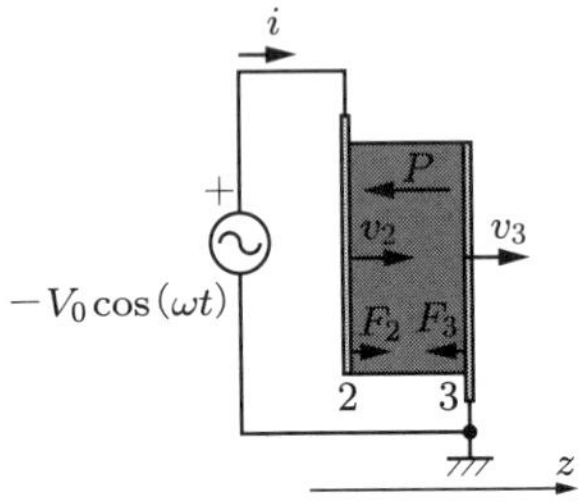

図 G.2　分極の向きを変えて $-V$ の電圧を加えた振動片

方向を 1 番目の図 G.1 の圧電素子駆動とは逆にし，電界のかけ方も反対にすることによって，双方の圧電体において電界と分極の向きを同じ状況にする．

このとき，図 G.2 のように新たに 2 番目の素子として加えた圧電素子の伝達マトリックスとして，分極方向を反対にして電圧を反転させたものとする．分極を反転させたので，力係数 A の符号を反転した伝達マトリックスを用意しなくてはならないが，$a=-\dfrac{jS_\mathrm{u}Z_0}{\tan(kl)}-\dfrac{A^2}{j\omega C_\mathrm{d}}$, $b=\dfrac{jS_\mathrm{u}Z_0}{\sin(kl)}+\dfrac{A^2}{j\omega C_\mathrm{d}}$, $c=A$, $d=j\omega C_\mathrm{d}$ とおいていたことを考慮すると，c の符号のみを反転させればよいことがわかる．また，番号の小さいほうにかかる電圧が $V_0\cos(\omega t)$ となるときに $+V$ として定義したから，電圧の向きを反対に $-V$ として，この 2 番目の圧電体に対する圧電マトリックスは

$$
\begin{pmatrix} F_3 \\ v_3 \\ -V \\ i \end{pmatrix}
=
\begin{pmatrix}
-\dfrac{a}{b} & \dfrac{a^2-b^2}{b} & -\dfrac{c(a+b)}{b} & 0 \\
\dfrac{1}{b} & -\dfrac{a}{b} & \dfrac{c}{b} & 0 \\
0 & 0 & 1 & 0 \\
-\dfrac{c}{b} & \dfrac{c(a+b)}{b} & \dfrac{-c^2+bd}{b} & 1
\end{pmatrix}
\begin{pmatrix} F_2 \\ v_2 \\ -V \\ 0 \end{pmatrix}
\tag{G.2}
$$

である．電流は，図 G.2 のように，はじめの定義どおり，電源から流れ出す電流を i

としている．ここで，形式的に伝達マトリックス内の符号を反転させて，左右両辺の電圧 $-V$ の表記を V と定義し直して，

$$\begin{pmatrix} F_3 \\ v_3 \\ V \\ i \end{pmatrix} = \begin{pmatrix} -\dfrac{a}{b} & \dfrac{a^2-b^2}{b} & \dfrac{c(a+b)}{b} & 0 \\ \dfrac{1}{b} & -\dfrac{a}{b} & -\dfrac{c}{b} & 0 \\ 0 & 0 & 1 & 0 \\ -\dfrac{c}{b} & \dfrac{c(a+b)}{b} & \dfrac{c^2-bd}{b} & 1 \end{pmatrix} \begin{pmatrix} F_2 \\ v_2 \\ V \\ 0 \end{pmatrix} \tag{G.3}$$

として，さらに電流の向きの定義も反転させるために $-i$ を左辺に示すようにすると，図 G.3 のようになり，

$$\begin{pmatrix} F_3 \\ v_3 \\ V \\ -i \end{pmatrix} = \begin{pmatrix} -\dfrac{a}{b} & \dfrac{a^2-b^2}{b} & \dfrac{c(a+b)}{b} & 0 \\ \dfrac{1}{b} & -\dfrac{a}{b} & -\dfrac{c}{b} & 0 \\ 0 & 0 & 1 & 0 \\ \dfrac{c}{b} & -\dfrac{c(a+b)}{b} & \dfrac{-c^2+bd}{b} & 1 \end{pmatrix} \begin{pmatrix} F_2 \\ v_2 \\ V \\ 0 \end{pmatrix} \tag{G.4}$$

と変形できる．ただし，4 行 4 列成分については，0 をかけるので，そのままの 1 にしている．また，電流の向きに関して，一番右側に流れ込む電流 $-i$ を表すために，$-i = I_3 - I_2$ とおくと，

$$\begin{pmatrix} F_3 \\ v_3 \\ V \\ I_3 \end{pmatrix} = \begin{pmatrix} -\dfrac{a}{b} & \dfrac{a^2-b^2}{b} & \dfrac{c(a+b)}{b} & 0 \\ \dfrac{1}{b} & -\dfrac{a}{b} & -\dfrac{c}{b} & 0 \\ 0 & 0 & 1 & 0 \\ \dfrac{c}{b} & -\dfrac{c(a+b)}{b} & \dfrac{-c^2+bd}{b} & 1 \end{pmatrix} \begin{pmatrix} F_2 \\ v_2 \\ V \\ I_2 \end{pmatrix}$$

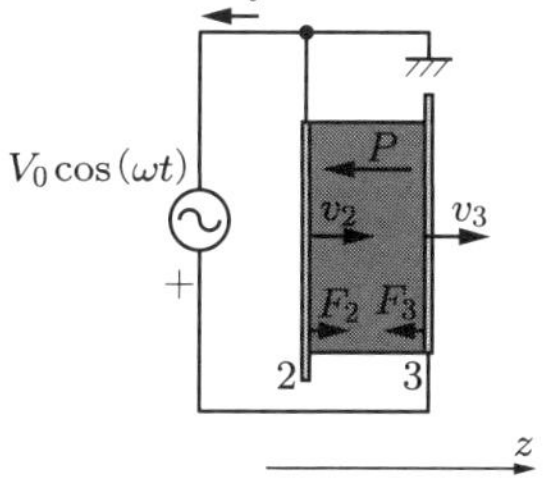

図 G.3　電圧と電流の向きの定義を反転させた振動片

$$
= [P_-] \begin{pmatrix} F_2 \\ v_2 \\ V \\ I_2 \end{pmatrix} = [P_+] \begin{pmatrix} F_2 \\ v_2 \\ V \\ I_2 \end{pmatrix} \tag{G.5}
$$

と左向きに分極を向けて，駆動電圧の方向を反転させた場合の伝達マトリックス $[P_-]$ を求めることができ，結局第 1 層の伝達マトリックス $[P_+]$ と等しくなっている．たとえば，この第 2 層の圧電体に正の電圧 V を加えると，分極方向と同じ方向に電界が加わるので，z 軸方向に伸びようとする．これは，分極が右向きの第 1 層に正の電圧 V を加えた状況とまったく同じであるから，それに伴う速度や発生力も同じになるはずである．なお，式 (G.5) で，$-i = I_3 - I_2$ としたのは，第 2 層の右側に第 1 層と同じ圧電層を組み合わせていくためである．この様子を図 G.4 に示す．

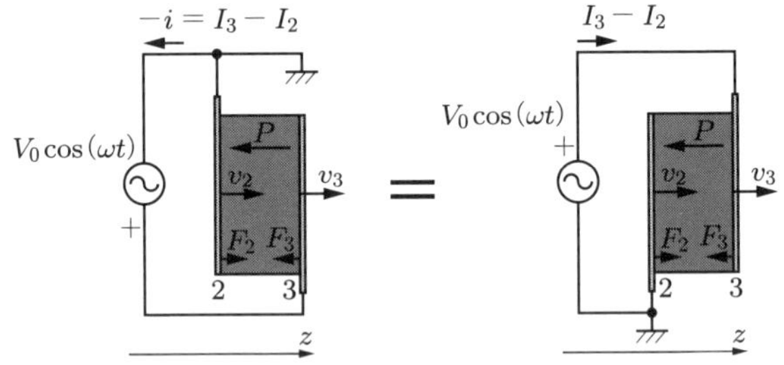

（a）分極方向と電界方向が同じになるように定義したもの　（b）電圧の定義の仕方を反転させたもの

図 G.4　描き換えた等価回路

二つの圧電素子を組み合わせた伝達マトリックスは，$I_1 = 0$ から

$$
\begin{pmatrix} F_3 \\ v_3 \\ V \\ I_3 \end{pmatrix} = [P_-] \begin{pmatrix} F_2 \\ v_2 \\ V \\ I_2 \end{pmatrix} = [P_-]\,[P_+] \begin{pmatrix} F_1 \\ v_1 \\ V \\ I_1 \end{pmatrix} = [P_+]^2 \begin{pmatrix} F_1 \\ v_1 \\ V \\ 0 \end{pmatrix} \tag{G.6}
$$

で，図 G.5 のようになる．電流については，左側のみの場合に電源から流れる電流に加算する形になっており，I_3 が電源から供給される全体の電流を示している．

これを組み合わせていった場合の多数構造については，層数を n（偶数）として

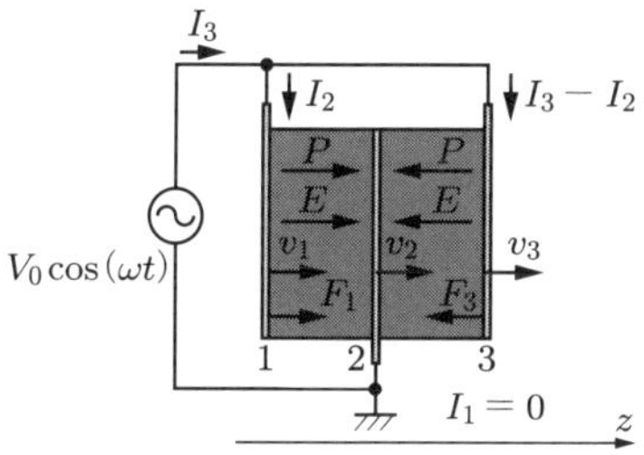

図 G.5　二つの積層圧電片を接続した様子

$$\begin{pmatrix} F_{n+1} \\ v_{n+1} \\ V \\ I_{n+1} \end{pmatrix} = ([P_-]\,[P_+])^{\frac{n}{2}} \begin{pmatrix} F_1 \\ v_1 \\ V \\ I_1(=0) \end{pmatrix} = [P_+]^n \begin{pmatrix} F_1 \\ v_1 \\ V \\ I_1(=0) \end{pmatrix} \tag{G.7}$$

となる．全部で n 層であるから，一番右側端面の番号は $n+1$ となり，I_{n+1} が積層圧電体すべてに流れる電流の総和として計算される．

非圧電体の場合には，電極として，もしくは構造体として金属などの導電体を用いることが多い．実際にはこの非圧電部分には電界を加えることはなく，非圧電体の両端面の電圧差は 0 とする．圧電性がないために力係数を 0 とおくと，式 (G.1) における各定数は，$a = -\dfrac{jS_\mathrm{u}Z_0}{\tan(kl)}$, $b = \dfrac{jS_\mathrm{u}Z_0}{\sin(kl)}$, $c = 0$ となる．また，非圧電体が絶縁体で電界を加える場合には，$\dfrac{c^2+bd}{b} = d = j\omega C_\mathrm{d}$ の項が 4 行 3 列成分に残るが，上記のように実際には多くの場合には導電体で同電圧とするので，0 となる．その結果，非圧電体の構造体に関しては，

$$\begin{pmatrix} F_2 \\ v_2 \\ V \\ I_2 \end{pmatrix} = \begin{pmatrix} \cos(kl) & -jS_\mathrm{u}Z_0\sin(kl) & 0 & 0 \\ \dfrac{1}{jS_\mathrm{u}Z_0}\sin(kl) & \cos(kl) & 0 & 0 \\ 0 & 0 & 1 & 0 \\ 0 & 0 & 0 & 1 \end{pmatrix} \begin{pmatrix} F_1 \\ v_1 \\ V \\ I_1 \end{pmatrix} \tag{G.8}$$

が得られる．この左上の 2×2 の成分は，圧電性を考慮しないで計算したときの場合の式 (4.109) と一致していることが確認できる．

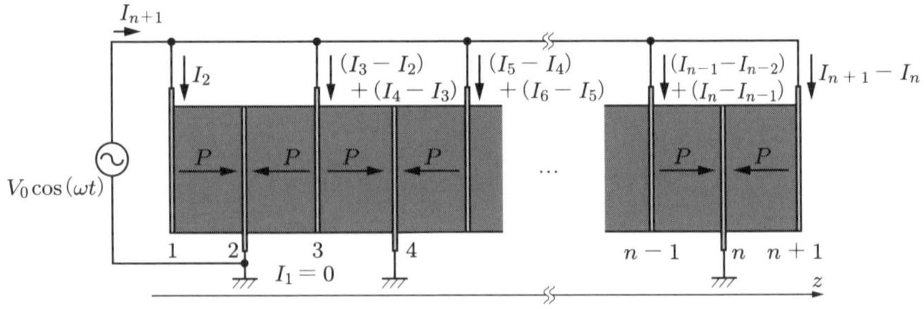

図 G.6 積層厚さ方向振動子

参考文献

[1] 尾上守夫 監修, 十文字弘道, 富川義朗, 望月雄蔵：電気電子のための固体振動論の基礎, オーム社, 1982.

[2] 池田拓郎：圧電材料学の基礎, オーム社, 1984.

[3] 日本音響学会, 中村僖良 編：音響工学講座　超音波, コロナ社, 2001.

[4] 犬石嘉雄, 川辺和夫, 中島達二, 家田正之：誘電体現象論, 電気学会, 1973.

[5] 岡崎清：セラミック誘電体工学（第 4 版), 学献社, 1992.

[6] 山本美明：超音波基礎工学, 日刊工業新聞社, 1981.

[7] 野村昭一郎, 武者利光, 内藤喜之, 森泉豊栄：振動・波動入門, コロナ社, 2006.

[8] 荻博次：弾性力学, 共立出版, 2011.

[9] 佐野理：連続体の力学, 裳華房, 2000.

[10] スタンリー・ファーロウ 著, 伊理正夫, 伊理由美 訳：偏微分方程式, 朝倉書店, 1996.

索引

■英数字
31 効果　107
33 効果　40, 147
Euler の公式　208
Gauss の発散定理　113
Lame の定数　201
Laurent 展開　225
LCR 直列回路　53, 58, 211
LC 直列回路　52, 53
LC 並列回路　59
Mason の等価回路　95, 143, 183
Q 値　2, 53, 217, 225

■あ行
圧電 d 形式　29, 110, 148, 203
圧電 e 形式　32, 108, 203
圧電 g 形式　32, 203
圧電 h 形式　32, 203
圧電アクチュエータ　2
圧電型インクジェットプリンタ　3
圧電効果　1, 28
圧電縦効果　20, 147
圧電定数　17, 29
圧電バタフライ曲線　27
圧電ひずみ　27, 33
圧電変位　27, 43
圧電方程式　8, 29
圧電横効果　20, 107, 147
圧電横振動子　13
アドミッタンス　10, 56, 116, 162
アドミッタンスループ　63
位相速度　71
一般解　52
イルメナイト構造　2
インダクタ　54
インピーダンス　10, 42, 209
運動エネルギー　77
運動方程式　52
エネルギー　77
エネルギー保存則　79, 222
応　力　23
応力テンソル　197
音響インピーダンス　20
音　速　71
音波伝播　88

■か行
開　放　41
拡大変位機構　5
加速度センサ　6
慣性力　39
機械エネルギー　28
機械端子　41
機械的境界条件　32
機械的品質係数　2, 53
基本振動モード　75, 76
逆圧電効果　23, 32
キャパシタ　54
境界条件　41
共　振　54
共振角周波数　117, 165
強制振動　12, 53, 211
強誘電体　1, 25
強力超音波応用デバイス　5
虚数単位　54
減　衰　52
減衰係数　37, 52, 64
工学ひずみ　196
高次モード　81
合成キャパシタ容量　48
拘束状態　45
剛体回転変位　194
後退波　73, 89
抗電界　27
固有音響インピーダンス　90
固有振動モード　116

コンダクタンス　56
コンプライアンス　28, 30, 200

■さ行

サセプタンス　56
座標変換　204
散逸エネルギー　38
酸化亜鉛　2
残留分極　27
自発分極　1, 25, 26
自由状態　43
自由振動　211, 212
集中定数系の負荷　99
自由電荷　26
準静的圧電等価回路　39, 132
準静的現象　84
常誘電材料　8
常誘電体　1, 25
初期ひずみ　28
真空の誘電率　25
進行波　73, 89
真電荷　26
振動周期　73
振動伝播　93
振動分布　94
振動モード　75, 114, 121
水　晶　2
垂直ひずみ　195, 196
スティフネス　9, 31, 200
正圧電効果　23, 34
正規直交行列　204
制動容量　16, 37, 42, 126
積層圧電体　231
積層型アクチュエータ　4
節　点　115
せん断ひずみ　194, 196
走査型プローブ顕微鏡　3
速度共振　216
速度ポテンシャル　87
束縛電荷　26
粗密波　70
損失係数　37

■た行

縦振動　51, 70
たわみ振動　13
単結晶圧電体　2
単振動　72
弾性エネルギー　77
タンタル酸リチウム　2
短　絡　41
力係数　16, 42, 128, 208
チタン酸ジルコン酸鉛　2
チタン酸バリウム　2
窒化アルミニウム　2
超音波距離計測デバイス　7
超音波診断装置　7
超音波非破壊検査装置　7
超音波モータ　5
直流的圧電等価回路　39, 132
直流的現象　84
抵抗成分　37
定在波　73
定常解　54
定常振動　211, 213
電　界　23
電界分布　160
電気エネルギー　28
電気機械結合係数　30, 34, 36, 119, 136, 157
電気端子　41
電気的開放状態　47
電気的短絡状態　46
電気力線　26
電束密度　23, 154
伝達マトリックス　90, 139, 188
転　置　31
電歪効果　1, 28
動アドミッタンス　117, 126, 165
等価回路　39, 209
等価回路パラメータ　76
等価キャパシタ　43
等価質量　17
等価性　51
等価変換　39, 44, 77, 129, 210

■な行
ニオブ酸リチウム　2
ねじり振動　13
ノード　115

■は行
バイモルフ型アクチュエータ　4
波　数　73
波　長　73
発生力　49
発電デバイス　8
波動方程式　112, 150
バネ定数　40
バネマスダンパ系　12, 51, 211
ハプティックデバイス　8
反共振角周波数　62, 117, 165
反共振状態　62
半値幅　68, 221
反電界　22, 35, 150
ヒステリシス　27
ひずみ　23, 24, 192
ひずみテンソル　196
フォースセンサ　6
複素共役　72
複素平面　54
負の制動容量　20
分極処理　2
分布定数系　70
ペロブスカイト結晶構造　2
変　位　23
変位共振　214
変数分離法　71
ポアソン比　201
方向余弦　197
補正係数　174
補正項　154

■や行
ヤング率　24, 201
有限要素法　9
誘電損失　25
誘電体　1
誘電率　8, 25
誘電率テンソル　202
誘導性　12, 56
容量性　12, 56

■ら行
ランジュバン振動子　5, 10
リアクタンス　54
粒子速度　71
レジスタンス　54

著 者 略 歴

森田　剛（もりた・たけし）

1994 年　東京大学工学部精密機械工学科卒業

1996 年　東京大学大学院工学系研究科精密機械工学修士課程修了

1999 年　東京大学大学院工学系研究科精密機械工学博士課程修了（博士（工学））

1999 年　理化学研究所基礎科学特別研究員

2001 年　スイス連邦工学大学 (EPFL) 博士研究員

2002 年　東北大学電気通信研究所助手

2005 年　東京大学大学院新領域創成科学研究科准教授

現在に至る

編集担当　二宮　惇（森北出版）

編集責任　藤原祐介・富井　晃（森北出版）

組　　版　ウルス

印　　刷　エーヴィスシステムズ

製　　本　ブックアート

圧電現象

2017 年 3 月 27 日　第 1 版第 1 刷発行

著　　者　森田　剛

発 行 者　森北博巳

発 行 所　**森北出版株式会社**

東京都千代田区富士見 1–4–11（〒102–0071）

電話 03–3265–8341 ／ FAX 03–3264–8709

http://www.morikita.co.jp/

日本書籍出版協会・自然科学書協会　会員

JCOPY ＜(社)出版者著作権管理機構　委託出版物＞

落丁・乱丁本はお取替えいたします.

Printed in Japan ／ ISBN978–4–627–76101–8